21世纪高等学校网络空间安全专业规划教材

网络空间安全素养导论

◎ 黄波 主编　马颜军 副主编

清华大学出版社
北京

内 容 简 介

  网民是网络社会的细胞,只有网民的网络素养普遍提高,网络社会的机体才能始终保持健康。大学生是网民的重要组成群体,其网络及网络安全素养会影响当下和未来的网络空间安全。编写一本基础性较强的网络空间安全使用及管理教材将有利于学生深入了解网络安全知识体系,对网络空间安全方面的个人素养及未来职业素养的培养及教育起到引领作用。

  本书的主要目标是通过公共基础通识课程提高大学生的网络空间安全素养。本书内容涵盖网络文化安全、网络操作技能安全、互联网应用安全、网络安全法律法规等。学习本书可以了解网络安全的重要意义,掌握网络安全基础知识、基础理论和基础技能,养成网络空间安全行为习惯,提高网络安全防范意识以及网络空间安全的个人素养和职业素养。

  本书可以作为网络空间安全相关专业的入门基础教材,也可以作为其他专业的网络空间安全知识普及教材,也适合于对网络空间基本知识、安全技能、安全应用感兴趣的人员参考。

图书在版编目(CIP)数据

  网络空间安全素养导论/黄波主编.—北京:清华大学出版社,2019(2021.12重印)
  (21世纪高等学校网络空间安全专业规划教材)
  ISBN 978-7-302-52766-4

  Ⅰ.①网… Ⅱ.①黄… Ⅲ.①计算机网络—网络安全—高等学校—教材 Ⅳ.①TP393.08

  中国版本图书馆 CIP 数据核字(2019)第 069208 号

责任编辑:闫红梅 张爱华
封面设计:刘 键
责任校对:徐俊伟
责任印制:宋 林

出版发行:清华大学出版社
  网 址:http://www.tup.com.cn,http://www.wqbook.com
  地 址:北京清华大学学研大厦 A 座   邮 编:100084
  社 总 机:010-62770175   邮 购:010-83470235
  投稿与读者服务:010-62776969,c-service@tup.tsinghua.edu.cn
  质量反馈:010-62772015,zhiliang@tup.tsinghua.edu.cn
  课件下载:http://www.tup.com.cn,010-83470236
印 刷 者:北京富博印刷有限公司
装 订 者:北京市密云县京文制本装订厂
经 销:全国新华书店
开 本:185mm×260mm   印 张:14.5   字 数:346 千字
版 次:2019 年 8 月第 1 版   印 次:2021 年 12 月第 4 次印刷
印 数:3501~4500
定 价:39.00 元

产品编号:080375-01

前言

互联网技术与应用的迅猛发展给世界的政治、经济、文化、社会带来巨大影响，尤其是近年来网络安全事件频发，危害政治安全，威胁经济发展，侵蚀文化进步，破坏社会秩序，严重影响着网络空间安全。目前网络空间安全已然成为一个公共问题，如何提高网民整体防御网络安全事件的能力，降低信息泄露风险，保护公民个人信息数据的安全，迅速提高网民的网络安全意识和网络安全操作技能，进而提升全体网民的网络空间安全素养，是当前急需解决的重要课题，也是网络信息时代给人们提出的新要求。

国家网络空间安全的战略目标之一就是安全，其不仅包括有效控制网络安全风险，健全、完善国家网络安全保障体系，保证核心技术装备安全可控，保证网络和信息系统运行稳定、可靠等，而且要有满足需求的网络安全人才，大幅提高全社会的网络安全意识、基本防护技能和使用网络的信心。提高全体网民的网络空间安全素养已然成为当务之急。本书在探索网络空间安全理论的基础上，根据课程基本要求，深入浅出地介绍了网络文化与网络空间安全的关系，提出个人网民的基本网络空间安全素养的构成，进而讲述了加密应用、系统安全、互联网应用安全、安全工具使用等基本技能，并将网络空间安全法律体系展现给读者，帮助读者提高网络空间安全意识并掌握网络空间安全的基本技能和法律知识。

网络空间安全素养隶属普及型内容，全体网民都应提高网络空间安全意识和技能。目前关于网络安全的教材与参考书已经很多，但大多数都是网络空间安全的重要理论和技术原理介绍，这样的教材适合于网络空间安全专业、信息安全专业的本科生或研究生使用。而对于非网络空间安全相关专业的学生来说，网络安全知识及技能的培养同样是十分重要的，当前涉及网络文化、网络基本知识、网络安全应用实例、网络安全操作技能、网络空间安全治理等交叉学科知识的网络空间安全的教材较少，本书解决了这一实际问题。本书本着基础理论知识必需、够用的原则，结合目前网络空间安全应用及网民网络生活实际，将近年来出现的实用技术、新型技术及互联网安全使用写入教材，并融入网络空间文化、网络空间法律等基础知识。

本书是编者在多年教学、研究积累的基础上，紧密围绕提高大学生的网络空间安全素养这一基本目标，结合网络空间实际应用的主体安全知识架构，编写的一本涵盖网络文化安全、网络操作技能安全、互联网应用安全、网络安全法律法规等多学科交叉、侧重实际应用的教材。本书共 8 章，其中：

第1章主要介绍网络文化与网络空间安全,网络空间安全的现状、概念与发展机遇,网络空间安全素养构成等方面的内容,由黄波编写;第2章主要介绍网络空间安全威胁、网络空间安全防护措施,由黄波编写;第3章主要介绍网络基础知识、Internet 与信息系统概述,由冯晶莹编写;第4章主要介绍加密技术应用中的数据加密、密码应用,由黄波编写;第5章主要介绍 Windows 操作系统安全、移动终端操作系统安全,由黄波、冯晶莹共同编写;第6章主要介绍网络空间安全中的漏洞、恶意代码和网络攻击、常用安全工具的使用,由王晓强编写;第7章主要介绍互联网安全使用基础,互联网社交、商务、娱乐等方面的个人隐私保护与安全,由马颜军编写;第8章主要介绍网络空间安全法律法规体系、信息安全标准体系、网络空间安全实务,由黄波编写。全书由黄波统阅定稿。本书可以作为网络空间安全相关专业的入门基础教材,也可以作为其他专业的网络空间安全知识普及教材,也适合于对网络空间基本知识、安全技能、安全应用感兴趣的人员参考。

由于网络空间安全涉及的知识领域广泛,且编者水平有限,书中难免有疏漏之处,敬请广大读者提出宝贵意见,并恳请各位专家、学者给予批评指正。

编　者

2019 年 2 月

目录

第 1 章

网络空间安全概述

网络空间安全已然成为信息时代人类共同面临的新挑战。网络作为国家关键信息基础设施和新的生产、生活工具,在政治、经济、文化、生活等方面发挥的作用日益扩大。网络的极速发展促进了信息传递、共享与交互,促进了社会生产效率、人民生活水平与经济的发展,同时维护网络空间安全的重要性也日益突出。目前,网络空间的不安全因素使得世界各行各业的安全受到严重威胁,如何实现和保障网络空间安全已成为保障国家安全与社会稳定的重要问题之一。

1.1 网络文化与网络空间安全

1.1.1 网络文化概述

网络文化是一种全新的文化表达形态,认识网络文化可以从两个角度切入:一个是从网络的角度看文化,另一个是从文化的角度看网络。前者从网络的技术性特点出发,突出技术变革引发的文化变迁;后者从文化的特性出发,强调网络内容的更迭引发网络空间的新型文化形势。网络文化是网络新兴技术与社会文化内容的综合体,是现代科技与传统文明的结晶,是传统文化在网络信息时代的创新。目前关于网络文化存在各种各样的观点,单纯强调某一方面都不妥当。

网络文化是指网络上具有网络社会特征的文化活动及文化产品,是以网络物质创造发展为基础的网络精神创造。从广义上讲,网络文化是网络时代的人类文化,是人类现实社会传统文化、传统伦理的延伸和多样化的展现。从狭义上讲,网络文化是以计算机技术、网络信息技术以及网络经济为基础,在网络空间形成的文化活动、文化方式、文化产品、文化观念的集合,包括工作、学习、交往、休闲、娱乐、商务等所形成的网络空间内容及参与者的价值观念和社会心态等各个方面。可以说,人类现实社会的文化和文明在网络时代受多种因素的影响,网络文化已经对现实社会的文化发展与传承产生巨大的影响。网络文化的主题往往就是现实社会经济生活的体现,网络内容源于现实生活,网络文化的发展归根结底是现实社会文化发展的重要体现。

自从计算机及网络出现,网络文化就伴随着世界上其他人类社会文化的特征而持续发展着。互联网的产生是国际化的,随着世界上每个国家开放互联网,世界各国的网络文化不仅有各自国家特色的社会文化内涵,而且也在世界各个国家之间相互影响。这使得网络文化不仅仅只局限于某一国家、某一地区或某一民族,世界各地的网络文化相互融合,在网络空间形成国际性的网络文化。

我国作为世界网络大国,在网络文化建设发展中推陈出新。我国的网络文化是中国特色社会主义文化的重要组成部分。发展健康向上的网络文化不仅是适应互联网快速发展、增强国家整体文化实力的关键,也是净化网络环境、维护社会稳定、保护国家安全的重要基础。我国发布的《2006—2020年国家信息化发展战略》中明确指出:"建设积极健康的网络文化。倡导网络文明,强化网络道德约束,建立和完善网络行为规范,积极引导广大群众的网络文化创作实践,自觉抵御不良内容的侵蚀,摈弃网络滥用行为和低俗之风,全面建设积极健康的网络文化。"

《2006—2020年国家信息化发展战略》中确立了我国信息化发展的战略之一是建设先进的、积极健康的网络文化,这是我国网络文化体系建设的重要目标。随着网络空间技术的发展、利用程度及安全状况的变化,我们更应与时俱进,促进网络文化体系的新发展、新变化,努力推进网络文化建设,坚持网络文化内涵建设,提高网络文化产品及服务的质量与能力,提升网络行为的精神文明程度,建设符合我国特色的社会主义网络文化的生态环境,让我们的网络文化坚持为人民服务、为社会主义服务的方向,最大限度地满足人民群众对健康网络文化的需求,促进整个社会的和谐。

1.1.2　网络空间安全理解

目前网络空间已然成为人类生存的"第五空间",网络空间既是人类的生存环境,也是信息的生存环境。网络空间是所有信息系统的集合,人在其中与信息相互作用、相互影响。国家互联网信息办公室2016年12月27日发布的《国家网络空间安全战略》指出:"网络空间安全事关人类共同利益,事关世界和平与发展,事关各国国家安全。"因此,网络空间安全是人和信息对网络空间的基本要求,网络空间安全面临的问题更加综合、更加复杂。

网络空间安全由于不同的环境和应用而产生不同的类型。

1. 系统软件安全

系统软件安全主要是指系统级软件的安全,包括操作系统、网络系统、数据库系统等相关软件安全,主要侧重于保证各类系统软件的正常运行与安全运维,避免系统软件崩溃、系统漏洞、物理运维等因素对存储、处理和传输的数据信息造成破坏和损失。

2. 信息系统安全

信息系统安全主要包括各类网络应用服务、各行业各部门应用的信息系统安全。它既要能保证信息系统的运行安全,又要能保证信息系统中的数据存储、处理和传输的安全,避免网络攻击、信息泄露、系统功能等因素对存储、处理和传输的数据信息造成破坏和损失。其中涉及的主要应用包括用户认证、口令鉴别、信息数据加密、数据存取权限、用户访问控制、行为安全审计、计算机病毒防治等方面。

3. 信息内容安全

信息内容安全主要包括保证互联网传播的信息内容符合国家法律法规、规章规范,符合普遍认可的社会道德伦理,避免出现绝密或私密信息、各类恶意代码、淫秽色情信息、暴力邪恶视频等内容的处理、存储与传播。其本质是保护国家利益、社会意识形态、社会公共秩序和用户个人隐私。

不同层面、不同用户对网络安全的具体理解和需求也不同。

从国家安全及保密部门的角度,要对网络上传播的非法的、有害的或涉及国家机密的信息进行监测、过滤和处置,避免有害信息被传播、重要信息被泄露,避免国家关键信息基础设备遭受破坏,避免对国家、社会产生危害或造成巨大损失。

从社会教育和意识形态的角度,要对网络上有害的、低俗的、暴力的信息内容进行治理、管理和引导,这些不良信息会对社会秩序的稳定和人类的发展造成阻碍,必须避免网民接触不良网络信息,抵制有害信息传播,提升网络文化的底蕴与内涵。

从网络运行和管理者的角度,要对网络运营者建设、运营、管理的信息系统的访问、读写等操作进行保护和控制,避免出现"陷门"、病毒、非法存取、拒绝服务、资源非法占用和非法控制等网络威胁和网络攻击。

从网络用户的角度,要对网民在网络上传输的涉及个人隐私或商业利益的信息进行机密性、完整性和真实性的保护,避免其他人或对手利用窃听、冒充、篡改、抵赖等手段侵犯或损坏用户的利益和隐私,避免其他人对用户自身的设备或使用的信息系统进行非法访问和破坏。

1.1.3　网络文化与网络空间安全的关系

网络文化与网络空间安全之间存在重要关系,可以说网络文化与网络空间安全之间相互影响、相互制约。网络文化能够充分体现网络空间整体的文明程度,健康的网络文化发展有利于网络空间安全的良性发展。我们应从多重角度思考网络文化与网络空间安全的关系,对于世界上任何一个进入网络时代的国家,网络文化与网络空间安全应体现一个国家、一个民族的伦理观、道德观、价值观,且很多传统文化会慢慢地在网络空间意识形态下被传播与继承。

网络文化包含各种信息内容的安全,立足于网络空间安全的角度,可以通过物质技术、管理制度和精神文明三个层面来保障。对于网络文化与网络空间安全的关系,实际上要站在不同层面、不同角度来理解。

从国家层面上来说,网络文化是以网络为载体的文化,一个国家能在网络上独立自主地决定自己国家的政治制度、经济制度、文化制度、社会制度以及适合本国意识形态的伦理观、道德观和价值观,同时也能够保护本国人民自有的传统文化在网络空间上的表现形态,并扩大优秀文化的传承与发展,那么这个国家的网络文化就是安全的。

从行业层面上来说,网络文化传播依托于网络空间服务平台,各类网站上的论坛、博客、播客、音乐、游戏、视频、新闻等信息服务,各类网络即时通信中的群组交流、用户互通等交互交流,这些服务内容不能危害国家安全,不能损害国家荣誉和利益,并且不能散布谣言、淫秽色情、暴力恐怖信息等一切法律、行政法规禁止的内容。

从社会意识形态层面上来说,网络文化应促进社会进步,以伦理道德、社会先进文化知识为传承,维护网民权益,通过多种宣传形式对网民进行培训、引导、教育以及社区服务。往往社会意识形态层面的网络文化也能影响现实社会文化,能够弘扬新时代网络主流旋律,倡导社会精神文明、优秀传统文化和现代文化精华。

从网络信息技术的层面上来说,网络文化依赖于网络信息技术的支撑,保证网络空间中信息传播的完整性、可用性、可控性、不可抵赖性、合法性等特性,这些特性是评价网络文化健康程度及安全性的重要因素。通过网络信息技术措施,可避免网络空间中有害信息传播、网民权益侵害、网络攻击侵入等事件。

1.2 网络和网络空间安全现状

1.2.1 网络及互联网发展现状

网络是计算机技术与通信技术紧密结合的产物,一般说来,网络是一个复合性的系统,其通过各种通信手段、网络终端、连通设备及介质相互连接起来,进行信息交换、资源共享、协同工作等。最早的网络就是因特网(Internet),是由美国国防部高级研究计划局(ARPA)建立的。现代计算机网络的许多概念和方法都来自阿帕网(ARPANET)。早在1977年,ARPANET推出了TCP/IP体系结构和协议,这使得ARPANET可以通过TCP/IP协议进行转换工作。1980年以ARPANET为主干网建立了初期的Internet。1988年Internet开始对外开放。1991年在连接Internet的计算机中商业用户首次超过学术界用户,这是Internet发展史上的一个里程碑,从此Internet的成长速度一发不可收拾。

2018年1月30日,互联网数据研究机构We Are Social和Hootsuite共同发布的"数字2018"互联网研究报告中指出,全世界的网民总数约为40.21亿人。目前,全世界范围内新增的网民大多来自移动终端,随着智能手机的售价和移动流量资费的降低,越来越多的人选择通过移动智能终端进入互联网。仅2017年就有超过2亿人拿到第一台移动设备。全球的总人口中超过2/3的人至少拥有一台移动设备,唯一移动用户(Unique Mobile Users)的总数达到51.35亿,移动互联网的渗透率已经高达68%。不仅上网的人数在增多,而且人们在网上花费的时间也越来越长。整体上网民对互联网的依赖度越来越高,据报告数据显示,全球网民的平均上网时间已经达到每天6小时,说明每一个上网的网民除睡觉以外至少有1/3的时间都用来上网。

我国Internet的起步以1987年通过中国学术网(CANET)向世界发出第一封E-mail为标志。经过几十年的发展,形成了四大主流网络体系,主要包括中国科技网(CSTNET)、中国公用计算机互联网(CHINANET)、中国教育和科研计算机网(CERNET)、中国金桥信息网(CHINAGBN)。据《中国互联网络发展状况统计报告》显示,截至2018年6月30日,我国共有网民8.02亿人,其中手机网民7.88亿人,我国网民使用手机上网的比例高达98.3%,移动智能终端上网使用率逐年升高,台式机、笔记本电脑上网比例下降;我国即时通信用户规模达7.56亿人;网络新闻用户规模达6.63亿人;网络购物用户规模达5.69亿人;网上外卖用户规模达3.64亿人;网上支付用户规模达5.69亿人;网络直播用户规模达4.25亿人;共享单车用户规模达2.45亿人;网络约出租车用户规模达3.63亿人;在线政务服务用户规模达4.70亿人。互联网已经发展成为我国影响最广、增长最快、市场潜力最大的产业之一,正在以超出人们想象的深度和广度迅速地发展。在规模上,我国已经成为名副其实的"网络大国"。

1.2.2　网络空间安全现状

随着网络信息技术的高速发展,互联网已经成为当代先进生产力的重要标志,互联网已经渗透到社会的各个方面,伴随而来的是人们对网络空间安全的需求越来越高。对网络空间安全的需求从单一的通信保密,发展到今天的网络空间安全产品、技术、手段等方面。网络和信息化的发展让人们充分享受到世界信息开放、资源共享的便利,但同时也给人们带来了众多的网络空间安全方面的困扰。

近年来,电信诈骗、黑客攻击、勒索软件、物联网攻击、APT 攻击、个人信息泄露、国家级别的网络间谍战、暗网犯罪、比特币攻击等新名词层出不穷,各种各样的网络安全事件频繁出现。从"棱镜门"事件到席卷全球的 WannaCry、暗云Ⅲ、Petya 等网络勒索病毒,从现实社会的传统犯罪到各种新型的网络犯罪,网络空间安全形势日益严峻,应对网络空间安全事件面临严峻挑战。网络信息技术创新发展的同时也伴随很多安全问题,木马与僵尸网络、移动恶意程序、拒绝服务攻击、系统安全漏洞、网站篡改侵入等各类网络安全威胁不断涌现,各种网络攻击事件层出不穷,新型安全威胁与传统安全问题相互交织,网络用户面临的网络安全风险不断加大。

当前面临的网络空间安全方面的任务日益复杂和多元,网络空间安全问题已成为信息时代人类共同面临的挑战。网络空间安全关乎人类共同利益,关乎世界各个国家的安全,关乎世界和平与发展。全世界各个国家、各个行业越来越重视网络空间安全,世界各国日益加大网络空间安全相关领域的建设。伴随着世界各国对网络空间安全的认识程度的变化,我国国内的网络空间安全问题也日益突出。如何解决这些问题,保障网络空间安全,早已成为当前全民共同的努力目标。网络已然改变了人类传统的工作、生活和生产的方式,必须努力使得网络空间健康、有序、安全发展,使其更好和更安全地为人类服务。

目前我国已初步建成了国家层面的网络空间安全的组织保障。2014 年,中央网络安全和信息化领导小组成立。领导小组将着眼国家安全和长远发展,统筹协调各个领域的网络安全和信息化重大问题,研究制定网络安全和信息化发展战略、宏观规划和重大政策,为推动国家网络安全和信息化法治建设提供保障。同时,近年来我国也制定了一系列重要的网络信息安全管理标准和必需的网络空间安全治理的法律法规、规章规范及司法解释。为实施国家网络安全战略,加快网络空间安全高层次人才培养,我国已经增设"网络空间安全"一级学科,我们已经认识到要从根本上提高我国网络空间安全水平,在健全网络空间安全保障体系的同时,必须培养高素质的网络空间安全专业人才。

网络空间环境的复杂性、多变性以及网络信息系统的脆弱性,决定了网络空间安全威胁的客观存在。随着国际政治形势的发展以及经济全球化进程的加快,信息科技时代所引发的网络空间安全问题不仅涉及国家的经济安全、政治安全,同时也涉及社会安全、文化安全,更应该加强网络空间国际合作,促进网络空间安全。可以说"没有网络安全,就没有国家安全"。目前,我国急需建立符合要求的网络空间安全保障体系,以提升我国网络空间安全的防御能力。

1.3　网络空间安全基础概述

1.3.1　网络空间安全基本概念

网络空间安全是近年来新生的一种理论。网络空间安全的英文是 Cyberspace Security。早在 1982 年,加拿大作家威廉·吉布森在其短篇科幻小说《燃烧的铬》中就创造出 Cyberspace 一词,意指由计算机创建的虚拟信息空间。Cyberspace 是信息环境中的一个整体域,由独立且互相依存的信息基础设施和网络组成。

现如今的"网络空间安全"在早些年的提法是"计算机信息系统安全"。其中我国《中华人民共和国计算机信息系统安全保护条例》的第三条规范了包括计算机网络系统在内的计算机信息系统安全的概念:"计算机信息系统的安全保护,应当保障计算机及其相关的和配套的设备、设施(含网络)的安全,运行环境的安全,保障信息的安全,保障计算机功能的正常发挥,以维护计算机信息系统的安全运行。"

关于网络世界中的安全概念,普遍理论中相继提出过信息安全、网络安全、网络信息安全、网络空间安全等不同说法。20 世纪 90 年代"信息安全"被广泛使用,进入 21 世纪的十几年来,"网络安全""网络信息安全""网络空间安全"等逐渐被提出,近年来,"网络安全"和"网络空间安全"开始成为社会和业界普遍认同的概念。目前理论上广泛定义的"网络安全"是指网络系统的硬件、软件及其系统中的数据受到保护,不因偶然的或者恶意的原因而遭受破坏、更改、泄露,系统连续、可靠、正常地运行,网络服务不中断。继 2003 年美国发布《网络空间安全国家战略》后,2014 年我国在首届互联网大会上设立了"网络空间安全"的主题板块,"网络空间安全"这一概念成为当下最流行的说法。

无论是网络安全还是网络空间安全,理解其含义都应从不同的角度考虑。网络安全(Network Security)反映的安全问题基于网络,可以认为它是基于互联网的发展应用及网络社会面临的安全问题提出的;网络空间安全反映的安全问题基于网域空间,与陆域、海域、空域、外太空域四大空间一起作为全球全人类及世界各国的公域空间,如果从全球空间安全问题提出和思考网络空间安全,可以说其范畴更广。网络空间安全是人和信息对网络空间提出安全保障的基本需求,网络空间包含所有信息系统的集合,同时也包括人与信息系统之间的相互作用、相互影响。可以说,网络空间安全是在实现信息安全、网络安全过程中所有网络空间要素和各领域网络活动免受各种威胁的状态。因此,网络空间安全问题更加综合、更加复杂。

1.3.2　网络空间安全的特性

网络空间安全涉及国家、社会、企业和个人生活等各个层面,从本质上说就是保护网络空间信息系统的硬件、软件和系统数据的安全。网络空间安全保护的对象是信息,其中信息的保密性、完整性和可用性是网络空间安全的基本特性。除基本特性外,还包括可控性、不可抵赖性、合法性等特性,这些特性是实现网络空间安全所要达到的目标,也是构建网络空间安全保障体系的重要依据。

1. 保密性

保密性(Confidentiality)是指保证关键信息和敏感信息不被非授权者获取、解析或恶意利用。信息的保密性针对信息被允许访问对象的多少而不同。所有人员都可以访问的信息为公开信息；需要限制访问的信息一般为敏感信息或秘密，如国家秘密、企业和社会团体的商业或工作秘密、个人隐私秘密等。实际上国家秘密可以根据信息的重要性及保密要求分为不同的密级，根据秘密泄露对国家经济、安全利益产生的影响及后果不同，一般将国家秘密分为秘密、机密和绝密三个密级，各类组织可根据其网络信息安全的实际，在符合《中华人民共和国保守国家秘密法》的前提下将其信息划分为不同的密级。

2. 完整性

完整性(Integrity)是指保证信息从真实的信源发往真实的信宿，在传输、存储过程中未被非法修改、替换、删除，体现未经授权不能访问的特性。信息的完整性主要包括两方面：一方面是指信息在利用、传输、存储等过程中不被篡改、丢失或缺损等；另一方面是指信息处理方法的正确性，如误删除文件等不当操作有可能造成重要文件的丢失。信息的完整性是信息网络安全的基本要求，也是信息网络安全的重要特性之一。

3. 可用性

可用性(Availability)是指保证信息和信息系统可随时为授权者提供服务而不被非授权者滥用和阻断的特性。网络的基本功能就是为用户提供信息和通信服务。用户对于信息和通信的需求是多样化的、随机的、实时的。为保证用户的需求，网络和信息系统必须是可用的，也就是信息及相关的信息资产在授权人需要的时候，可以立即获得使用。例如，通信线路中断故障会造成信息在一段时间内不可用，影响正常的商业运作，这是网络通信可用性的破坏。

4. 可控性

可控性(Access Control)是指对信息、信息处理过程及信息系统本身都可以实施合法的安全监控和检测，实现信息内容及传播的可控能力。信息的可控性主要指对危害国家的信息进行监控审计，控制授权范围内信息的流向及行为方式，使用授权机制控制信息传播的范围、内容。

5. 不可抵赖性

不可抵赖性(Non-repudiation)是指保证出现网络空间安全问题后可以有据可查，网络空间通信的过程中可以追踪到发送或接收信息的目标人或设备，又称信息的抗抵赖性。信息的不可抵赖性是对出现的安全问题提供调查的依据和手段，使用审计、监控、防抵赖等安全机制，使得攻击者、破坏者无法抵赖，实现信息网络安全的可审计。

6. 合法性

合法性(Legitimacy)是指保证信息内容和制作、发布、复制、传播信息的行为符合一个国家的宪法及相关法律法规。我国网络空间传输的信息具有中国特色，不仅包括信息、数据安全的本身特性，还具有国家、社会对网络空间信息所要求的内容合法性。这一特性也是近几年国内外网络空间安全研究的一个热点。

1.3.3　网络空间安全发展机遇

网络空间安全涉及多学科、多领域，知识结构和体系包括的内容既宽泛又有深度。作为一种新兴事物,网络空间安全的发展、挑战与机遇并存。世界上存在很多事物,无论是现在正在发展的,还是未来将要出现的,它们都将面临网络空间安全的巨大挑战。

1. 大数据

大数据(Big Data)是指无法在一定时间范围内用常规软件工具进行捕捉、管理和处理的数据集合。它需要新处理模式才能具有更强的决策力、洞察发现力和流程优化能力,适应海量、高增长率和多样化的信息资产。随着大数据在科学计算、政府服务、社会应用、商业应用等多领域的高速发展,大数据的研究及安全问题将成为未来一段时期内网络空间安全的重要内容之一。可以说对于大数据的研究,能够进一步捍卫国家网络空间的数字主权安全,对维护国家的安全稳定、经济与社会的健康发展具有重要意义。

多种流数据的存储、多源数据的混合、传感器数据的安全、分析处理数据的安全等使得目前的大数据处理面临巨大挑战。同时需要应对的大数据安全问题也日益严峻,如何建立实时、智能的大数据安全保障机制,制定大数据建设、安全等相关标准,完善大数据系统安全体系是当前十分重要的任务。

2. 云计算

云是互联网的一种比喻说法。云计算(Cloud Computing)基于互联网的相关服务的增加、使用和交付模式,涉及通过互联网提供动态的、易扩展的、虚拟化的资源。云计算可以实现每秒 10 万亿次的运算,在拥有强大的计算能力后,它可以模拟核爆炸、预测气候变化和市场发展趋势。一般用户通过计算机、手机等智能终端接入数据中心,按自己的需求进行云运算。云计算主要包括基础设施即服务(IaaS)、平台即服务(PaaS)、软件即服务(SaaS)等多层次的服务。

云计算服务的应用带来相应的云安全(Cloud Security)问题,云安全是一个从云计算演变而来的新名词。云安全通过网状的大量客户端对网络中软件行为的异常监测,获取互联网中木马、恶意程序、网络攻击的信息,进而推送到服务器端进行自动分析和处理,再把针对木马病毒、网络攻击等的解决方案分发到每一个客户端。云安全的策略构想是:使用者越多,每个使用者就越安全。因为如此庞大的用户群足以覆盖互联网的每个角落,只要某个网站被挂马或某个新木马病毒出现,就会立刻被截获。

3. 万物互联

万物互联(Internet of Everything)的定义是将人、流程、数据和事物结合在一起,使得网络连接变得更加相关、更有价值。今天的互联网,正在从"人人相联"向"物物相联"迈进,即通过万物相联,渗透到各个产业,产业互联网呼之欲出,这就意味着各行各业,如制造、医疗、农业、交通、运输、教育,都将在未来 20 年被互联网化。万物互联加速数字世界的爆炸性增长。物理世界的数字化时代日益改变着人们的生活、工作、学习、研究的模式。

伴随着物联网的发展,它的安全问题也备受关注。网络是万物互联的通信连接基础,恶意用户可以通过万物互联的任何终端试图篡改系统后访问企业、家庭等内部网络和资源,许多设备同时访问网络资源时,也能造成网络堵塞和资源危机。万物互联后,恶意用户可以通过危害单台设备达到再逐步渗透到整个网络的目的。

4. 人工智能

人工智能(Artificial Intelligence)是研究、开发用于模拟、延伸和扩展人的智能的理论、方法、技术及应用系统的一门新的技术科学。它是计算机科学的一个分支,研究内容是了解智能的实质,生产出一种新的能以人类智能相似的方式做出反应的智能机器。该领域的研究包括机器人、语音识别、图像识别、自然语言处理和专家系统等。人工智能可以对人的意识、思维的信息过程进行模拟。人工智能是一门极富挑战性的学科,从事相关工作的人必须懂得计算机、心理学、哲学、机器学习、计算机视觉等,其目标是使机器能够胜任一些通常需要人类智能才能完成的复杂工作。

人工智能技术将使态势感知变得更加容易。态势感知是一种基于环境的动态、整体地洞悉安全风险的能力,是以安全大数据为基础,从全局视角提升对安全威胁的发现识别、理解分析、响应处置能力的一种方式,最终是为了决策与行动,是安全能力的落地。

人工智能及态势感知技术在网络空间安全方面的应用,将使得网络空间安全更加能够综合各方面的安全因素,通过对成千上万的信息进行自动分析、处理与深度挖掘,对网络空间安全状态进行分析评价,感知网络空间中的异常事件与整体安全态势,从整体上动态反映网络空间安全状况,并对网络空间安全的发展趋势进行预测和预警。

1.4　网络空间安全素养概述

我国是互联网大国,也正在向互联网强国迈进。2017 年 12 月 8 日,我国网络素养标准评价体系正式发布。网络素养标准的十条内容包括:认识网络——网络基本知识能力;理解网络——网络的特征和功能;安全触网——高度网络安全意识;善用网络——网络信息获取能力;从容对网——网络信息识别能力;理性上网——网络信息评价能力;高效用网——网络信息传播能力;智慧融网——创造性地使用网络;阳光用网——坚守网络道德底线;依法用网——熟悉常规网络法规。网络素养标准中的很多基本要求都体现了网络空间安全层面中的内容。

1.4.1　网络空间安全个人素养

网民是网络社会的细胞,只有网民的网络空间安全素养普遍增强,网络空间社会的机体才能始终保持健康。每一位网民都是网络空间的重要个体,个人对于网络空间的认识、理解、安全使用是全民网络空间安全素养的重要体现,也体现一个国家和社会的网络空间文明的程度与网络空间安全的实力。

网络空间安全个人素养首先应从保护个人信息安全出发,加强个人对网络功能的认识与理解,提高网络空间安全意识,准确获取网络空间信息,正确识别网络空间信息,理性评判网络空间信息,掌握基本的网络安全操作技能,努力做到高效、智慧、依法、安全使用网络,使得近代科学技术的优秀成果——网络,能更好地为人类文化的发展和文明的进步发挥作用。

网民是网络空间社会最基本的元素,每个网民的网络素养是网络空间健康、稳定、安全的重要基础,也是关系到互联网长远发展、建设网络强国的必要因素。国家层面早已提出培养"中国好网民",网民网络素养的培养已成为网络空间治理工作最重要的一环,积极加强网络素养研究、做好网民教育具有深刻的社会和现实意义。

《2016中国网民权益保护调查报告》显示,我国54%的网民认为个人信息泄露情况严重,84%的网民亲身感受到因个人信息泄露而带来的不良影响。一名具备网络空间素养的好网民也应该做到"四有":一是要有高度的网络空间安全意识;二是要有网络空间文化的基本道德素养;三是要有网络空间安全守法的行为习惯,用法律法规的标准衡量自己的网络空间言行;四是要有必备的网络空间安全防护技能。既能够积极发现问题、解决问题,又能够有诚信、不作假地使用网络;既能够具有辨识信息的能力,又能够具备应对信息威胁的能力。

1.4.2　网络空间安全职业素养

职业素养的三大核心是职业信念、职业知识技能、职业行为习惯,概括起来包含职业道德、职业意识、职业习惯、职业技能四个方面。网络空间安全职业素养就是个人素养在职场特定环境下的一种网络空间安全意识与能力的体现。可以说,个人网络空间安全素养同时影响着其作为一个职业人在所在行业及岗位拥有的网络空间安全素养。从职业角度看待网络空间安全素养,不仅强调个人网络空间安全的基本素养,还包括其对所在行业、所处岗位拥有的对于国家、行业及社会等多层面的影响。

尤其要强调的是我国重点行业、重要关键基础设施等关乎国家安全、社会安全的信息系统的使用者、运营者、管理者、提供者的职业素养。如我们的国家政府、国有企业等十分重视网络空间安全的职业素养。概括起来说,可以包括网络空间安全使用过程中的保护责任与意识,在实际工作过程中网络空间安全的行为习惯、操作防护技能等几个方面。

以网络虚拟财产交易网络服务为例,提供服务的企业的法人在网络空间安全方面要遵守相关国家法律法规及行业规范,规范网络虚拟财产交易平台的建设与使用;要设立专业的岗位职业人,做到对网络服务平台的网络安全运维,如要及时更新应用程序,保护好网络用户的个人账户和密码等数据安全;要加强对岗位职业人的管理,防止因内部员工数据泄露引发的网络安全事件;要加大宣传,提醒网络终端用户要改变不良上网习惯,提升网络空间安全意识,掌握相应的网络空间安全防护技能,不轻易下载来历不明的程序,不随便转发有害信息和不明信息等。

各领域都应该进行整体网络空间安全的规划,针对各行各业对网络空间安全的不同需求提出不同的安全标准、不同的制度、不同的应对机制,要有计划、有步骤地推动网络空间安全素养整体的发展。各行各业也要努力把推动网络空间安全素养视为全社会进步、发展的重要责任,要勇于承担,勤于作为。

课 后 习 题

一、选择题

1. (　　)指保证关键信息和敏感信息不被非授权者获取、解析或恶意利用。

A. 保密性　　　　　　B. 完整性　　　　　　C. 可用性　　　　　　D. 可控性
E. 不可抵赖性

2. (　　)指保证信息从真实的信源发往真实的信宿,在传输、存储过程中未被非法修改、替换、删除,体现未经授权不能访问的特性。

A. 保密性　　　　　　B. 完整性　　　　　　C. 可用性　　　　　　D. 可控性
E. 不可抵赖性

3. (　　)指保证信息和信息系统随时可为授权者提供服务而不被非授权者滥用和阻断的特性。

A. 保密性　　　　　　B. 完整性　　　　　　C. 可用性　　　　　　D. 可控性
E. 不可抵赖性

4. (　　)指对信息、信息处理过程及信息系统本身都可以实施合法的安全监控和检测,实现信息内容及传播的可控能力。

A. 保密性　　　　　　B. 完整性　　　　　　C. 可用性　　　　　　D. 可控性
E. 不可抵赖性

5. (　　)指保证出现网络空间安全问题后可以有据可查,网络空间通信的过程中可以追踪到发送或接收信息的目标人或设备,又称信息的抗抵赖性。

A. 保密性　　　　　　B. 完整性　　　　　　C. 可用性　　　　　　D. 可控性
E. 不可抵赖性

6. (　　)是指网络上具有网络社会特征的文化活动及文化产品,是以网络物质创造发展为基础的网络精神创造。

A. 网络文化　　　　　　　　　　　B. 网络安全
C. 网络空间安全　　　　　　　　　D. 网络文化安全

7. (　　)是指网络系统的硬件、软件及其系统中的数据受到保护,不因偶然的或者恶意的原因而遭受到破坏、更改、泄露,系统连续可靠、正常地运行,网络服务不中断。

A. 网络文化　　　　　　　　　　　B. 网络安全
C. 网络空间　　　　　　　　　　　D. 网络文化安全

8. 网络空间安全由于不同的环境和应用而产生不同的类型,大体可分为(　　)(多选题)。

A. 系统软件安全　　　　　　　　　B. 信息系统安全
C. 信息内容安全　　　　　　　　　D. 网络文化安全

9. 一名好网民必须具备网络空间安全素养,做中国好网民就要做到(　　)(多选题)。

A. 要有高度的网络空间安全意识
B. 要有网络空间文化的基本道德素养
C. 要有网络空间安全守法的行为习惯
D. 要有必备的网络空间安全防护技能

二、判断题

1. 中国的网络文化一定是中国特色社会主义文化的重要组成部分。
2. 网络运营者在运营或管理网络信息系统的访问、读写等操作时可以随意保护和控制。

3. 网络用户必须对涉及个人隐私或商业利益的信息在网络上传输时进行保密性、完整性的保护。

4. 网络文化与网络空间安全之间存在着必然性的重要关系,其相互影响,相互制约。

5. 网络空间安全实质上就是网络安全。

6. 网域空间与陆域、海域、空域、外太空域四大空间一起作为全球全人类及世界各国的公域空间。

7. 网络空间安全关乎人类共同利益,关乎世界和平与发展,关乎世界各个国家的安全。

8. 网络文化应促进社会进步,以伦理道德、社会先进文化知识为传承,维护网民权益,通过多种宣传形式对网民进行培训、引导、教育以及社区服务。

9. 网络空间安全的合法性是指保证信息内容和制作、发布、复制、传播信息的行为符合一个国家的宪法及相关法律法规。

三、思考题

1. 简述网络文化与网络空间安全的关系。

2. 简述网络安全与网络空间安全的区别。

3. 简述网络空间安全素养的主要内容。

第2章

网络空间安全威胁与防护

随着信息技术的发展及网络空间应用的扩大,各种各样的网络空间安全威胁不断增多。网络空间安全威胁主要针对网络空间中某一特定资源的保密性、完整性、可用性、可控性、不可抵赖性、合法性等特性,其防护措施是对网络空间特定资源的安全防御和保护。

2.1 网络空间脆弱性与安全威胁

引发网络空间安全问题的因素多种多样,理解这些因素的核心是解决网络空间安全问题的关键,目前导致网络空间安全问题的主要因素是网络空间自身的脆弱性和网络空间安全威胁。

2.1.1 网络空间自身的脆弱性

网络空间自身的脆弱性主要指网络软件系统、网络硬件设备在设计时由于考虑不周等因素造成的缺陷,容易被威胁主体利用从而危害系统、设备的正常运行。大体上,网络空间自身的脆弱性主要包括如下几种。

(1) 网络终端、连接设备、传输介质等硬件系统及其物理环境的脆弱性。网络终端、连接设备等硬件设备本身存在易丢失、易损坏的特性,且自身在使用、访问、设计时都缺乏防护措施,同时还存在硬件漏洞、电磁泄漏等风险;硬件所在的物理环境也存在脆弱性,包括温度、湿度、灰尘、静电、电磁干扰、雷电、火灾、水患等对网络终端、连接设备、传输介质等都可能产生安全影响。

(2) 网络系统的通信和信息传输中的脆弱性。目前网络通信协议主体依旧以 TCP/IP 为核心,TCP/IP 本身的开放性带来了多层面的脆弱性。在信息输入、处理、传输、输出过程中存在信息容易被篡改、伪造、破坏、窃取、泄露等不安全因素,如信息泄露、电子干扰等。

(3) 网络操作系统和各类信息系统的脆弱性。包括各种类型的操作系统、数据库管理系统以及系统应用软件在规划、设计、开发、使用过程中可能存在漏洞、后门或者配置使用不当等造成的不安全因素。

(4) 网络空间安全管理的脆弱性。信息网络系统使用人员繁杂、网络安全技术素质及安全意识参差不齐,这成为网络空间安全管理脆弱性的主要因素。包括相关的法律规范体系不完善、网络人员管理制度不健全等。

另外,网络空间自身的脆弱性和网络的规模有密切关系。伴随着当前网络规模越来越大,各种应用的增多,其安全性也越来越脆弱。

2.1.2　网络空间安全威胁

网络空间安全威胁是指某人、物、事件或行为对某一资源的保密性、完整性、可用性、可控性、不可抵赖性、合法性等造成的危害,这种危害严重影响着整个网络空间安全的保障体系。

1. 网络空间安全威胁概述

网络空间安全面临的威胁主要来自外部的人为影响和自然环境的影响,包括对网络设备的威胁和对网络中信息的威胁。网络空间安全威胁大致可分为无意威胁和故意威胁两大类。这些威胁的主要表现有过失侵入、非法授权访问、假冒合法用户、病毒破坏、线路窃听、黑客入侵、干扰系统正常运行、修改或删除数据等。

无意威胁是在无预谋的情况下破坏系统的保密性、可用性、完整性等特性。无意威胁主要是由一些偶然因素引起的,如软件和硬件的设计缺陷、设备运行失常、人为误操作、电源故障和自然灾害等。

故意威胁实际上就是人为因素造成的特意威胁,其包含主观故意因素。由于网络及应用系统本身存在脆弱性,总有某些人或某些组织想方设法利用这些脆弱性因素达到某种目的,如从事工业、商业或军事情报搜集工作的"间谍",为达到某种目的的黑客(Hacker)等。

2. 网络空间安全威胁分类

网络空间安全问题日益复杂多样,各种新型网络安全威胁与传统安全问题相互交织,使得网络空间面临的安全风险不断加大,各种网络安全事件层出不穷。目前大体上可以把网络空间安全威胁分为以下几类。

- 物理环境安全威胁。
- 系统软件、应用软件或协议等漏洞。
- 计算机病毒和恶意程序。
- 网络攻击与信息泄露。
- 网络违法犯罪与网络有害信息。
- 网络应用服务的软件、硬件系统故障。
- 网络空间安全体系不完善。
- 利用网络社会工程学实施威胁。

对网络空间安全威胁各分类内容的理解如下。

物理环境安全威胁:依据中华人民共和国国标准 GB/T 21052—2007《信息安全技术 信息系统物理安全技术要求》中的规定解释,将传统意义的物理安全划分为设备安全、环境安全(设施安全)、介质安全以及物理安全管理四个方面。

系统软件漏洞是指应用软件或操作系统在规划设计上的缺陷或错误,被非法授权使用,通过网络植入木马、病毒等恶意代码来攻击或控制整个信息系统,窃取信息系统中的重要资料和数据,甚至破坏系统。

恶意程序主要包括陷门、逻辑炸弹、特洛伊木马、蠕虫、病毒等。一般这些恶意程序分为不可复制和可复制两种。不可复制的恶意程序是指宿主程序调用时被激活的完成一个特定功能的程序；可复制的恶意程序由程序片段(病毒)或者由独立程序(蠕虫)组成,执行时在同一个系统或某个其他系统中可以产生自身的一个或多个副本,以后被激活。

网络攻击是指利用各种系统中存在的漏洞或者缺陷对系统的硬件、软件及其数据资源进行的攻击。网络攻击主要分为主动攻击和被动攻击两类,其中主动攻击会导致数据流的篡改和虚假数据流的产生,如篡改、伪造数据,拒绝服务；被动攻击则不对数据信息做任何修改,如未经用户许可的情况下截取、窃听信息或数据。

信息泄露是指人为因素导致重要的、保密的信息或数据有意或无意地被人为复制、倒卖,以及系统被攻击导致的数据泄露。恶意程序、网络钓鱼和网络欺诈保持高速增长,使得信息泄露事件频发,引发各种网络空间安全事件。

网络违法犯罪是指行为人运用计算机技术,借助网络对系统或信息进行攻击、破坏或利用网络进行其他犯罪的总称,包括行为人运用网络编程、解码技术、软件指令、渗透工具在网络上实施的犯罪。

网络有害信息是指在网络上一切可能对现存法律法规、社会秩序、公共安全、伦理道德造成破坏或者威胁的数据、新闻、知识等多种类型网络传播的信息。

软件、硬件系统故障是指系统在运行过程中,由于某种原因,造成系统停止运行,使系统事务在执行过程中以非正常的方式终止,导致系统不能执行规定功能,甚至造成信息丢失的状态。

网络安全管理是网络空间安全体系中不可缺少的一部分,网络安全管理是指以人为核心的策略和管理。理论上强调的"三分技术,七分管理"说明了网络空间安全中不仅有技术手段,还包括对人的管理。如内部员工的安全意识教育、建设安全制度、制定安全规范等都属于网络安全管理的重要内容。

利用网络社会工程学实施威胁基本上是通过对被害人的心理弱点、本能反应、好奇心、信任、贪婪等心理陷阱实施的欺骗、诈骗、伤害等,其通过网络社交手段取得自身利益。网络社会工程学是社会工程学的重要分支,也是当下网络空间安全威胁的重要组成部分。

3. 网络空间安全威胁的危害

网络空间安全威胁危害国家安全、社会公共安全、公民个人安全等方方面面,国家互联网信息办公室于 2016 年 12 月 27 日发布并实施的《国家网络空间安全战略》中指出:

"网络安全形势日益严峻,国家政治、经济、文化、社会、国防安全及公民在网络空间的合法权益面临严峻风险与挑战。

"网络渗透危害政治安全。政治稳定是国家发展、人民幸福的基本前提。利用网络干涉他国内政、攻击他国政治制度、煽动社会动乱、颠覆他国政权,以及大规模网络监控、网络窃密等活动严重危害国家政治安全和用户信息安全。

"网络攻击威胁经济安全。网络和信息系统已经成为关键基础设施乃至整个经济社会的神经中枢,遭受攻击破坏、发生重大安全事件,将导致能源、交通、通信、金融等基础设施瘫痪,造成灾难性后果,严重危害国家经济安全和公共利益。

"网络有害信息侵蚀文化安全。网络上各种思想文化相互激荡、交锋,优秀传统文化和主流价值观面临冲击。网络谣言、颓废文化和淫秽、暴力、迷信等违背社会主义核心价值观的有害信息侵蚀青少年身心健康,败坏社会风气,误导价值取向,危害文化安全。网上道德失范、诚信缺失现象频发,网络文明程度亟待提高。

"网络恐怖和违法犯罪破坏社会安全。恐怖主义、分裂主义、极端主义等势力利用网络煽动、策划、组织和实施暴力恐怖活动,直接威胁人民生命财产安全、社会秩序。计算机病毒、木马等在网络空间传播蔓延,网络欺诈、黑客攻击、侵犯知识产权、滥用个人信息等不法行为大量存在,一些组织肆意窃取用户信息、交易数据、位置信息以及企业商业秘密,严重损害国家、企业和个人利益,影响社会和谐稳定。

"网络空间的国际竞争方兴未艾。国际上争夺和控制网络空间战略资源、抢占规则制定权和战略制高点、谋求战略主动权的竞争日趋激烈。个别国家强化网络威慑战略,加剧网络空间军备竞赛,世界和平受到新的挑战。

"网络空间机遇和挑战并存,机遇大于挑战。必须坚持积极利用、科学发展、依法管理、确保安全,坚决维护网络安全,最大限度利用网络空间发展潜力,更好惠及 13 亿多中国人民,造福全人类,坚定维护世界和平。"

2.2　网络空间安全防护措施

2.2.1　网络空间安全防护体系

为了保证网络安全策略得以完整、准确地实现,网络安全需求得以全面、准确地满足,人类经历了多年的信息安全、信息网络安全、网络信息安全、网络空间安全等相关网络安全体系内容的研究历程。网络空间安全体系的完善在不同时期、不同领域都有着不同的侧重,但总体上还是围绕着制度、安全机制、技术、管理、功能、服务和操作等诸多方面,这些因素在整个体系中的合理部署和相互关系,为网络空间安全的解决方案和工程实施提供了依据和参考。

1. 网络空间安全特征

网络空间安全实际上是一项系统工程,涉及的方方面面都不可忽视。网络空间安全遵循"木桶原则",即一个木桶的容积取决于它最短的一块木板,一个系统的安全强度等于它最薄弱环节的安全强度。无论我们采用多么先进的技术与设备,如果安全管理上有漏洞,那么这个系统的安全还是没有保障。网络空间安全是一个过程,而且是一个动态的过程,这是因为制约网络空间安全的因素都是动态变化的,必须通过一个动态的过程来保证安全。安全也是相对的,所谓安全,实际上是根据实际应用的情况,在实用性和安全性之间找一个平衡点。

综合来看,网络空间安全具有以下特征。

(1) 网络空间安全是多维的安全。

网络空间安全是一个系统问题,这种多维度的安全要考虑环境安全、技术安全、管理安全。同时网络空间安全要实现的不仅仅是提供静态的保护能力,还需要具备主动防御的能力,能够及时发现网络攻击与破坏,并且能够及时响应与恢复。

(2) 网络空间安全是多层次的安全。

不同层次的主体从不同角度分析,会对网络空间安全有着不同的理解。如从主体层面看,国家层面的网络空间安全是指维护国家重要基础设施的信息系统安全,保障国家不受信息战争的威胁;行业层面的网络空间安全关注的是建设和维护信息系统的安全,确保信息的保密性以及服务的及时性与有效性;个人层面的网络空间安全主要是指保护个人隐私信息的安全。

（3）网络空间安全是动态的安全。

网络空间安全不是一个孤立的问题,应在系统建设过程中加以同步考虑,从规划设计阶段开始一直到系统终止,贯穿整个信息系统的生命周期。从信息系统的角度看,网络空间安全不是一个静止的状态,是一个动态变化的过程;从历史角度看,网络空间安全也不是一个静止的概念,它随着信息技术的进步而发展,随着产业基础、用户认识、投入产出的不同而变化。

（4）网络空间安全是相对的安全。

网络空间安全是相对的,由于技术局限性、环境复杂性以及需求变化等因素的限制,目前现实世界中不存在百分之百的绝对安全。网络空间安全通常是指一定程度上的安全,如遵循适度安全原则的网络空间安全强调的是适度安全,遵循投入产出平衡、持续生存的原则。

（5）网络空间安全是无国界的安全。

网络空间是无国界的,互联网的发展在发挥重大积极作用的同时,消极作用也体现了世界性和国际性。网络空间安全不是一个国家能够完全控制的问题,具有全球化特点,应从全球信息化角度考虑和布局。

2. 网络空间安全体系模型

早在 20 世纪 90 年代,针对各种网络信息系统的攻击事件日趋频繁,对信息及网络信息系统的单纯的保护已不能满足安全的需要。美国国家安全局在其发布的《信息保障技术框架》中提出了深层防御的安全设计思想:从宏观上提出了人、政策(包括法律、法规、制度、管理)和技术三大要素来构成宏观的网络空间安全保障体系结构的框架。这一框架的提出说明网络空间安全保障不仅仅是技术问题,还是人、政策和技术三大要素的结合。其中人是体系结构框架的基础层,是网络空间安全管理的根本;政策是体系结构框架的中间层,是网络空间安全策略的依据;技术是体系结构框架的最高层,是保障网络空间安全的关键。人、政策和技术三者相互制约、相互影响,现实中很多网络空间安全事件都必须依托这三个核心因素来实现。总的来说,人是核心,政策是桥梁,技术是保证,人通过政策将技术落实在网络空间安全保障体系中的各个方面。

结合网络空间安全保障体系框架的内容,人们建立了网络空间安全的模型,并通过实践对模型的整体安全性进行验证。目前广泛应用的模型有 P2DR 模型和 PDRR 模型。

1) P2DR 模型

P2DR 模型是美国 ISS 公司提出的动态网络安全体系的代表模型,也是动态安全模型的雏形。P2DR 模型包括四个主要部分:策略(Policy)、防护(Protection)、检测(Detection)和响应(Response),如图 2.2.1 所示。

图 2.2.1　P2DR 模型示意图

（1）策略（Policy）。

策略具有一般性和普遍性。策略会把关注的核心集中到最高决策层认为值得注意的那些方面。这里的策略是模型的核心，所有的防护、检测和响应都是依据策略实施的，策略为安全管理提供管理方向和支持手段。策略体系的建立包括策略的制定、评估与执行等。大体上网络安全策略一般包括总体安全策略和具体安全策略两部分。总体安全策略用于阐述本部门的网络安全的总体思想和指导原则，具体安全策略是根据总体安全策略提出的具体网络安全的实施规则。

（2）防护（Protection）。

防护是根据系统可能出现的安全问题而采取的一切预防措施，预先阻止网络威胁可能产生的条件，让攻击者无法顺利入侵。防护是网络安全体系中最重要的环节，防护措施一般与传统的安全技术相结合，这些安全技术通常包括数据加密、身份认证、访问控制、虚拟专用网（VPN）、防火墙、安全扫描和数据备份等。

防护分为三大类：系统安全防护、网络安全防护和信息安全防护。系统安全防护指的是操作系统、数据库管理系统的安全防护，即各类系统的安全配置、使用和漏洞补丁等；网络安全防护指的是网络管理的安全、网络传输的安全，如通过防火墙策略限制进出网络的数据包，防范内部网络与外部网络之间的非法访问；信息安全防护指的是数据本身的保密性、完整性和可用性，如对重要数据进行加密就是信息安全防护的重要手段。

（3）检测（Detection）。

检测就是利用检测工具（漏洞评估系统、入侵检测系统）来判断网络系统的安全状态。当攻击者通过防护系统时，检测功能就能发挥作用，与防护系统形成互补。检测是动态响应的依据，在网络安全体系中是非常重要的一个环节。它帮助系统有效阻止网络攻击，增强网络安全管理能力，提高网络安全基础结构的完整性。

检测的对象主要针对系统自身的脆弱性及各种网络安全威胁，主要包括检查系统存在的脆弱性；在系统运行过程中，检查、测试信息是否发生泄露、系统是否遭到入侵，并找出泄露的原因和攻击的来源。如网络入侵检测、信息传输检查、电子邮件监测、电磁泄露检测、屏蔽效果测试、磁介质消磁验证等。

（4）响应（Response）。

响应是解决安全潜在性的最有效方法，系统一旦检测到安全漏洞和安全事件，响应系统就开始工作。响应系统能够及时进行事件处理，杜绝危害进一步扩大，将网络系统的安全性调整到风险最低的状态，最大程度地保证系统提供正常的服务。响应包括紧急响应和恢复处理，恢复处理又包括系统恢复和数据恢复。

P2DR模型是在整体安全策略的控制和指导下，综合运用防护技术（如防火墙、身份认证、加密等）的同时，利用检测工具（如漏洞评估、入侵检测等）评估和检测系统的安全状态，通过适当的响应将系统调整到"最安全"和"风险最低"的状态。防护、检测和响应组成了一个完整的、动态的安全循环，在安全策略的指导下保证网络安全。实际上，网络安全一定是理想中的安全策略和实际的执行之间的一个平衡，强调在防护、检测、响应等环节的循环过程，通过循环达到保持安全、平衡的目的。所以，P2DR安全模型是整体的、动态的安全模型，应该依据不同等级的系统安全要求来完善系统的安全功能和安全机制。

2）PDRR 模型

PDRR 模型是美国国防部提出的网络安全模型，它包括防护（Protection）、检测（Detection）、响应（Response）和恢复（Recovery）四个环节。这一模型被广泛应用于政府、机关、企业等机构的网络安全规划、建设及运维中，是比较完善的网络信息安全解决方案。

PDRR 模型将 P2DR 模型中的响应（Response）分解成了响应与恢复两部分处理。这里的恢复作为模型的最后环节，主要解决在攻击或入侵等威胁事件发生后，把网络信息系统恢复到原来的状态或比原来更安全的状态，把丢失的信息数据找回来，为完善体系安全策略提供依据。恢复是对攻击破坏等威胁事件最有效的挽救措施。

2.2.2　网络空间安全策略防护

网络空间安全策略是在某一个特定的环境下，依据实际网络空间安全保障的基本需求制定、设立或配置的一定级别的规则。目前常用的网络空间安全策略有以下几个方面。

1. 物理安全策略

物理安全策略是保护网络服务器、各种网络终端、交换机、路由器等硬件实体和传输链路免受自然灾害、人为破坏和网络窃听等威胁，确保网络空间中使用的各种设备有一个良好的运行环境。物理安全策略包括设备安置楼层及房间的自然环境选择、物理环境保障、设备管理制度、安全管理人员的配备及职责等。

2. 访问控制策略

访问控制策略是保证网络空间资源不被非法使用与授权访问。通过身份认证、资源权限配置等限制不合法用户对资源的使用，降低资源被窃取、泄露的概率，达到保护网络空间中信息系统资源安全的目的。访问控制策略不仅是保证网络空间安全的核心策略，也是保护网络空间资源的重要手段。

3. 数据加密策略

数据加密策略是保护网络空间中信息系统数据、通信链路传输数据等安全。一般地，通信链路传输的数据安全可以在网络的数据链路层、网络层和应用层等通过加密技术实现；信息系统数据一般以其使用的数据库管理系统为核心的加密方式。数据加密策略也是保证网络空间中数据资源安全的最有效的手段。

4. 安全审计策略

安全审计策略是通过跟踪精确定义的活动来帮助网络信息系统审计遵守重要的业务相关和安全相关的规则，规则中可以选择网络信息系统需要监视的对象和行为，并将审计结果创建成日志，记录在相应系统的日志文件中。部署安全审计策略是网络空间威胁事件后查找原因的重要依据。

5. 安全管理策略

安全管理策略是通过策略要求制定有关的规章制度、管理办法，通过制度与办法加强网络空间中网络信息系统的等级管理、使用人员的内部管理、网络威胁事件的应急措施等。安全管理策略是确保网络空间安全、可靠运行的一种有效的方法。

2.2.3　网络空间安全技术防护

网络空间安全针对来自不同方面的安全威胁，需要采取不同的安全对策，从制度、法律、技术和管理上采取综合措施，以便相互补充，达到较好的安全效果。技术措施是最直接的屏障，目前常用的、有效的网络空间安全技术机制有如下几种。

1. 加密技术

加密算法多种多样，在信息网络中一般利用信息变换规则把明文的信息变成密文的信息。攻击者即使得到经过加密的信息，也不过是一串毫无意义的字符。加密可以有效地对抗截取、非法访问等威胁。加密算法可以分为对称加密算法、非对称加密算法和哈希算法三类算法。

对称加密算法中加密密钥和解密密钥相同或者可以由其中一个推算出另一个，通常把参与加密、解密过程的相同密钥叫作会话密钥；非对称加密算法中加密和解密过程使用不同的密钥，使用非对称加密的每个用户拥有一对密钥，其中的一个作为公钥，公钥是公开的，任何人都可以获得，另一个就作为私钥，私钥是保密的，只有密钥的拥有者知道；哈希算法也称为单向散列函数、杂凑函数、HASH 算法或消息摘要算法，它通过一个单向数学函数，将任意长度的一块数据转换为一个定长的、不可逆转的数据，这段数据通常叫作消息摘要。

2. 身份认证技术

身份认证技术是在计算机网络中为确认操作者身份而产生的解决方法。计算机网络中一切，包括用户的身份信息都是用一组特定的数据来表示的，计算机只能识别用户的数字身份，所有对用户的授权也都是针对用户数字身份的授权。如何保证以数字身份进行操作的操作者就是这个数字身份的合法拥有者？也就是说，如何保证操作者的物理身份与数字身份相互对应？身份认证技术就是用于解决这个问题。作为防护网络资产的第一道关口，身份认证有着举足轻重的作用。

在网络空间安全中经常使用的身份认证手段有静态密码、智能卡（IC 卡）、短信密码、动态口令牌、USB KEY、数字签名、生物识别、消息鉴别等。

3. 虚拟专用网技术

虚拟专用网（VPN）被定义为通过一个公用网络（通常是因特网）建立一个临时的、安全的连接，是在公用网络上建立的一条安全的、稳定的隧道。使用这条隧道可以对数据进行加密，达到安全使用互联网的目的。虚拟专用网是对企业内部网的扩展，可以帮助远程用户、公司分支机构、商业伙伴及供应商与公司的内部网建立可信的安全连接，并保证数据的安全传输。虚拟专用网不仅可用于移动用户的全球因特网接入，也可用于实现企业网站之间虚拟专用线路的安全通信，经济、有效地实现了商业伙伴间的互连和用户的安全外联。VPN 可以提供的功能有数据加密、数据完整性、数据源认证、防重放攻击。

VPN 有三种解决方案：远程访问虚拟网、企业内部虚拟网和企业扩展虚拟网。

4. 防火墙技术

防火墙技术是针对 Internet 网络不安全因素所采取的一种保护措施，是用来阻挡外部不安全因素影响内部网络的安全屏障，其目的就是防止外部网络用户未经授权访问。它是一种计算机硬件和软件的结合，是在 Internet 与 Intranet 之间建立一个安全网关，从而保护内部网络免受非法用户的侵入。

防火墙技术根据防范的方式和侧重点的不同可分为三类：包过滤防火墙、代理防火墙、状态监测防火墙。

5. 入侵检测技术

入侵检测技术是网络安全研究的一个热点，是一种积极主动的安全防护技术，提供了对内部入侵、外部入侵和误操作的实时检测，在网络信息系统受到危害之前拦截相应入侵。入侵检测技术主要应用于入侵检测系统，它主要完成的检测功能有检测入侵的前兆、入侵事件的归档、网络遭受威胁程度的评估和入侵事件的恢复等。

入侵检测技术按照方法可分为异常检测和误用检测两种类型；按照数据来源可分为基于主机(HIDS)、基于网络(MDS)、混合型三种类型。

入侵检测技术未来会朝着分布式入侵检测、智能化入侵检测和全方位安全防御三个方向发展。

6. 安全扫描技术

安全扫描技术也称为脆弱性评估技术，采用模拟黑客攻击的方式对目标可能存在的已知安全漏洞进行逐项检测，以便对工作站、服务器、交换机、数据库等各种设备、系统进行安全漏洞检测。

安全扫描技术按扫描的主体分为基于主机的安全扫描技术和基于网络的安全扫描技术；按扫描过程分为 Ping 扫描技术、端口扫描技术、操作系统探测扫描技术、已知漏洞扫描技术。

7. 网络嗅探技术

网络嗅探技术是利用计算机的网络端口截获网络中数据报文的一种技术。这种技术工作在网络底层，可以对网络传输数据进行记录，帮助网络安全运维过程中的技术人员查找网络漏洞，分析网络流量和检测网络性能，找出网络潜在的安全问题，判断问题的原因。网络嗅探技术是网络监控系统的实现基础。

8. 病毒防护技术

计算机病毒是对网络空间安全威胁比较大的因素之一，由最初的单机间通过存储介质相互传播，发展到今天的多种渠道传播(存储介质传播、E-mail 传播、即时通信工具传播、无线信道传播)。同时它的破坏性也越来越大，由最初的破坏文件数据，发展到今天的破坏信息系统、使网络瘫痪，直至盗窃用户个人信息、窃取用户钱财。病毒防护技术是通过一定的技术手段防止计算机病毒对系统、网络的破坏和传染。病毒防护技术包括磁盘引导区保护、加密可执行程序、读写控制技术、系统监控技术等。

9. 访问控制技术

访问控制技术是防止对任何资源进行未授权的访问，从而使计算机系统在合法的范围内使用。访问控制一般通过对用户身份及其所属的预先定义的策略限制其使用数据资源的权限，通常用于系统管理员控制用户对服务器、目录、文件等网络资源的访问。访问控制是网络安全防范和资源保护的关键策略之一，也是主体依据访问控制策略对客体本身或其资源进行的不同授权访问。访问控制能够保证合法用户访问授权保护的网络资源，防止非法主体进入受保护的网络资源或合法用户对受保护的网络资源进行非授权的访问。

10. 数据备份与恢复技术

计算机系统经常会因各种原因不能正常工作，会损坏或丢失数据，甚至使整个系统崩溃。为了不影响工作,将损失减少到最低程度,一般通过数据备份技术保留用户甚至整个系统数据,当系统出现问题时可以通过备份恢复原来的工作环境。

数据备份有多种方式,在不同情况下,应该选择最合适的备份方式。按备份的数据量来划分有完全备份、增量备份、差分备份和按需备份;按备份的状态来划分有物理备份和逻辑备份;按备份的地点来划分有本地备份和异地备份。数据恢复技术可分为软件问题数据恢复技术和硬件问题恢复技术。

11. 网络安全审计技术

网络安全审计技术是按照一定的安全策略,主要记录系统活动和用户活动信息,检查、审查和检验操作事件的环境及活动,从而发现系统漏洞、入侵行为或改善系统性能的过程。它是检查、审查和检验用户操作计算机系统及网络系统活动的过程,是提高系统安全性的重要举措,也是审查、评估系统安全风险,采取相应措施的一个过程。

网络安全审计从审计级别上可分为三种类型:系统级审计、应用级审计和用户级审计。

12. 电子数据取证技术

电子数据取证是指符合法律规定的,能够为法庭接受的,存在于计算机系统、电子设备、网络设备和电子存储器中的电子数据证据的保护、获取、检验、分析、鉴定、归档的过程。新技术的快速发展为电子数据取证的创新应用奠定了基础,目前在实现电子数据取证过程中使用的软硬件设备都包含着大量的技术应用,实践应用过程中囊括的技术很多,如数据恢复技术、数据检索和解密技术、数据挖掘技术、数据监测和截获技术等。

2.2.4　网络空间安全管理防护

由于网络空间安全的复杂性、多变性和信息系统的脆弱性,导致网络空间安全问题是必然存在的。法律是最低限度的道德,法律是由国家强制力保证实施的,违反法律要受到来自国家有关机构的惩处,但在日常的工作生活中,更多的是靠管理来保证网络空间的安全。在网络空间安全防护过程中,加强网络空间安全管理、制定安全管理规章制度,是确保网络空间安全、可靠运行的重要措施。

1. 网络空间安全管理的特点

(1) 必然性。随着国际政治形势的发展及经济全球化的加快,网络空间安全问题不仅涉及国家的政治安全、经济安全,同时也涉及国家的社会安全、文化安全及国际关系。

(2) 相对性。加强网络空间安全管理需要安全管理人员、安全管理机构、安全管理制度。这些安全管理需要花费一定的社会资源并且带来管理代价,这与保护资源的价值之间存在相对性。

(3) 动态性。新技术、新产品不断发展,网络空间安全威胁也层出不穷。对于新的安全威胁要采用新的安全管理措施和制度来加以防范,不能指望一项技术、一项措施一劳永逸地保护所有资源的安全,必须动态地、持续地保护网络空间安全。

(4) 广泛性。随着社会信息化程度的不断提高,网络空间中信息系统在社会生活的方方面面都有涉及,有信息系统就需要有网络安全管理。

2. 网络空间安全管理制度

网络空间安全管理制度是完善网络空间安全管理的重要基础。广泛意义上的安全制度是指在某个安全区域(这里的安全区域,通常是指属于某个国家、行业、组织等一系列处理和通信的资源)内用于所有与安全相关活动的一套规则。这些规则是由安全区域中设立的一个安全权力机构制定的,由安全控制机构来描述、实施或实现。网络空间安全制度主要在明确总体方针和策略的基础上,说明安全工作的目标、范围、原则、安全框架,制定网络安全运维人员和督查人员的日常操作规程及对系统变更、重要操作、物理访问和系统接入等的规范。

网络空间安全的政策战略、法律法规、规章规范等相关规则,是从国家层面、行业层面制定的实施网络空间安全管理的制度,其对于网络空间安全保障体系是必要的保障和支撑,是顶层设计的重要组成部分,对切实加强网络空间安全保障工作、全面提升网络空间安全保障能力具有重要意义。

信息安全标准体系也是网络空间安全管理的重要组成部分。我国各行业对信息安全领域的标准化还存在很多争议。目前我国信息安全标准化技术委员会和公安部信息系统安全标准化技术委员会以及相关机构已经制定了一系列标准,初步形成了我国信息安全保护标准体系。这一标准体系主要包括基础标准(如《信息安全技术术语》)、技术与机制标准、管理标准、测评标准、密码技术标准、保密技术标准等多方面的内容。这些标准的实施对于推动我国信息安全事业的发展将发挥巨大的作用。

3. 网络空间安全管理方法

1) 安全管理机构的设置与职责

在机构内设置专职的安全管理人员负责安全管理工作,包括安全管理、安全审计、系统分析、通信及保安人员等。

安全管理机构可能会因为组织结构的不同而不同,但它们的职责是一样的。

- 统一规划网络空间安全,制定、完善安全策略,协调各方面安全事宜。
- 建立网络空间安全规章制度。
- 选择网络空间安全管理机构的负责人和管理人员。
- 明确管理机构中各类人员的职责,制定有关责任追究制度。

安全管理机构的人员组成及职责如下。

- 安全管理机构负责人:主要负责网络系统的整体安全,主要职责包括对系统的修改进行授权,对权限和口令进行分配,对每天的违章报告、系统工作审计记录等进行审阅,对管理人员进行培训,对重大安全管理事件进行汇报等。
- 安全管理人员:也可兼任网络管理员,主要职责包括负责安全策略的实施,保证安全策略的有效性,负责软件、硬件的安装与维护,负责安全事件的处置、响应、恢复和风险分析。
- 安全审计人员:主要职责包括监控系统的运行情况,收集、记录非法访问事件并分析处理。必要时将审计的事件及时上报安全管理机构负责人。
- 系统管理人员:主要职责包括系统的软件、硬件的安全运行与维护,各类信息系统的分析和测试,网络通信的管理和维护。

- 保安人员：主要职责包括非技术性的安全保卫工作。

2）安全人事管理

人是网络空间安全的核心,事实上大部分安全和保密问题也是由人为差错造成的,在网络空间安全管理的诸多要素中人是最重要的。安全人事管理的主要职责包括制定安全人事管理的规章制度,监督和制约工作人员各司其职、各负其责,保证系统的安全运行。一般地,安全人事管理的主要内容是人事审查录用、保密协议签署、岗位职责确定、工作考核评价、培训计划制订、人事档案管理等。

网络空间安全人事管理应该遵循以下原则。

- 多人负责原则。如公安部发布的《互联网安全保护技术措施规定》中提出,公安机关在依法监督检查时,监督检查人员不得少于2人。
- 任期有限原则。一般情况下任何人不能长期担任与安全有关的职务,应该遵循任期有限原则,工作人员应不定期地循环任职,强制施行休假制度,并规定对工作人员进行轮流培训,以使任期有限制度切实可行。
- 职责分离原则。网络管理或系统管理人员不应打听、了解或参与职责以外的任何与安全有关的事情。对于计算机操作、计算机编程、机密资料接收和传送、安全管理和系统管理、应用和系统程序编制、访问证件管理等都要进行安全考虑,相关网络安全处理工作应当分开。
- 最小权限原则。对任何安全管理人员,只授予其完成本职工作所需要的最基本权限,分散超级用户的权限。

3）系统规划建设管理

系统规划建设是面向发展远景的系统开发计划,一般的系统规划建设投资巨大、历时周期很长,规划不好不仅会对自身造成损失,而且会引起系统运行中的间接损失,因此系统规划建设管理是网络信息系统规划中的重要战略内容。

系统规划建设管理的具体内容包括：

- 在系统规划阶段应制定业务系统信息安全防护方案,方案中包括对边界、网络、主机数据的风险分析和防护措施。
- 系统安全防护方案由相关部门和安全专家对总体安全防护方案的合理性、可行性、可靠性等进行论证和评审。
- 系统中的内网划分要设立独立的安全域,开发环境及工作环境应建立内部网络与互联网之间的安全隔离措施。
- 系统应用前应进行代码审计,对功能模块、安全性等相关内容进行检测与漏洞整改；系统应用后要进行全程跟踪、监督运行及恶意代码查杀等。
- 系统建设开发人员应进行安全培训、签订保密协议等。

4）系统运维管理

系统运维管理是指在系统运行中对其进行维护与管理。系统运维管理主要集中在性能管理与故障管理上,其主要工作是以日常运行维护管理流程为核心,以事件跟踪为主线,解决流程管理、事件管理、问题管理、变更管理、发布管理、运行管理、知识管理、综合分析管理等问题。

系统运维管理的具体内容包括：

- 及时更新资产责任部门、重要程度和所处位置等与系统相关的资产清单。系统应用中的服务器、机柜、网络设备、应急物资等设施统一标识,并定期清查盘点。
- 制定的安全应急预案需要通过专家评审、定期审查并依据实际情况更新,对系统运维人员进行应急预案培训及定期演练。
- 建立安全审计、日志管理制度,定期备份日志和审计记录,对日志访问与操作进行管控并记录归档。
- 对通信线路、主机、网络设备及信息系统的运行状况、网络流量、用户行为等进行监控,对监控记录妥善保存。必要时要对监控记录进行分析、评审,形成分析报告并采取必要的应对措施。
- 定期对网络系统进行漏洞扫描、病毒查杀、补丁升级,对安全审计等事项进行集中分析,提出可行的安全措施。
- 对系统环境实施统一策略的安全管理,对出入人员进行相应级别的授权,对重要安全领域的活动行为应进行全程监督。
- 对系统的变更、检修要符合申报和审批程序,对变更、检修等事件进行分析并记录,妥善保存所有文档和记录。

课 后 习 题

一、选择题

1. 一般情况下,因网络设备等硬件所在环境的温度、湿度、静电、雷电等原因导致的网络空间安全影响是属于(　　　)。

    A. 硬件系统的脆弱性　　　　　　　　B. 物理环境的脆弱性

    C. 网络系统的脆弱性　　　　　　　　D. 通信协议的脆弱性

2. 在信息输入、处理、传输、输出过程中存在的信息泄漏、电子干扰等原因导致的网络空间安全影响是属于(　　　)。

    A. 硬件系统的脆弱性　　　　　　　　B. 物理环境的脆弱性

    C. 网络系统的脆弱性　　　　　　　　D. 网络管理的脆弱性

3. P2DR 模型是动态网络安全体系的代表模型。P2DR 模型包含以下(　　　)部分(多选题)。

    A. Policy(策略)　　　　　　　　　　B. Protection(防护)

    C. Response(响应)　　　　　　　　　D. Detection(检测)

4. 网络空间安全策略是在某一个特定的环境下,依据实际网络空间安全保障的基本需求制定、设立或配置的一定级别的规则。目前常用的网络空间安全策略包括(　　　)(多选题)。

    A. 物理安全策略　　　　　　　　　　B. 访问控制策略

    C. 数据加密策略　　　　　　　　　　D. 安全审计策略

E．安全管理策略

5．身份认证技术是在计算机网络中为确认操作者身份而产生的解决方法。计算机网络中一切信息，包括用户的身份信息，都是用一组特定的数据来表示的，计算机只能识别用户的数字身份，所有对用户的授权也是针对用户数字身份的授权。以下可以作为身份认证手段的有（　　　）（多选题）。

A．静态密码、短信密码　　　　　　　　B．智能卡（IC 卡）

C．动态口令牌　　　　　　　　　　　　D．数字签名

E．指纹、虹膜等生物特征

6．（　　　）是利用计算机的网络端口截获网络中数据报文的一种技术。

A．数据备份　　　　　　　　　　　　　B．安全扫描

C．网络嗅探　　　　　　　　　　　　　D．电子取证

7．（　　　）是按照一定的安全策略，利用记录、系统活动和用户活动等信息，检查、审查和检验操作事件的环境及活动，从而发现系统漏洞、入侵行为或改善系统性能的过程。

A．数据备份技术　　　　　　　　　　　B．网络安全审计技术

C．网络嗅探技术　　　　　　　　　　　D．电子数据取证技术

8．（　　　）是网络安全防范和资源保护的关键策略之一，也是主体依据某些控制策略或权限对客体本身或其资源进行的不同授权访问。

A．入侵检测　　　　　　　　　　　　　B．安全审计

C．网络嗅探　　　　　　　　　　　　　D．访问控制

9．（　　　）是指符合法律规定的，能够为法庭接受的存在于计算机系统、电子设备、网络设备和电子存储器中的电子数据证据的保护、获取、检验、分析、鉴定、归档的过程。

A．网络入侵检测　　　　　　　　　　　B．网络安全审计

C．电子数据取证　　　　　　　　　　　D．网络访问控制

二、判断题

1．网络空间自身的脆弱性主要指网络系统和设备、计算机软硬件在设计时由于考虑不周等留下的缺陷，容易被威胁主体所利用从而危害系统的正常运行。

2．网络空间安全威胁是指某人、物、事件或行为对某一资源的保密性、完整性、可用性、可控性、不可抵赖性、合法性等造成的危害。

3．网络攻击是利用网络存在的漏洞和安全缺陷对网络系统的硬件、软件及其系统中的数据进行的攻击。

4．网络社会工程学是社会工程学的重要分支，也是当下网络空间安全威胁的重要组成部分。

5．网络空间安全就是一个国家能够完全控制的问题，无须从全球信息化角度考虑和布局。

6．网络空间安全没有绝对安全，只有相对安全。

7．P2DR 模型是动态网络安全体系的代表模型，也是动态安全模型的雏形。P2DR模型中的 R 是恢复（Recovery）。

三、思考题

1. 简述网络空间安全威胁的主要危害。
2. 什么是社会工程学？列举网络社会工程学的应用。
3. 简述网络空间安全防护体系的主要构成。
4. 简述网络空间安全体系模型分类与构成。
5. 简述网络空间安全策略防护。
6. 简述网络空间安全人事管理原则。

第 3 章

网络与信息系统基础

在科技飞速发展的今天,网络的普及已经惠及你我,对网络相关知识的了解和掌握必不可少。本章介绍网络与信息系统的基础知识,主要包括三部分的内容:网络基础知识、Internet 概述、信息系统概述。其中网络基础知识主要介绍网络的定义与分类、网络的拓扑结构、网络的功能;Internet 概述主要介绍 IP 地址、域名、网络协议简介、URL;信息系统概述主要介绍信息系统的分类、信息系统的功能以及网络信息系统的实例。通过本章的学习,可以更好地了解和掌握计算机网络及信息系统的基础知识。

3.1　网络基础知识

网络是一个复杂的人或物的互联系统。人们周围时刻存在着各种网络,如电话网、交通网等;即使人体内部也是由许许多多的网络系统组成的,如神经系统、消化系统等。在网络盛行的今天,使用计算机网络是现代人必须掌握的一项基本技能。本节主要介绍什么是计算机网络、网络的结构与分类、网络的特征与功能。

3.1.1　网络的定义与分类

1. 计算机网络的定义

网络原来是指用一个巨大的虚拟画面,把所有东西连接起来。在计算机领域中,网络就是用物理链路将各个孤立的工作站或主机相连在一起,组成数据链路,从而达到资源共享和通信的目的。凡是将地理位置不同,并具有独立功能的多个计算机系统通过通信设备和线路连接起来,且以功能完善的网络软件(网络协议、信息交换方式及网络操作系统等)实现网络资源共享的系统,都可称为计算机网络。

2. 网络的分类

按照网络覆盖的地理范围大小,可以将网络分为局域网、城域网和广域网三种类型。这也是网络最常见的分类方法。

1) 局域网

局域网(Local Area Network,LAN)是将较小地理区域内的计算机或数据终端设备连接在一起的通信网络。局域网覆盖的地理范围比较小,一般在几十米到几千米之间。它常用于组建一个办公室、一栋楼、一个楼群、一个校园或一个企业的计算机网络。局域网的结构如图 3.1.1 所示。

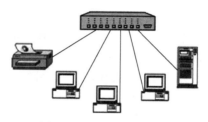

图 3.1.1 局域网的结构

2）城域网

城域网（Metropolitan Area Network，MAN）的覆盖范围介于局域网和广域网之间，一般为几千米至几十千米。城域网的覆盖范围在一个城市内，它将位于一个城市之内不同地点的多个计算机局域网连接起来实现资源共享。城域网的结构如图 3.1.2 所示。

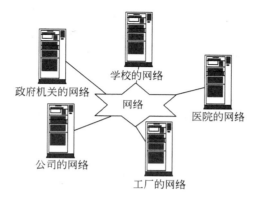

图 3.1.2 城域网的结构

3）广域网

广域网（Wide Area Network，WAN）是在一个广阔的地理区域内进行数据、语音、图像信息传输的计算机网络。由于远距离数据传输的带宽有限，因此广域网的数据传输速率比局域网要慢得多。广域网可以覆盖一个城市、一个国家甚至于全球。广域网的结构如图 3.1.3 所示。

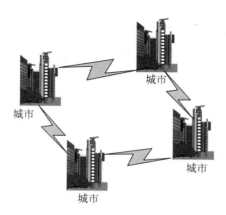

图 3.1.3 广域网的结构

网络除了按照覆盖范围来分类外,还可以有一些其他的分类方式,总结如下。

按交换方式分类:线路交换网络(Circuit Switching)、报文交换网络(Message Switching)和分组交换网络(Packet Switching)。

按网络拓扑结构分类:总线网络、环状网络、星状网络、树状网络和网状网络。

按通信介质分类:双绞线网、同轴电缆网、光纤网和卫星网等。

按传输带宽分类:基带网和宽带网。

按使用范围分类:公用网和专用网。

按速率分类:高速网、中速网和低速网。

按通信传播方式分类:广播式和点到点式等。

3.1.2 网络的拓扑结构

拓扑(Topology)是指将各种物体的位置表示成抽象位置。在网络中,拓扑用于描述网络的安排和配置,包括各种结点和结点之间的相互关系。值得注意的是,拓扑并不关心事物的细节,也不在乎事物相互之间的比例关系,而是将事物之间的相互关系通过图表示出来。网络中的计算机等设备要实现互连,就需要以一定的结构方式进行连接,这种连接方式就叫作"拓扑结构",通俗地讲就是这些网络设备是如何连接在一起的。

计算机网络的拓扑结构主要有总线拓扑、星状拓扑、环状拓扑、树状拓扑、网状拓扑和混合型拓扑。

1. 总线拓扑结构

总线拓扑结构采用一条单根的通信线路(总线)作为公共的传输通道,所有结点都通过相应的接口直接连接到总线上,并通过总线进行数据传输。由于所有结点共享同一条公共通道,所以在任何时候只允许一个站点发送数据。当一个结点发送数据,并在总线上传播时,数据可以被总线上的其他所有结点接收。各站点在接收数据后,分析目的物理地址再决定是否接收该数据。

粗、细同轴电缆以太网就是这种结构的典型代表。总线拓扑结构如图 3.1.4 所示。

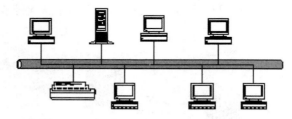

图 3.1.4 总线拓扑结构

1) 总线拓扑结构的优点

(1) 总线拓扑结构所需要的电缆数量少,线缆长度短,易于布线和维护。

(2) 总线拓扑结构简单,有较高的可靠性,传输速率高,可达 100Mb/s。

(3) 总线拓扑结构组网容易,易于扩充,增加或减少用户比较方便。

(4) 总线拓扑结构信道利用率高,多个结点共用一条传输信道。

2）总线拓扑结构的缺点

（1）总线拓扑结构的传输距离有限，通信范围受到限制。

（2）故障诊断和隔离较困难。

（3）分布式协议不能保证信息的及时传送，不具有实时功能。

（4）站点要有媒体访问控制功能，从而增加了站点的硬件和软件开销。

2. 星状拓扑结构

星状拓扑结构的每个结点都由一条点对点链路与中心结点（公用中心交换设备，如交换机、集线器等）相连，如图 3.1.5 所示。星状拓扑结构中的一个结点如果向另一个结点发送数据，首先将数据发送到中央设备，然后由中央设备将数据转发到目标结点；信息的传输是通过中心结点的存储转发技术实现，并且只能通过中心结点与其他结点通信。星状拓扑结构是局域网中最常用的拓扑结构。

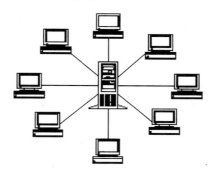

图 3.1.5　星状拓扑结构

1）星状拓扑结构的优点

（1）结构简单，连接方便，管理和维护都相对容易，而且扩展性强。

（2）网络延迟时间较小，传输误差低。

（3）同一网段内支持多种传输介质，除非中央结点故障，否则网络不会轻易瘫痪。

（4）每个结点直接连到中央结点，结点故障容易检测和隔离。

2）星状拓扑结构的缺点

（1）安装和维护的费用较高。

（2）共享资源的能力较差。

（3）一条通信线路只被该线路上中央结点和边缘结点使用，通信线路利用率不高。

（4）对中央结点要求相当高，一旦中央结点出现故障，则整个网络将瘫痪。

3. 环状拓扑结构

环状拓扑结构的各个网络结点通过环接口连在一条首尾相接的闭合环状通信线路中，如图 3.1.6 所示。其每个结点设备只能与它相邻的一个或两个结点设备直接通信。如果要与网络中的其他结点通信，数据需要依次经过两个通信结点之间的每个设备。环状拓扑结构既可以是单向的也可以是双向的。

环状拓扑结构有两种类型，即单环结构和双环结构。令牌环（Token Ring）是单环结构的典型代表，光纤分布式数据接口（FDDI）是双环结构的典型代表。

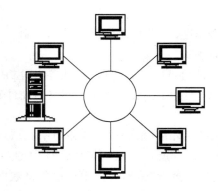

图 3.1.6　环状拓扑结构

1）环状拓扑结构的优点

（1）环状拓扑网络所需的电缆长度和总线拓扑网络相似，电缆长度短。

（2）增加或减少工作站容易，仅需要简单的连接操作。

（3）可使用光纤，光纤的传输速率很高，十分适合环状拓扑结构的单方向传输。

2）环状拓扑结构的缺点

（1）结点的故障会引起全网故障。这是因为环上的数据传输要通过接在环上的每一个结点，一旦环中某一结点发生故障就会引起全网的故障。

（2）故障检测困难。因为不是集中控制，故障检测需要在网络中各个结点进行，因此就不是很容易。

（3）信道利用率低。环状拓扑结构的媒体访问控制协议都采用令牌传递的方式，当网络负载很轻时，信道利用率就比较低。

4. 树状拓扑结构

树状拓扑结构可以是由多级星状结构组成的，这种多级星状结构自上而下呈三角形分布，就像一棵树一样，最顶端的枝叶少些，中间的树叶多些，最下面的枝叶最多。树的最下端相当于网络中的边缘层，树的中间部分相当于网络中的汇聚层，树的顶端则相当于网络中的核心层。它采用分级的集中控制方式，其传输介质可有多条分支，但不形成闭合回路，每条通信线路都必须支持双向传输。树状拓扑结构如图 3.1.7 所示。

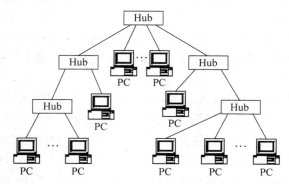

图 3.1.7　树状拓扑结构

1）树状拓扑结构的优点

（1）树状拓扑结构易于扩展，可以延伸出很多分支和子分支，这些新结点和新分支都能容易地加入网内。

（2）故障隔离比较容易。如果某一分支的结点或线路发生故障，则很容易将故障分支与整个系统隔离开来。

2）树状拓扑结构的缺点

各个结点对根的依赖性太大，如果根发生故障，则全网不能正常工作。从这一点来看，树状拓扑结构的可靠性有点类似于星状拓扑结构。

5. 网状拓扑结构

网状拓扑结构是指将各网络结点与通信线路连接成不规则的形状，每个结点至少与其他两个结点相连，或者说每个结点至少有两条链路与其他结点相连。大型互联网一般都采用这种结构，如我国的教育科研网 CERNET、Internet 的主干网都采用网状拓扑结构。网状拓扑结构如图 3.1.8 所示。

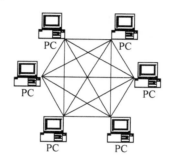

图 3.1.8　网状拓扑结构

1）网状拓扑结构的优点

（1）结点间路径多，碰撞和阻塞减少。

（2）局部故障不影响整个网络，可靠性高。

2）网状拓扑结构的缺点

（1）网络关系复杂，建立网络比较难，不容易扩充。

（2）网络控制机制复杂，必须采用路由算法和流量控制机制。

6. 混合型拓扑结构

混合型拓扑结构是将两种单一拓扑结构混合起来，取两者的优点构成的拓扑结构。例如，有一种混合型拓扑结构就是星状拓扑结构和总线拓扑结构混合成的"星-总"拓扑结构。用一条或多条总线把多组设备连接起来，相连的每组设备呈星状分布，采用这种拓扑结构，用户很容易配置网络设备。总线拓扑结构采用同轴电缆，星状拓扑结构可采用双绞线。混合型拓扑结构如图 3.1.9 所示。

1）混合型拓扑结构的优点

（1）故障诊断和隔离比较方便。一旦网络发生故障，只要诊断出哪个网络设备有故障，将该网络设备和全网隔离即可。

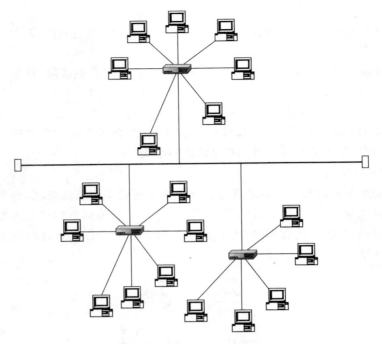

图 3.1.9　混合型拓扑结构

（2）易于扩展。要扩展用户时，可以加入新的网络设备，也可在设计时，在每个网络设备中留出一些备用的可插入新站点的连接口。

（3）安装方便。网络的主链路只要连通汇聚层设备，然后再通过分支链路，连通汇聚层设备和接入层设备。

2）混合型拓扑结构的缺点

网络建设成本比较高，需要选用智能网络设备实现网络故障自动诊断和故障结点的隔离。汇聚层设备到接入层设备的线缆安装长度会增加较多。

3.1.3　网络的功能

计算机网络的功能主要包括实现资源共享，实现数据信息的快速传递（即数据通信），提供负载均衡与分布式处理能力，提高可靠性。

1. 资源共享

资源共享是计算机网络最有吸引力的功能。由于计算机的许多资源成本昂贵，如大型数据库、海量存储器、特殊外部设备等，资源共享使网上用户能部分或全部地享用这些成本昂贵的资源，使网络中各地区的资源互通有无、分工协作，从而大大提高网络资源的利用率。网络资源具体来说包括以下几种。

（1）硬件资源：主要包括大型主机、大容量磁盘、光盘库、打印机、网络通信设备、通信线路和服务器硬件等。

（2）软件资源：主要包括网络操作系统、数据库管理系统、网络管理系统、应用软件、开发工具和服务器软件等。

（3）数据资源：主要包括数据文件、数据库和光磁盘所保存的各种数据。数据是网络中最重要的资源。

2. 数据通信

通信即在计算机之间传输信息，是计算机网络最基本的功能之一。通过计算机网络使不同地区的用户可以快速和准确地相互传输信息，这些信息包括数据、文本、图形、动画、声音和视频等。很多网络用户通过收发 E-mail、VOD（视频点播）、IP 电话、即时通信等方式进行数据通信。

3. 分布式处理与负载均衡

计算机网络中，用户可以根据需要合理选择网络内的资源，以便就近处理。例如：用户在异地通过远程登录可直接进入单位内部网络；对于像人口普查、售火车票这样需要综合处理的大型作业，通过一定的算法将负载比较大的作业分解，交给多台计算机进行分布式处理，起到负载均衡的作用，这样就能提高处理速度，充分发挥利用率，提高效率。

4. 提高可靠性

提高可靠性表现在计算机网络中的多台计算机可以通过网络彼此间相互备用，一旦某台计算机出现故障，其任务可由其他计算机代其处理。这样可以避免在单机情况下，一台计算机发生故障引起整个系统瘫痪的现象，从而提高网络系统的可靠性。

3.2　Internet 概述

Internet（因特网）是一组全球信息资源的总汇。Internet 以相互交流信息资源为目的，基于一些共同的协议，并通过许多路由器和公共互联网相连接，它是一个信息资源和资源共享的集合。Internet 是当今世界上最大的、最具影响力的国际性计算机综合网络。

我国在 1994 年 4 月正式接入因特网。1994 年 5 月中国科学院计算机网络信息中心接管中国国家顶级域名（CN）。1994—1996 年先后建成中国的四大网络，即有资格设置独立国际信息出口的 Internet 服务机构，具体如下。

（1）中国教育和科研计算机网（China Education and Research Network，CERNET）：是由政府资金启动的全国范围教育与学术网络。

（2）中国科技网：主要为中科院在全国的研究所和其他相关研究机构提供科学数据库和超级计算资源。

（3）中国公用计算机互联网：中国电信经营和管理的中国公用 Internet 网。

（4）中国金桥信息网：国家公用经济信息通信网，由吉通通信有限责任公司负责建设、运营和管理。

3.2.1　IP 地址

1. IP 地址的概念

IP 是英文 Internet Protocol 的缩写，意思是"网络之间互连的协议"，即为计算机网

络相互连接进行通信而设计的协议。在因特网中,它是使连接到网上的所有网络设备
(如计算机、交换机)实现相互通信的一套规则,规定了网络设备在因特网上进行通信
时应当遵守的规则。任何厂家生产的网络设备,只要遵守 IP 协议就可以与因特网互联
互通。正是因为有了 IP 协议,因特网才得以迅速地发展成为世界上最大的、开放的计算
机通信网络。因此,IP 协议也可以叫作"因特网协议"。现行的 IP 地址分配格式,也称为
IPv4 格式。

2. IPv4 简介

1)IPv4 的地址结构

IPv4 地址是一个 32 位(4 字节)的二进制数字,为了方便记忆,采用"点分十进制"法
来表示。即将 4 个字节的二进制数值转换成 4 个十进制数值,每个数值的取值为 0～
255,数值之间用点号"."隔开。如 192.168.0.1,IPv4 地址的二进制表示法与点分十进制
表示法的比较如图 3.2.1 所示。

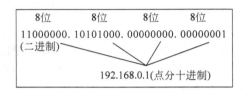

图 3.2.1　IPv4 地址的二进制表示法与点分十进制表示法的比较

IPv4 地址是由网络号(ID)和主机号(ID)两部分组成的。网络号(ID)标识某个逻辑
网络,类似电话号码中的区号;主机号(ID)标识该网络上的某台主机,类似电话号码中的
本机号码。这种分级的标识方式可以方便主机地址的分配和管理。如将 IPv4 地址
192.168.0.1 分成两部分,其中网络号(ID)占 24 位,主机号(ID)占 8 位。

网络号(ID)用于标识 IP 地址是否在同一个网段,如果网络号(ID)不同,则主机间不
能直接通信,如果通信就需要路由器连接;如果网络号(ID)相同,则主机间可直接通信,
不需要路由。在同一个网段内的计算机的网络号(ID)相同,而主机号(ID)不同。

2)IPv4 的地址分类

Internet 委员会定义了 5 种 IPv4 地址类型以适合不同容量的网络,即 A～E 类。其
中 A、B、C 三类由 Internet NIC 在全球范围内统一分配,D、E 类为特殊地址。A、B、C 三
类 IPv4 地址如表 3.2.1 所示。

表 3.2.1　A、B、C 三类 IPv4 地址

类别	最大可用网络数	IP 地址范围	最大主机数	私有 IP 地址范围
A	126(2^7-2)	0.0.0.0～127.255.255.255	16 777 214	10.0.0.0～10.255.255.255
B	16 384(2^{14})	128.0.0.0～191.255.255.255	65 534	172.16.0.0～172.31.255.255
C	2 097 152(2^{21})	192.0.0.0～223.255.255.255	254	192.168.0.0～192.168.255.255

D 类 IPv4 地址在历史上被叫作多播地址(Multicast Address),即组播地址。在以太
网中,多播地址命名为一组在这个网络中接收一个分组的站点。多播地址的最高位必须

是 1110,范围是 224.0.0.0~239.255.255.255。

E 类 IPv4 地址是以 1111 开始,为将来使用保留。它的第一个字节的范围是 240~255,主要用于 Internet 试验和开发。

除了上述的五类 IPv4 地址外,还有一些特殊的 IPv4 地址。比如,每一个字节都为 0 的地址(0.0.0.0)对应于当前主机;IPv4 地址中的每一个字节都为 1 的 IPv4 地址(255.255.255.255)是当前子网的广播地址;IPv4 地址不能以十进制数 127 作为开头,该类地址 127.0.0.1~127.255.255.255 用于回路测试,如 127.0.0.1 可以代表本机 IPv4 地址,用 http://127.0.0.1 就可以测试本机中配置的 Web 服务器。网络号(ID)的第一个 8 位组也不能全部设置为 0,全 0 表示本地网络。

3. IPv6 简介

IPv4 具有相当强盛的生命力,易于实现且互操作性良好,经受住了从早期小规模互联网络扩展到如今全球范围 Internet 应用的考验。但是随着 Internet 呈指数级飞速发展,IPv4 地址空间几近耗竭。随着连网设备的急剧增加,IPv4 公共地址总有一天会完全耗尽。除此之外,新技术的出现也对 IP 协议提出了更多的需求。在此基础之上,科研人员研发出了 IPv6。

1) IPv6 的定义

IPv6 是 Internet Protocol Version 6 的缩写,其中 Internet Protocol 译为"互联网协议"。IPv6 是 IETF 设计的用于替代现行 IPv4 的下一代 IP 协议,号称可以为全世界的每一粒沙子都编上一个网址。

IPv4 最大的问题在于网络地址资源有限,严重制约了互联网的应用和发展。IPv6 的使用,不仅能解决网络地址资源数量的问题,而且也解决了多种接入设备连入互联网的障碍。

2) IPv6 的优点

IPv6 采用 128 位地址结构,提供充足的地址空间。128 位地址可以包含约 43 亿×43 亿×43 亿×43 亿个地址结点。

(1) 层次化的网络结构,提高了路由效率。IPv6 的地址分配一开始就遵循聚类(Aggregation)原则,这使得路由器能在路由表中用一条记录表示一片子网,大大减小了路由器中路由表的长度,提高了路由器转发数据包的速度。

(2) 报文头简洁、灵活,效率更高,易于扩展。IPv6 使用新的头部格式,其选项与基本头部分开,如果需要,可将选项插入到基本头部与上层数据之间。这就简化并加速了路由选择过程,因为大多数的选项不需要由路由选择。

(3) 支持自动配置,即插即用。它可以通过地址自动配置方式使主机发现网络并获取 IPv6 地址。

(4) IPv6 具有更高的安全性。在使用 IPv6 的网络中,用户可以对网络层的数据进行加密,并对 IP 报文进行校验,IPv6 中的加密与鉴别选项提供了分组的保密性与完整性。

(5) 新增流标签功能,更利于支持 QoS。IPv6 报文头中新增了流标签域,这使得网络上的多媒体应用为服务质量(Quality of Service,QoS)控制提供了良好的网络平台。

3) IPv6 地址的结构

IPv6 的地址长度为 128 位,是 IPv4 地址长度的 4 倍。IPv6 采用十六进制表示,共有三种表示方法。

(1) 冒分十六进制表示法。

格式为 X:X:X:X:X:X:X:X,其中每个 X 表示地址中的 16 位,以十六进制表示。例如一个用 IPv6 表示的地址可以写为 ABCD:EF01:2345:6789:ABCD:EF01:2345:6789。在实际表示中,每个 X 的前导 0 是可以省略的。例如 2001:0DB8:0000:0023:0008:0800:200C:417A 可以表示成 2001:DB8:0:23:8:800:200C:417A。

(2) 0 位压缩表示法。

在某些情况下,一个 IPv6 地址中间可能包含很长的一段 0,可以把连续的一段 0 压缩为"::"。但为保证地址解析的唯一性,地址中"::"只能出现一次。例如 FF01:0:0:0:0:0:0:1101 表示为 FF01::1101;0:0:0:0:0:0:0:1 表示为::1;0:0:0:0:0:0:0:0 表示为::。

(3) 内嵌 IPv4 地址表示法。

为了更好地实现 IPv4 和 IPv6 的互通,可以将 IPv4 地址嵌入到 IPv6 的地址中,此时地址常表示为 X:X:X:X:X:X:d.d.d.d,前 96 位采用冒分十六进制表示,最后的 32 位地址则使用 IPv4 的点分十进制表示。例如::192.168.0.1 与::FFFF:192.168.0.1 就是两个典型的例子,注意在前 96 位中,0 位压缩的表示方法依旧适用。

4) IPv6 地址的分类

IPv6 将地址分为三种类型:单播地址(Unicast Address)、组播地址(Multicast Address)和任播地址(Anycast Address)。它与 IPv4 地址相比,新增了任播地址类型,取消了原来 IPv4 地址中的广播地址。

(1) 单播地址:用来唯一标识一个接口,类似于 IPv4 中的单播地址。发送到单播地址的数据报文将被传送给此地址所标识的一个接口。

(2) 组播地址:用来标识一组接口(通常这组接口属于不同的结点),类似于 IPv4 中的组播地址。发送到组播地址的数据报文被传送给此地址所标识的所有接口。

(3) 任播地址:用来标识一组接口(通常这组接口属于不同的结点)。发送到任播地址的数据报文被传送给此地址所标识的一组接口中距离源结点最近(根据使用的路由协议进行度量)的一个接口。

3.2.2 域名

1. 域名的概念

为了方便用户使用和记忆,将每个 IP 地址映射为一个由字符串组成的主机名,使 IP 地址从无意义的数字变为有意义的主机名,这个与网络上的数字型 IP 地址相对应的字符型地址称为域名(Domain Name)。通俗地说,域名就是企业、政府、非政府组织等机构或者个人在互联网上注册的名称,是互联网上企业或机构间相互联络的网络地址。例如,我们熟悉的百度域名就是 www.baidu.com。

2．域名的构成

一个域名一般由英文字母和阿拉伯数字以及连字符"-"组成,最长可达 67(包括后缀)个字符,并且字母的大小写没有区别,每个层次最长不能超过 22 个字母。这些符号构成了域名的前缀、主体和后缀等几个部分,组合在一起构成一个完整的域名,称为完全合格域名。

3．域名的层次结构

域名采用层次结构,如图 3.2.2 所示。每一层构成一个子域名,子域名之间用圆点"."隔开,自上至下分别为根域、顶级域、二级域、子域及主机名,例如 www. tsinghua. edu. cn,其中 www 就是主机名,tsinghua 是子域名,edu 是二级域名,cn 则是顶级域名。

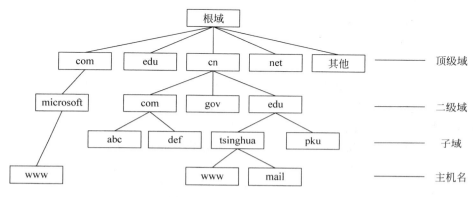

图 3.2.2　域名的层次结构

（1）顶级域名。顶级域名又可以分为两大类：一是国家顶级域名；二是国际顶级域名。顶级域名如表 3.2.2 所示。

表 3.2.2　顶级域名

顶 级 域 名		机 构 类 型
组织机构	com	工、商、金融等企业
	edu	教育机构
	gov	政府部门
	net	互联网络、接入网络的信息中心
	org	各种非营利性组织
	int	国际组织
国家(地区)代码	cn	中国
	uk	英国
	us	美国
	jp	日本

（2）二级域名。二级域名是指顶级域名之下的域名。在国际顶级域名下,是指域名注册人的网上名称,例如 ibm、yahoo、microsoft 等；在国家顶级域名下,表示注册企业类别的符号,例如 com、edu、gov、net 等。在顶级域名下,我国的二级域名又分为类别域名和行政区域域名。二级域名如表 3.2.3 所示。

表 3.2.3　二级域名

二级域名		机 构 类 型
类别域名	ac	科研机构
	com	工、商、金融等企业
	edu	教育机构
	gov	政府部门
	net	互联网信息中心和运行中心
	org	各种非营利性组织
行政区域域名	共 34 个	对应我国各省、自治区和直辖市

除了上述介绍的英文域名外,现在也可以使用一些中文域名。

中文域名,就是以中文表现的域名。由于互联网起源于美国,英文成为互联网上资源的主要描述性文字。这一方面促使互联网技术和应用的国际化,另一方面,随着互联网在非英文国家和地区的普及,英文又成为非英语文化地区人们融入互联网世界的障碍。

中文域名是含有中文的新一代域名,同英文域名一样,是互联网上的门牌号码。中文域名属于互联网上的基础服务,注册后可以对外提供 WWW、E-mail、FTP 等应用服务。根据 2018 年《中国互联网域名体系》所述,中文域名分为国家顶级中文域名和通用顶级中文域名,国家顶级中文域名为".中国",通用顶级中文域名有.公司、.网站、.政务、.公益、.手机、.网址等。例如,http://清华大学.中国、http://新浪.公司和 http://中央电视台.中国。

3.2.3　网络协议简介

在计算机网络中,两个相互通信的实体处在不同的地理位置,当实体中的两个进程相互通信时,需要通过交换信息来协调它们的动作并达到同步,而信息的交换必须按照预先共同约定好的过程进行。这种预先约定好的过程就是网络协议。网络协议是为计算机网络中进行数据交换而建立的规则、标准或约定的集合。目前常见的协议有 TCP/IP、IPX/SPX、NetBEUI 协议等。

网络协议主要由语义、语法和交换规则三部分组成,即协议三要素。

(1) 语义:规定通信双方彼此"讲什么",即确定协议元素的类型,如规定通信双方要发出什么控制信息、执行的动作和返回的应答。

(2) 语法:规定通信双方彼此"如何讲",即确定协议元素的格式,如数据和控制信息的格式。

(3) 交换规则:规定信息交流的次序。

1. OSI 参考模型

为了使不同计算机厂家生产的计算机能够相互通信,以便在更大的范围内建立计算机网络,国际标准化组织(ISO)在 1978 年提出了"开放系统互连参考模型",即著名的 OSI 参考模型。它将计算机网络体系结构的通信协议划分为 7 层,自下而上依次为物理层、数据链路层、网络层、传输层、会话层、表示层、应用层,如图 3.2.3 所示。

低 3 层(第 1～3 层)是依赖网络的,涉及将两台通信计算机连接在一起所使用的数据通信网的相关协议,实现通信子网功能。高 3 层(第 5～7 层)是面向应用的,涉及允许两个终端用户应用进程交互作用的协议,通常是由本地操作系统提供的一套服务,实现资源子网功能。中间的传输层为面向应用的上 3 层遮蔽了跟网络有关的下 3 层的详细操作。从实质上讲,传输层建立在由下 3 层提供服务的基础上,为面向应用的高层提供与网络无关的信息交换服务。

7	应用层
6	表示层
5	会话层
4	传输层
3	网络层
2	数据链路层
1	物理层

图 3.2.3　OSI 参考模型

2. TCP/IP

TCP/IP 是 Transmission Control Protocol/Internet Protocol 的简写,是"传输控制协议/互联网络协议"。TCP/IP 是一种网络通信协议,它规范了网络上的所有通信设备,尤其是一个主机与另一个主机之间的数据往来格式以及传送方式。TCP/IP 是由一系列协议组成的协议簇。它是 Internet 的基础协议,也是一种计算机数据打包和寻址的标准方法。在数据传送中,可以形象地理解为有两个信封,TCP 和 IP 就像是信封,要传递的信息被划分成若干段,每一段塞入一个 TCP 信封,并在该信封上记录有分段号的信息,再将 TCP 信封塞入 IP 大信封,发送网上。在接收端,一个 TCP 软件包收集信封,抽出数据,按发送前的顺序还原,并加以校验,若发现差错,TCP 将会要求重发。对普通用户来说,并不需要了解网络协议的整个结构,仅需了解 IP 的地址格式,即可与世界各地的网络设备进行通信。

近年来还有学者提出了 TCP/IP 参考模型,它将计算机网络体系结构的通信协议划分为 4 层,自下而上依次为网络接口层、网际互连层、传输层、应用层。TCP/IP 网络协议就分布在 TCP/IP 的各层结构中,其对应关系如图 3.2.4 所示。

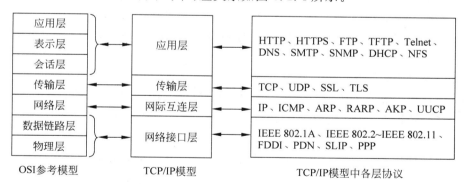

图 3.2.4　参考模型与网络协议对应关系

3. HTTP

HTTP 的全称是 HyperText Transfer Protocol,即超文本传输协议,从 1990 年开始就在 WWW 上广泛应用,是现今在 WWW 上应用最多的协议。HTTP 是应用层协议,并且是基于 TCP 连接的。当用户上网浏览网页的时候,客户端在浏览器与 Web 服务器之间就会通过 HTTP 在 Internet 上进行数据的发送和接收。HTTP 是一个基于请求/响应模式的、无状态的协议,即通常所说的 Request/Response。HTTP 请求/响应模型如图 3.2.5 所示。

图 3.2.5　HTTP 请求/响应模型

HTTP 的功能如下。

（1）HTTP 可以使客户端的浏览器更加高效，使网络传输减少。它不仅保证计算机正确快速地传输超文本文档，还确定传输文档中的哪一部分，以及哪部分内容首先显示（如文本先于图形）等。

（2）HTTP 是客户端与 Web 服务器之间的应用层通信协议。在 Internet 上的 Web 服务器上存放了超文本信息，客户端需要通过 HTTP 传输所要访问的超文本信息。HTTP 包含命令和传输信息，不仅可以用于 Web 访问，也可以用于其他因特网/内联网应用系统之间的通信，从而实现各类应用资源超媒体访问的集成。

（3）用户在浏览器的地址框中输入一个 URL 或者单击一个超链接时，URL 或超链接确定 Web 服务器的地址。客户端的浏览器通过 HTTP，将 Web 服务器上站点的网页代码提取出来，并翻译成漂亮的网页。

4. HTTPS

HTTP 被用于在客户端浏览器和 Web 服务器之间传递信息，HTTP 以明文方式发送内容，不提供任何方式的数据加密，如果攻击者截取客户端浏览器和 Web 服务器之间的传输报文，就可以直接还原其中的信息，因此 HTTP 不适合传输安全性比较高的敏感信息，如银行卡号、支付密码等。HTTPS（Hypertext Transfer Protocol Secure）解决了 HTTP 的这一缺陷，其建立以安全为目标的 HTTP 通道，简单讲就是 HTTP 的安全版。

HTTPS 的功能如下。

（1）认证用户和服务器，保障网站本身以及访问网站的用户有更好的安全性。

（2）加密数据以防止数据中途被窃取，保证数据的机密性，可以避免第三方窃听或阻断流量。

（3）保证所传输数据的完整性和不可抵赖性，保护用户的隐私和安全。

3.2.4　URL 简介

在互联网上，每一个信息资源都有统一的且是唯一的地址，该地址就叫 URL（Uniform Resource Locator，统一资源定位符），它是 WWW 的统一资源定位标志，就是网络地址。

以如下 URL——http://www.aspxfans.com:8080/news/index.asp? boardID=5&ID=24618&page=1#name 为例，说明 URL 的基本格式。

- 协议的部分："http"，在 Internet 中可以使用多种协议，如 HTTP、HTTPS、FTP 等，协议后的"//"为分隔符。

- 域名部分：“www. aspxfans. com”。一个 URL 中，也可以使用 IP 地址代替域名部分。
- 端口部分：“：8080”，域名和端口之间使用“：”作为分隔符。端口不是一个 URL 必需的部分，如果省略端口部分，则将采用默认端口 80。
- 虚拟目录部分：“/news”，从域名后的第一个“/”开始到最后一个“/”为止。虚拟目录也不是必需的部分。
- 文件名部分：“/index. asp”，从最后一个“/”开始到“?”或“#”为止的部分都是文件名部分，如果没有“?”或“#”，那么就从最后一个“/”到结束都是文件名部分。文件名也不是必需的部分，如果省略则使用默认文件名。
- 参数部分：“? boardID＝5＆ID＝24618＆page＝1”，从“?”开始到“#”为止的部分为参数部分，又称搜索部分、查询部分。可以允许有多个参数，参数与参数之间用“＆”作为分隔符。
- 锚部分：“#name”，从“#”开始到最后都是锚部分，可以理解为定位。锚部分也不是 URL 必需的部分。

3.3　信息系统概述

信息系统(Information System)作为现代社会的一个组成部分，是指由一组计算机硬件、网络、通信设备、计算机软件、信息资源、信息用户和规章制度组成的以处理信息流为目的的人机一体化系统。

信息系统是新兴学科，其主要任务是最大限度地利用现代计算机及网络通信技术加强企业的信息管理，通过对企业的人力、物力、财力、设备、技术等资源的调查了解，整理准确的数据，加工处理并编制成各种信息资料，及时提供给管理人员，以便进行正确的决策，不断提高企业的管理水平和经济效益。企业的信息系统已成为企业进行技术改造及提高企业管理水平的重要手段。

3.3.1　信息系统的分类

以信息系统的发展和特点划分，可分为数据处理系统(Data Processing System, DPS)、管理信息系统(Management Information System, MIS)、决策支持系统(Decision Sustainment System, DSS)、专家系统(人工智能(AI)的一个子集)和虚拟办公室(Virtual Office, VO)5 种类型。

3.3.2　信息系统的功能

信息系统的 5 个基本功能：输入功能、存储功能、处理功能、输出功能和控制功能。

输入功能：实现各种信息的输入，它决定于系统所要达到的目的及系统的能力和信息环境的许可。

存储功能：信息系统存储各种信息资料和数据的能力。

处理功能：基于数据仓库技术、数据挖掘技术等的联机分析和数据处理。

输出功能：实现各种信息的输出，保证实现最佳的输出。

控制功能：通过各种程序对整个信息加工、处理、传输、输出等环节进行控制。

3.3.3　网络信息系统实例

网络信息系统的应用在今天已经越来越普及，本小节以 12306 网站为例，分析网络信息系统的应用过程。

1. 12306 网站系统概述

中国铁路客户服务中心即 12306 网站（网址为 http://www.12306.cn），是中国国家铁路集团有限公司下属的信息服务网站，该网站基于中国铁道科学研究院所设计的"铁路客票发售及预订系统"创建。用户通过登录网站，可以查询旅客列车时刻表、票价、列车正晚点、车票余票、售票代售点、货物运价、车辆技术参数以及有关客货运规章。12306 网站的首页如图 3.3.1 所示。

图 3.3.1　12306 网站首页

在高度信息化的今天，铁路客票发售及预订系统完成大多数人主要的订票服务，越来越多的人选择网络订票，而飞速增长的用户数量也使得 12306 网站成为世界上最繁忙的网站之一，12306 网站的访问量远远超过了淘宝、京东等国内知名的电商平台，这在某种意义上意味着 12306 网站要面临更大的挑战。首先整个售票系统是一个非常庞大而复杂的系统，是一个高负荷、高并发的云平台，其规模比淘宝大 2～3 倍，而且对于数据的实时性要求非常高。据有关统计，12306 网站系统的日访问量达到 15 亿次，如果加上各个代售点和车站售票系统，则高峰时段数据访问层的并发量在千万级别。如此大的访问和并发量，必然要求系统具有非常高的稳定性和健壮性。

2. 系统架构分析

铁路客票发售及预订系统是在铁道部原有的联网售票系统基础上开发的,所以其原有的数据架构直接影响到整个系统的扩展性和稳定性。首先 12306 网站系统是一个云平台的典型应用,系统按云平台的思想分层设计,从上而下分为 3 层,即应用层、数据访问层、数据层。每一层之间松散耦合,松散耦合使得每一层都具有很强的扩展性和伸缩性。每一层内部都基于集群技术,分组部署,每一组处理单元都即插即用,可根据计算压力动态扩充,其总体结构如图 3.3.2 所示。

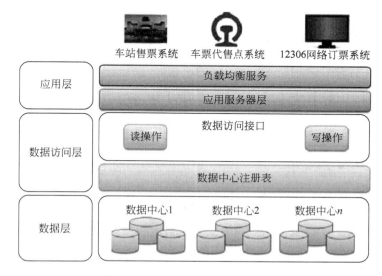

图 3.3.2　12306 网站的总体结构图

应用层:主要是指各种售票和订票系统,主要包括车站售票系统、车票代售点系统及 12306 网络订票系统 3 种。其中前两个是 C/S 结构的应用模式,后一个是 B/S 结构的应用模式。其客户端与应用服务器之间增加一个负载均衡服务,这有利于系统的并发,可以有效地根据当前用户量和访问情况自动地分配相对压力较小的服务器。

数据访问层:主要是将业务应用与底层数据库之间的操作接口专门独立出来,业务应用访问数据不是直接访问数据库,而是通过数据访问层进行间接的访问和操作。这样的好处是可以解决数据访问的并发瓶颈,可以根据系统的压力情况动态地调整和部署访问层。

数据层:根据车次和地域将车次的余票信息分别存储在很多个数据中心上,每一个数据中心是一组服务器。这样将众多的并发用户根据查询车次分散到多个数据中心上去,从而降低单点压力,提高整体的并发性能。如果数据访问是一个大瓶颈,则可增加数据中心的结点而减小数据中心的粒度(也就是每个数据中心减少车次数量),还可提高数据访问的速度。

3. 详细架构

12306 网站系统整体按分层架构处理,每一层都是可注册、可插拔的体系。这种架构的好处是每一层都可以分层优化,而互不影响。根据实际运行的情况对并发和访问量过大的实体层进行动态扩容,很容易提高系统的并发能力和稳定性。其详细架构如图 3.3.3 所示。此架构很好地解决了应用服务器和数据访问的瓶颈问题,如果应用服务器压力大则可以通过注册表对应用服务器扩容,通过负载均衡地访问各个应用服务器。如果数据访问是一个瓶颈,则可通过增加数据中心的方式来解决数据访问拥挤情况。

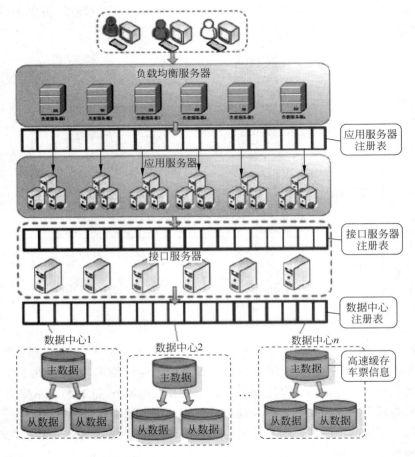

图 3.3.3　12306 网站详细架构

对于数据层系统按车次对所有的车票信息进行分组,每一组是一个数据中心,数据中心的大小可随时调整。这样可以把用户对数据的访问分散到多个结点上去,从而降低数据中心的压力。每一个数据中心由若干台服务器组成:一台主数据服务器和若干台从数据服务器。主数据服务器用于给用户出票,每一个接口调用都需要加锁,保证票数数据修改的准确性,其所管理的车次和车票数据在内存中高速缓存,同时每隔一定的时间周期同步到从数据服务器上;从数据服务器上的数据用来提供查询的数据副本,它把大量的查询操作分散到从数据服务器上。

4. 网站常见问题及分析

现行 12306 网站系统的常见问题总结如下。

（1）高峰时段无法登录,提示在线用户过多。

（2）订单提交成功之后,支付环节出问题,浏览器意外退出,再登录却发现登录不上,无法在规定时间内完成支付,购票失败。

（3）订单提交反馈时间长,热门线路需要等待 20min 甚至更长时间才能得到反馈。

（4）验证码输入总是错误,无法完成验证环节,无法登录。

（5）逢用户高峰,网站反应速度较慢。

针对以上问题,分析如下：无法登录的问题,原因是前端用于处理 Web 连接服务器太少或网络带宽不足,为了不让更多的用户一起连接服务器导致服务器较慢,只好拒绝一些用户的登录请求,最好的处理办法是使同时在线人数保持在一个上限以内;验证码输入错误的问题,原因也是用于处理 Web 连接服务器太少所致,为了防止一些客户端使用恶意软件不断自动登录,验证码需要由客户端向服务器提交一个验证请求,由于服务器响应实在太慢,有时响应速度会超过验证码的有效时间;对于订单提交反馈时间长、网站反应速度较慢等问题,大多是由于 Web 服务器与逻辑处理服务器在同一台机器上,导致服务器 CPU 分配过多的时间与资源处理用户请求,在执行逻辑过程时缓慢。

课 后 习 题

一、选择题

1. 在 Internet 中,按（　　　）地址进行寻址。

    A. 邮件地址   B. IP 地址

    C. MAC 地址   D. 网线接口地址

2. 在网络拓扑结构中,将各结点通过一条首尾相连的通信线路连接起来而形成一个封闭环,并且数据只能沿单方向传输的结构为（　　　）。

    A. 总线拓扑结构   B. 星状拓扑结构

    C. 环状拓扑结构   D. 树状拓扑结构

3. 下列四项中表示域名的是（　　　）。

    A. www. cctv. com   B. hk@zj. school. com

    C. zjwww@china. com   D. 202. 96. 68. 1234

4. 网址 www. pku. edu. cn 中的 cn 表示（　　　）。

    A. 英国   B. 美国   C. 日本   D. 中国

5. 下列 IP 地址中书写正确的是（　　　）。

    A. 168 * 192 * 0 * 1   B. 325. 255. 231. 0

    C. 192. 168. 1   D. 255. 255. 255. 0

6. 以下关于 IPv4 和 IPv6 的说法,错误的是（　　　）。

    A. IPv4 存在局限性,所以人们开发了 IPv6

    B. IPv6 依然沿用了 IPv4 的核心设计思想

    C. IPv6 在协议格式、地址表示法方面和 IPv4 是相同的

    D. IPv6 采用了 128 位地址长度

7. 计算机网络的功能有(　　)。

    A. 用户管理　　　　　B. 资源共享　　　　　C. 病毒管理　　　　　D. 站点管理

8. 通常按网络覆盖的地理范围分类,可以分为局域网、(　　)和广域网三种。

    A. 星状网络　　　　　B. 有线网　　　　　C. 城域网　　　　　D. 无线网

9. (　　)是将地理位置上相距较远的多个计算机系统,通过通信线路按照网络协议连接起来,实现计算机之间相互通信的计算机系统的集合。

    A. 广域网　　　　　B. 局域网　　　　　C. 互联网　　　　　D. 电信网

10. 下列不属于信息系统功能的是(　　)。

    A. 存储功能　　　　　　　　　　　　　B. 输入输出功能

    C. 控制功能　　　　　　　　　　　　　D. 网络功能

二、判断题

1. 网络域名地址一般都通俗易懂,大多采用英文名称的缩写来命名。

2. 目前使用的广域网基本都采用星状拓扑结构。

3. 计算机网络按拓扑结构可分为星状网络、总线网络、树状网络、环状网络和网状网络5种。

4. 局域网的英文缩写为 LAM。

5. 环状结构网络中各计算机的地位相等。

6. 广域网的各连接设备比城域网的各连接设备之间的距离远,数据传输率低,错误率低。

7. IP 地址具有层次特点,将号码分割成网络号和主机号两部分,这样便能唯一地指定每一台主机。

8. IPv6 是 IPv4 的下一代协议,其 IP 协议地址长度为 256 位。

9. 计算机网络的功能不包括资源共享。

10. 信息系统的开发用不到网络技术。

三、思考题

1. 简述计算机网络的概念。

2. 简述计算机网络的功能。

3. 简述网络拓扑结构的类型。

4. 简述网络域名的作用。

5. 简述参考模型与网络协议的对应关系。

6. 简述信息系统的功能。

第4章

数据加密与应用

一直以来网络空间安全备受关注,实现网络空间安全需要构建整体的网络空间安全体系,同时需要更多的安全措施来保护网络空间安全。数据加密技术是重要的一种安全保护措施。随着近年来数据加密技术的发展,数据加密技术已经成为保障网络空间安全的核心技术。本章主要介绍数据加密的基础知识、密码的设置与使用,并介绍常见的数据加密技术应用、加密工具使用、密码应用等方面的内容。

4.1　数据加密概述

数据加密历史久远且应用十分广泛,本节主要介绍密码学中常见的相关概念、密码的意义与作用等内容,其中主要介绍密码安全设置的特点、技巧、方法。

4.1.1　密码学概述

密码学就是研究密码的科学,主要包括加密和解密两部分。密码学对很多人来说是陌生而又神秘的,很长一段时间,它只在军事、外交、情报等小范围内使用。随着计算机运算能力的增强,密码学工作者利用计算机的复杂运算能力进行加密、解密。数据加密就是借助密码学传统理论中的算法、密钥实现了对重要数据的安全保障。

1. 密码学基础概念

密码学包括密码编码学与密码分析学两部分。实际上,密码编码学实现对数据信息的加密,密码分析学实现对数据信息的解密,两部分相辅相成,互相促进。数据加密、解密过程中常用的相关概念如下。

(1)明文:数据信息的原文,没有加密的文字(或者字符串)。

(2)密文:对明文进行加密后的数据信息。

(3)加密:明文转换为密文的过程。

(4)解密:密文转换为明文的过程。

(5)密钥算法:用于加密和解密的变换规则,可称为密码函数,包括加密算法和解密算法。

(6)密钥(Key):加密和解密过程中使用算法的参数,包括加密密钥和解密密钥。

密钥的加密、解密过程如图4.1.1所示。

2. 密码体制与算法

密码体制也叫密码系统,是指能完整地解决信息安全中的保密性、数据完整性、认证、

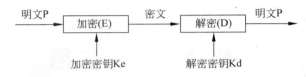

图 4.1.1　加密、解密示意图

身份识别、可控性及不可抵赖性等问题中一个或几个的系统。密码体制主要分为两大类：对称密码体制与非对称密码体制,其对应不同的加密系统,使用不同的加密算法。

在对称加密系统中,加密和解密采用相同的密钥。因为加、解密密钥相同,需要通信的双方必须选择和保存他们共同的密钥,各方必须信任对方不会将密钥泄密出去,这样就可以实现数据的保密性和完整性。比较典型的对称加密算法有 DES、TDEA、IDEA、AES、Triple DES(即 3DES)、RC2、RC4、RC5 等。对称密码算法的优点是计算开销小,加密速度快,是目前用于信息加密的主要算法。其局限性在于存在通信双方之间确保密钥安全交换的问题。

在非对称加密系统中,加密和解密是相对独立的,加密和解密会使用两个不同的密钥。公开密钥(加密密钥)向公众公开,任何用户都可以使用;秘密密钥(解密密钥)只有解密人自己拥有,任何人都无法根据公开的加密密钥推算出解密密钥。在实际应用中,通信的一方可以选择公布自己的公钥,与其通信的任何人都可以用公开密钥加密要传送给那个人的消息,而秘密密钥(私钥)是秘密保存的,只有秘密密钥(私钥)的所有者才能利用私钥对密文进行解密。比较典型的非对称加密算法有 RSA、ElGamal、背包算法、Diffie-Hellman、DSS、Rabin、零知识证明、椭圆曲线等。非对称密码算法的密钥管理比较简单,它不仅可以用于数据加密,也可以方便地实现数字签名和验证。其局限性是产生密钥麻烦,算法复杂,加密和解密时的速度较低。

随着计算机系统能力的不断发展,因为上述对称加密算法和非对称加密算法各有各的优点以及缺点,单独地使用任何一种加密算法可能无法满足实际需求,所以就要采用两种算法相结合的方式来实现数据的加、解密,即混合式加、解密,如图 4.1.2 所示。

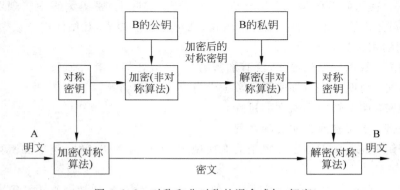

图 4.1.2　对称和非对称的混合式加、解密

3. 数字签名

上述说明的密码体制与算法主要应用在数据通信过程的加密、解密过程,除此之外,

在现实应用中还需要对传输的数据进行数字签名,其可以使用消息摘要算法来实现。一般对一个信息进行消息摘要算法加密称为消息指纹或数字签名。

消息摘要算法的主要特征是加密过程不需要密钥,并且经过加密的数据无法被解密,只有输入相同的明文数据,经过相同的消息摘要算法才能得到相同的密文。消息摘要算法不存在密钥的管理与分发问题。比较典型的消息摘要算法有 MD2、MD4、MD5、RIPEMD、SHA、Whirlpool、SM3 等。消息摘要算法一般用于验证消息的完整性。

数字签名是只有信息的发送者才能产生的别人无法伪造的一段数字串,这段数字串同时也是对信息的发送者发送信息真实性的一个有效证明。数字签名过程是对非对称密钥加密技术与数字摘要技术的应用。因为使用非对称算法对数据签名的速度较慢,一般会先将消息进行摘要加密运算,生成较短的固定长度的摘要值,然后将摘要值用用户的私钥加密,得到数字签名。数字签名是保证信息的完整性和不可抵赖性的方法。

4. 身份认证

身份认证是网络应用中用于鉴别用户身份的认证技术,也称为"身份验证"或"身份鉴别",是计算机信息系统确认操作者身份的过程,同时确定该用户是否具有某种资源的访问和使用权限,防止假冒合法用户获得资源的访问权限,保证系统和数据的安全性及授权访问者的合法性。身份认证主要包括识别和验证两部分,其中识别用于明确并区分访问者身份的信息,验证是对访问者提供的身份进行确认。目前身份认证的主要方式包括如下几种。

1) 基于口令的方式

口令就是我们平时使用的密码,一般情况下相对安全的密码要符合密码复杂度要求。常见的口令包括两种。

(1) 静态口令:用户在网络注册时由用户自己设定的。一般在网络登录时输入正确的密码,计算机系统就认为是合法用户。

(2) 动态口令:应用最广的一种身份识别方式,一般为 5~8 个字符,由数字、字母、特殊字符、控制字符等组成。

口令认证是一种单一因素的认证,安全性仅依赖口令系统,当口令泄露后,用户可以被冒充。甚至有一些用户往往选择简单、易被破解的口令,更成为系统被攻击的突破口。

2) 基于智能卡的方式

智能卡认证是通过智能卡硬件加密功能。每个用户持有的智能卡存储着用户个性化的秘密信息,同时在验证服务器上也存储着一样的秘密信息。在进行认证时,用户输入PIN 码(个人身份识别码),智能卡认证 PIN 码成功后,可读出智能卡中的秘密信息,利用这一秘密信息与主机之间进行认证。

3) 基于短信密码的方式

短信密码认证是以手机短信形式请求包含 6 位随机数的动态密码,身份认证系统以短信形式发送随机的 6 位密码到用户的手机上。用户在登录认证或者交易认证时输入此动态密码,确保系统用户认证的安全性。

4) 基于 USB Key 的方式

USB Key 是一种 USB 接口的硬件设备,它内置单片机或智能卡芯片,有一定的存储空间,可以存储用户的私钥以及数字证书,利用 USB Key 内置的公钥算法实现对用户身份的认证。基于 USB Key 的身份认证方式是近几年发展起来的一种方便、安全的身份认证技术。由于用户私钥保存在密码锁中,理论上使用任何方式都无法读取,因此保证了用户认证的安全性。

5)基于生物特征的方式

生物特征识别技术是通过计算机利用人体所固有的生理特征或行为特征来进行个人身份鉴定的技术。在网络用户认证时,利用人体唯一的、稳定的生物特征,如指纹、视网膜、声音、面相、掌纹、DNA 等,结合计算机强大功能和相关网络技术进行图像处理和模式识别。

6)基于双因素的方式

双因素就是将两种认证方法结合起来,如口令＋验证码、口令＋短信密码、PIN＋智能卡等方式结合,从而进一步加强用户认证的安全性。

5. 密码学与密码

密码是密码学中的重要应用,是通信双方按约定的法则进行信息特殊变换的一种重要保密手段。一般情况下密码是为保护一个系统不被未授权的人使用而设置的。密码在数据信息安全防护时起着重要作用,但密码不是密码学,也不是加密技术,密码往往是实现登录、认证、加密、解密等密码学应用的保护口令。目前密码应用广泛,在各种网络终端、网络服务、网络系统等都要应用密码,可以说密码天天都使用,开计算机要密码、登录网站要密码、处理工作还要密码,密码已经成为保护数据信息安全的十分重要的方法。虽然越来越多的系统支持设置密码,但仍有人因密码泄露而造成损失,主要原因就是密码设置的安全性太低。

密码的作用主要是将用户分成两种:一种是允许进入系统的用户;另一种是不允许进入系统的用户。其中允许进入系统的用户拥有某种认证标志(密码),不允许进入系统的用户则没有这种标志。在实际的密码应用过程中,单独密码要与密码系统结合,才能体现密码的意义。密码系统本身是对外公开的,任何人都可以使用密码进入,是不是能够进入则完全取决于是否拥有正确的密码。比如,互联网上 Web 网站的认证系统,密码通常情况下保存在网站后台的数据库中;而对于一个本地程序,密码保存的位置可以是程序内部、程序配置文件、程序自带的数据库等,例如 Word、Excel 等办公软件生成的 doc、xls 文件,其设置的密码保存在文件中。

6. 密码破解

密码破解是指对密码系统的破解。一般的密码系统由认证模块、系统功能模块和数据库 3 部分组成。认证模块负责接收用户输入的密码,并对用户输入的密码与事先保存在数据库中的密码进行比较,判断是否一致来完成认证。一般密码保存在数据库中,网络应用的认证过程一般都采用这种方法保存密码。

目前使用的密码破解方式多种多样,主要包括绕过式破解、修改式破解、漏洞式破解、嗅探式破解、暴力式破解等。绕过式破解就是绕过认证系统,可以通过万能密码或者网站缺少相应安全机制导致绕过;修改式破解就是通过获取权限后清空、替换掉已经加密过的密码;漏洞式破解就是利用系统漏洞实现密码的破解;嗅探式破解就是通过监听抓包分析获得带有密码的数据包;暴力式破解也是穷举式方法,就是尝试所有可能的破解方式,也称作字典攻击,其依据创建的密码字典可以缩短密码破解的时间。

4.1.2　密码安全设置

很多人在设置密码时,往往为了使密码容易记忆而将其设置得十分简单,这样的密码虽然容易记忆,但也非常容易被破解。为了保障用户安全使用,就需要提高密码被破解的难度,也就要求注意密码的安全设置。图 4.1.3 所示是常见的 20 个安全性最低的密码。

① 123456	② password
③ 12345678	④ qwerty
⑤ abc123	⑥ 123456789
⑦ 111111	⑧ 1234567
⑨ iloveyou	⑩ adobe123
⑪ 123123	⑫ admin
⑬ 1234567890	⑭ letmein
⑮ photoshop	⑯ 1234
⑰ monkey	⑱ shadow
⑲ sunshine	⑳ 12345

图 4.1.3　安全性最低的密码

1. 密码设置注意事项

(1) 减少设置弱密码,如使用生日、电话号码、身份证号码、QQ、邮箱等与个人信息有明显联系的数据、单词、默认密码、键盘排列、短密码等。

(2) 不要在多个场合使用同一个密码,应该为不同网络应用场合设置不同的密码,尤其是有关财务的网络银行、网络支付等账户,避免一个账户密码被盗,其他账户密码也被轻易破解。

(3) 尽量不要长期使用固定密码,可以 3 个月或半年等为期限定期修改密码。

(4) 加强密码的保存保管,避免把密码保存在计算机、U 盘、笔记本、书籍等上面,如果保存则要采取安全保护措施。

2. 密码分类与使用

很多用户通常把生日、地址、宠物名字或电话号码作为密码的首选。但这类信息太容易泄露,其安全性也很低,因此密码不应包含个人信息。实际应用时有些办法可以让用户设置的密码既好记忆又不容易被破解,如短语就是个不错的选择。密码设置可以分为弱密码、中密码、强密码。

1) 弱密码

弱密码是最容易记忆的,且默认是可以丢失的密码。其主要用于各类中小网站、论坛、社区、个人网站等。这些网站的安全性可能都不太好,一般只是将密码使用 MD5 加密一下存储,有些甚至只是密码明文存储。黑客很容易从这些网站盗窃用户的密码。

2) 中密码

中密码即中等强度密码,要求是 8 个字符以上、有一定抗破解能力的密码。其主要用于国内门户网站、大型网站、门户微博、社交网站等。门户网站一般可以绑定手机号码,安全性较好,通常被破解的可能性低;大型网站使用的密码强度可以稍强。

3) 强密码

强密码要求至少8个字符以上,包含字母、数字、特殊符号等组合。强密码不包含用户名、真实姓名或公司名称,不包含完整的单词。强密码主要用于邮箱、网银、支付系统等。网银涉及用户的财产安全,邮箱则可以重置用户所有注册过的网站密码,因此这类网站是最核心、最重要的,一定要使用强密码,保证其绝对安全性。

3. 密码安全设置技巧

用户使用密码的场合越来越多,密码过于简单容易被破解,密码过于复杂又难以记忆。那么如何才能有效地设置高效、安全的密码,并能很好地记忆密码呢?下面列举几种方法。

(1) 基础密码+网站名称的前几个辅音字母+网站名称的前几个元音字母:例如基础密码是 yesky,那么要登录雅虎网站(Yahoo)时密码就是 yeskyYahoo,登录网易(163)时密码就是 yesky163。

(2) 自己喜欢的单词+喜欢的数字排列+网站名称的前几个字母或者后几个字母:例如登录淘宝网络(taobao)时密码可以是 Flower100tao 或者是 Gold520bao。

(3) 选定基础密码之后,输入时将手指在键盘上向某一个方向偏移一些位置:例如基础密码是 helloworld,输入时将手指向右平移一个键位,密码就变成了"jr::pept:f"。

(4) 使用一句话、一首诗、一本书名、一首歌曲的拼音首字母的缩写:例如,用"我爱北京天安门"的拼音首字母,密码就是 wabjtam;用 Jackson 的名曲 I Want You Back 的拼音首字母,密码就是 IWYB。

(5) 用自己家人或者朋友名字的拼音首字母、特殊的纪念日加上特殊符号的组合:例如密码 TFB@0602。

4. 互联网应用密码设置

以百度云盘的密码设置为例说明设置安全密码的过程与使用。

(1) 首先把自己最常用的数字密码拿出来,如 520。

(2) 选择最想说的一句话,如"我爱吃水煮鱼",则密码为 wacszy(WACSZY)。

(3) 选择一个自己喜欢的特殊字符,如@。

(4) 选择目标网站的第一个字母(或最后一个字母或两个字母),如百度云盘,则密码可为 pb、Pb、PB、pB 等。

将上述密码因子以任意排序的方式组合生成安全强度高的密码,如特殊字符+常用密码+目标网站+一句话。百度云盘的密码就可以是@520Pbwac。当然所选择的字符顺序可以自己调整,密码也就可以是 520@Pbwac、wacPb@520 等。图 4.1.4 所示为百度云盘登录界面。

图 4.1.4 百度云盘登录界面

5. 密码的安全管理

现实中,每个用户工作、生活使用的办公室计算机密码、笔记本密码、家用计算机密码、上网账号密码、手机服务密码、邮箱密码、QQ 密码、银行卡查询密码、银行卡交易密码、银行卡网上支付密码等太多太多,这就需要记忆大量的密码。纵然我们可以使用一些弱密码或者使用的密码一致,但为了保证安全,无法让所有的密码都一样,有时候设置符合复杂度要求的密码,更是让用户很难准确地记忆。这里介绍一个密码管理系统 KeePass。KeePass 是一款强大的、易用的开源密码管理系统,使用这个工具不仅可以方便地对各种文件加密,也可以将用户使用的密码或者 Key 文件保存在数据库中。

KeePass 可以实现分类管理密码,它使用一个扩展名为 .kdbx 的数据库文件。用户可以指定数据库的管理密码、密钥文件、加密算法、加密次数、是否压缩等功能。图 4.1.5 所示为进入数据库后,进行的用户密码分类管理;同时再添加记录,如图 4.1.6 所示,可以在其中记录用户名、密码、网址等信息。KeePass 可以安全、方便、简单地进行密码管理和保护。

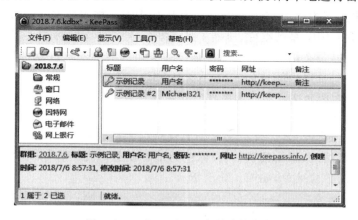

图 4.1.5 在 KeePass 中创建数据库

图 4.1.6 在 KeePass 中添加密码管理记录

4.2　数据加密与密码应用

　　工作、生活中的每一天都会生成、传输很多重要的数据,这些数据大部分以文件作为基本单位进行保存,用户有时需要对一些重要的数据文件采用安全措施来保护。实际上,对文件加密或者在存储、传输前设置密码是比较有效的安全保护措施。本节介绍本地办公文档的安全保护、网络传输前的文件加密以及常见的加密软件工具的使用方法,希望用户在实际使用这些应用时一定要注意文件的安全防护。

4.2.1　本地办公文档加密

　　随着无纸化办公的推广,使用计算机处理工作中的文档和数据变得越来越普及,在用户使用 Microsoft Office 系列组件、压缩工具等办公软件时,很少有人注意安全防范方面的问题,从而使得办公文档的信息安全问题日益突出。实际上这些软件自身可以实现密码设置,从而达到安全保护的目标。Microsoft Office 各个组件都有安全保护方法,下面以 Office 2016 版为例介绍常用应用组件的安全操作设置与使用。

1. Word 加密保护

　　Microsoft Office Word 中保护文档的方法包括始终以只读方式打开、用密码进行加密、限制编辑、限制访问、添加数字签名、标记为最终状态等几个方面,在“文件”功能区可找到“保护文档”的下拉菜单,如图 4.2.1 所示。

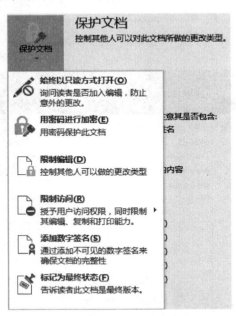

图 4.2.1　Word 中的“保护文档”

　　在上述保护文档的方法中,主要选择“用密码进行加密”实现文档的密码保护,如图 4.2.2 所示。

图 4.2.2　Word 加密文档时输入密码

或者可以选择"限制编辑"实现"格式化限制"或"编辑限制",启动强制保护进行密码配置,如图 4.2.3 所示。

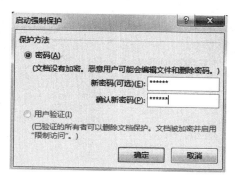

图 4.2.3　Word 启动强制保护

或者可以在文件"另存为"时,在"工具"中选择"常规选项",对要保护的文档设置"打开文件时的密码""修改文件时的密码",如图 4.2.4 所示。然后,在"确认密码"对话框的"请再次键入打开文件时的密码"和"请再次键入修改文件时的密码"文本框中输入相应的密码并且确认,如图 4.2.5 所示。

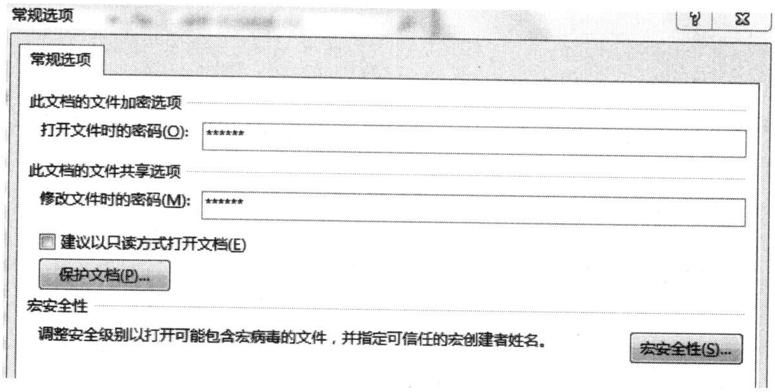

图 4.2.4　在 Word 常规选项中配置密码

2. Excel 加密保护

Microsoft Office Excel 中保护工作簿的方法包括始终以只读方式打开、用密码进行

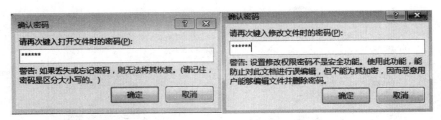

图 4.2.5　在 Word 常规选项中重新确认密码

加密、保护当前工作表、保护工作簿结构、限制访问、添加数字签名、标记为最终状态等几个方面,在"文件"功能区,可找到"保护工作簿"的下拉菜单,如图 4.2.6 所示。

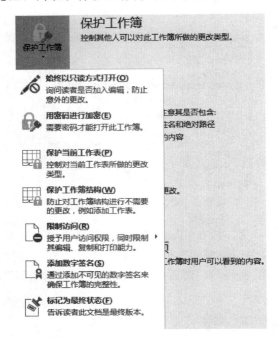

图 4.2.6　Excel 中的"保护工作簿"

在上述保护工作簿的方法中,可以选择"用密码进行加密"实现文档的密码保护,如图 4.2.7 所示。

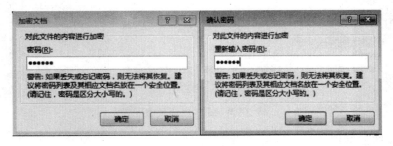

图 4.2.7　在 Excel 加密工作簿时输入密码

或者可以在"保护工作表"中输入密码,按如图 4.2.8 所示配置密码,这里的安全保护除了要保护工作表外,还可以在"允许此工作表的所有用户进行"中配置锁定单元格、单元格格式、列/行格式、插入列/行、删除列/行、插入超链接、排序等具体内容。

　　或者可以在文件"另存为"时,在"工具"中选择"常规选项",对要保护的工作簿配置"打开权限密码""修改权限密码",如图 4.2.9 所示。并在"确认密码"对话框的"重新输入密码"和"重新输入修改权限密码"文本框中输入相应的密码并且确认,如图 4.2.10 所示。

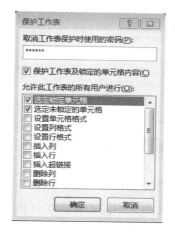

图 4.2.8　Excel 中的保护工作表及锁定内容配置

图 4.2.9　在 Excel 常规选项中配置密码

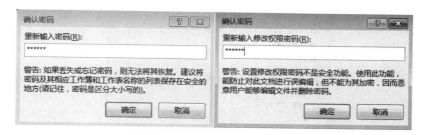

图 4.2.10　在 Excel 常规选项中重新确认密码

4.2.2　网络传输数据加密

　　除了本地文件的静态存储可以通过设置密码等方式保护外,网络传输文件也应该进行加密数据保护。目前常用的 WinRAR 工具是很多用户在进行网络传输数据前使用的软件工具之一,它包括压缩和加密两个功能,可以对网络传输前的文件或文件夹进行安全保护。另外 PGP 也是一款广泛应用的电子邮件加密软件工具。下面主要介绍 WinRAR 的加密保护方法和 PGP 的文件加密、签名功能。

　　1. WinRAR 加密保护

　　WinRAR 是一个强大的压缩文件管理工具,它不仅包括压缩功能,还可以进行加密保护。具体操作如下。

　　(1) 选择要加密的文件夹或文件,右击,在弹出的快捷菜单中选择"添加到压缩文件",在打开的对话框中选择"常规"选项卡,单击"设置密码"按钮,如图 4.2.11 所示。

图 4.2.11　"常规"选项卡

(2) 在图 4.2.12 所示的对话框中,输入密码并再次输入相同的密码并且确认。

图 4.2.12　带密码压缩

(3) 加密完成后,将生成的压缩加密文件存储在当前路径下。这个压缩加密文件就可以通过互联网传输到其他用户的计算机中。在解压这个压缩加密文件时,双击文件,如图 4.2.13 所示,输入压缩时设置的密码,实现此压缩加密文件的解压、解密。

2. PGP 邮件加密保护

PGP 是一款基于 RSA 公钥加密体系的邮件加密软件,可以用它对邮件进行加密保护,以防止非授权者访问;还可以对邮件进行数字签名,使收信人确认邮件的发送者,并且可以确认邮件没有被篡改。使用 PGP 可以安全地与不相识的网友进行电子邮件通信,不需要任何保密的通道传递密钥。对于现如今的互联网通信,网络上安全传输电子邮件

图 4.2.13　WinRAR 解压时输入密码

是一种重要的交互、传输方式,由于 Internet 上传输的数据是公开的,所以必须要对传输的电子邮件进行加密保护。PGP 不仅能够保护传输文件不被非法窃取或更改,而且接收者能够确定该电子邮件发送者的合法性。

1) PGP 主要功能

(1) 通过 PGP 选项和电子邮件插件进行加密/签名以及解密/验证。

(2) 创建、查看、维护以及管理密钥。

(3) 创建自解密压缩文档(SDA),此功能压缩率与 ZIP 相似。

(4) 创建 PGPdisk 加密文件,加密文件以新分区的形式出现,可以在此分区内存储任何需要保密的文件。

(5) 可实现永久地粉碎、销毁文件、文件夹,并释放出磁盘空间。

(6) 完整地进行磁盘加密,也称全盘加密。

(7) 支持即时消息工具加密。

(8) 可实现网络共享资源加密。

(9) 创建可移动加密介质。

2) PGP 启动

常用的 PGP 有 PGP Desktop 和 PGP Professional 两个版本。此处略去安装过程,安装完成后会提示新用户生成一个新密钥,并在任务栏中生成 PGP 图标,打开后如图 4.2.14 所示。

3) PGP 加密与签名

互联网中,网络用户之间用 PGP 进行电子邮件的安全通信时,主要可以使用加密和签名功能。例如在网络上通信的两个用户名分别为 user1、user2。首先是用户互相交换公钥,以用户 user1 导入用户 user2 的公钥为例,用户 user2 要先导出文件名为 user2.asc 的公钥文件,通过网络传输给用户 user1,用户 user1 再导入公钥文件。如图 4.2.15 所示,用户 user1 导入公钥成功后,用户 user1 并不信任用户 user2 的公钥,后面"已校验"图标是灰色的。

图 4.2.14　启动 PGP 服务

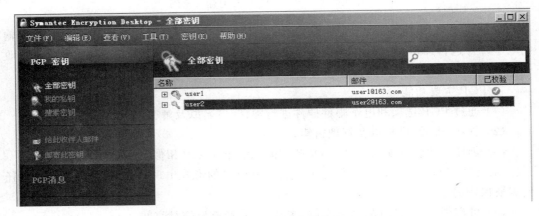

图 4.2.15　PGP 公钥导入

　　首先要添加对用户 user2 公钥的信任关系,实现方法就是选中用户 user2 的公钥,右击,在弹出的快捷菜单中选择"签名认证"命令,打开的对话框如图 4.2.16 所示。

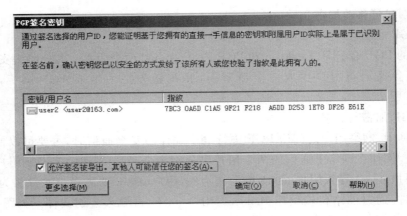

图 4.2.16　PGP 对公钥签名认证

签名认证后,灰色图标变为绿色。用同样的方法在用户 user2 中添加用户 user1 的公钥并签名认证。完成公钥互换后,用户 user1、用户 user2 可以用 PGP 进行文件加密传输。例如用户 user2 要给用户 user1 传输重要文件,操作过程如下:用户 user2 选择要传输给用户 user1 的重要文件,右击,在弹出的快捷菜单中选择 PGP 的多项功能,此处选择"使用密钥保护"功能,如图 4.2.17 所示。

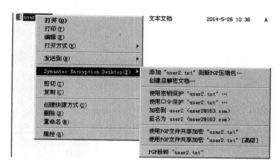

图 4.2.17　PGP 保护文件方式的选择

在添加用户密钥时要将用户 user1 的公钥添加上,如图 4.2.18 所示。

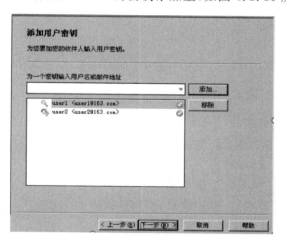

图 4.2.18　添加用户 user1 的公钥

下一步生成扩展名为.pgp 的加密文件,这个加密文件就可以用网络传输给用户 user1,用户 user1 用自己的私钥解密获得重要文件。除此之外,在加密过程中,还可以添加用户 user2 的数字签名,签名过程如图 4.2.19 所示,将生成的扩展名为.sig 和.pgp 的两个文件一起发送给用户 user1,用户 user1 获得重要文件的同时,可以使用用户 user2 的公钥去验证数字签名,在用户 user1 的 PGP 验证历史中,能够查询到校验结果,如图 4.2.20 所示。

此外,PGP 磁盘、PGP 压缩包、文件共享加密、文件粉碎等功能也都有重要的使用意义,此处不再赘述。总之,使用好 PGP 这款安全工具,在一定程度上能够保证网络传输数据的真实性、完整性、不可抵赖性。

图 4.2.19　PGP 数字签名及密钥选择

图 4.2.20　PGP 签名验证结果

4.2.3　常见加密、解密软件

目前常见的加密、解密软件种类繁多,功能各异,本小节以腾讯的文件夹加密超级大师、U 盘超级加密 3000 为例介绍普遍意义的加密、解密软件的使用。

1. 文件夹加密超级大师

文件夹加密超级大师是一款易用的加密软件,具有文件夹加密、文件加密、磁盘保护、数据粉碎、彻底隐藏硬盘分区、禁止或只读使用 USB 存储设备等功能。文件夹加密超级大师是一款较好的文件和文件夹加密软件,此工具有超快的加密速度,加密的文件和文件夹有超高的加密强度,并且防删除、防复制、防移动。同时其还包括数据粉碎删除、硬盘分区彻底隐藏、禁止使用 USB 存储设备、只读使用 U 盘和移动硬盘等安全辅助功能。

1) 文件夹加密

在主功能菜单中单击"文件夹加密",选择本地驱动器中要加密的文件夹,输入加密密码、选择加密类型后进行文件夹的加密,如图 4.2.21 所示。

文件夹加密后会在文件夹所在的驱动器上生成加密后的文件夹,如图 4.2.22 所示。

打开或解密文件夹时也要输入加密时的密码,同时软件支持屏幕键盘功能,以加强解密安全性,如图 4.2.23 所示。

2) 文件加密

在主功能菜单中单击"文件加密",选择本地驱动器中要加密的文件,如图 4.2.24 所

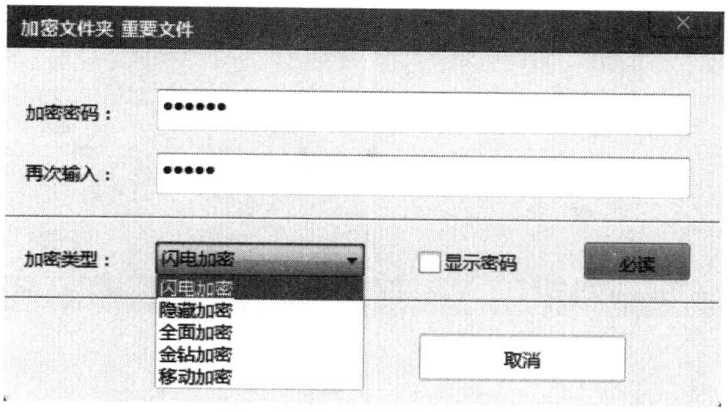

图 4.2.21　加密文件夹

图 4.2.22　加密后的文件夹

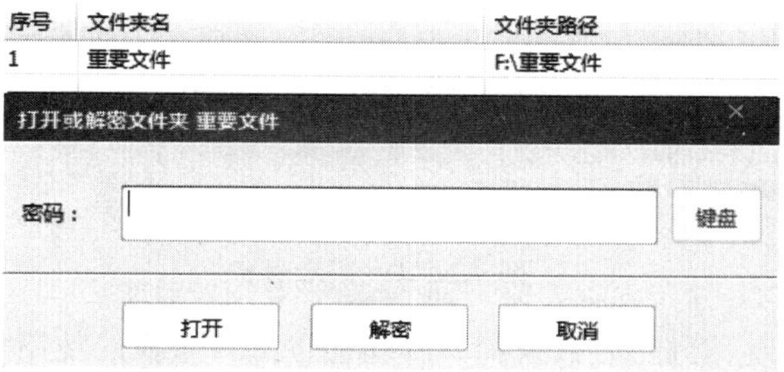

图 4.2.23　打开或解密文件夹

示,输入加密密码、选择加密类型后进行文件的加密,打开或解密文件时也要输入加密时的密码,同时软件支持屏幕键盘功能,以加强解密安全性,如图 4.2.25 所示。

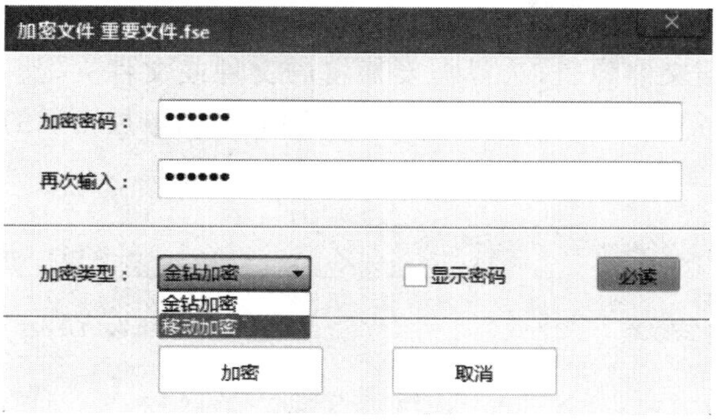

图 4.2.24　加密文件

3) 磁盘保护

在主功能菜单中单击"磁盘保护",添加本地计算机中受保护的磁盘,并选择初级保护、中级保护、高级保护等保护级别,可实现对各个驱动器的安全保护,如图 4.2.26 所示。

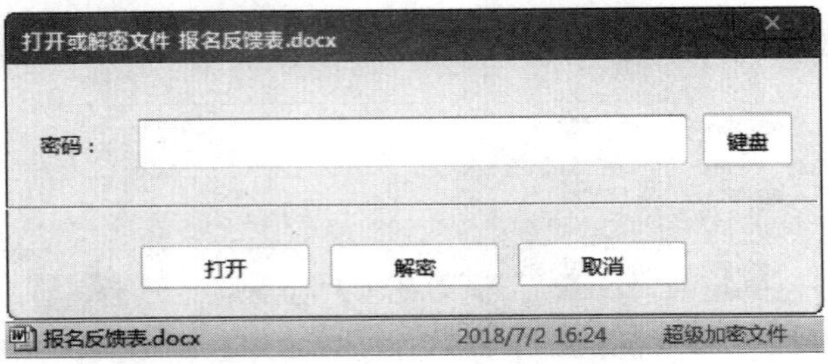

图 4.2.25　打开或解密文件

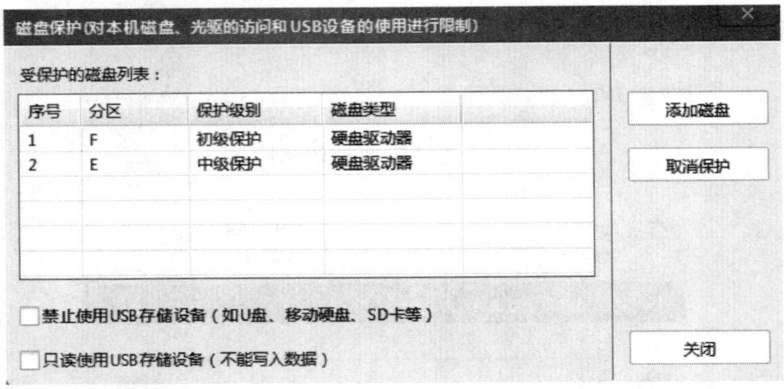

图 4.2.26　磁盘保护

此外,文件夹伪装、万能锁、数据粉碎等功能也都有重要的使用意义,此处不再赘述。

2. U盘超级加密 3000

U盘超级加密 3000 是一款专业的 U盘和移动硬盘加密软件,具有数据加密、文件加锁、文件夹伪装等功能。打开软件时需要输入密码,这也是实现软件安全功能的重要口令。

1) 闪电加密

打开软件的左侧文件列表,选择需要加密的文件或文件夹,然后单击"闪电加密"按钮。使用闪电加密时对文件或文件夹的大小无限制。闪电加密后的数据会转移到软件右侧的闪电加密区中,如图 4.2.27 所示。

图 4.2.27　闪电加密区

2) 金钻加密

打开软件的左侧文件列表,选择需要加密的文件或文件夹,然后单击"金钻加密"按钮。用此加密后的文件和文件夹只有输入正确密码才能打开或解密。在弹出的密码文本框中输入密码,然后单击"确定"按钮。解密时也是在软件左侧的文件列表中选择需要解密

的金钻加密文件或文件夹,然后右击,在弹出的快捷菜单中选择"解密金钻加密"命令,在
弹出的密码输入框中输入解密密码,如图 4.2.28 所示。

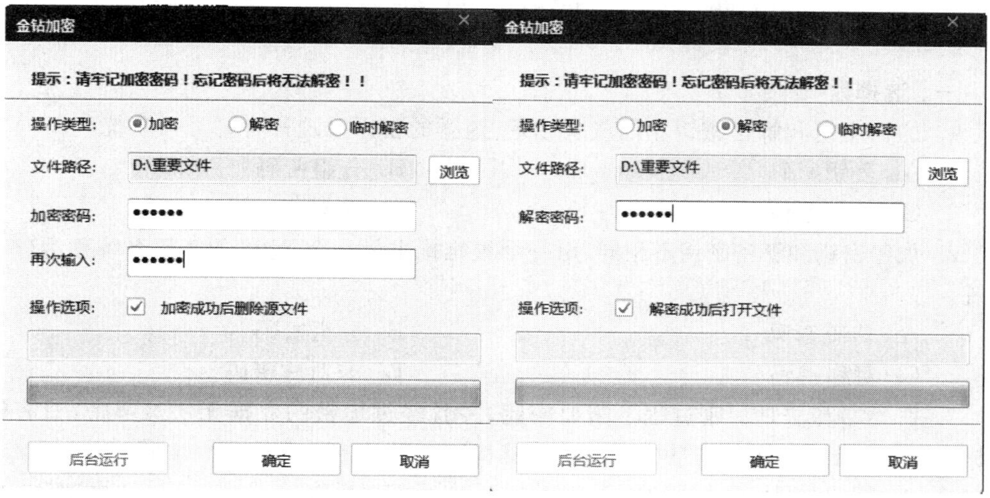

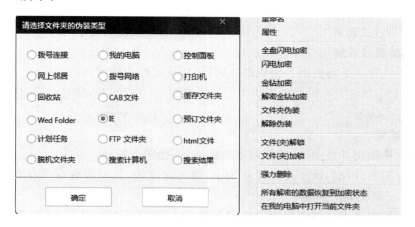

图 4.2.28　金钻加密与解密

3）文件夹伪装

打开软件的左侧文件列表,选择需要加密的文件或文件夹,然后单击"文件夹伪装"按
钮。文件夹伪装后,打开文件夹看到的是伪装对象的内容,并不是文件夹的真正内容。在
弹出的"请选择文件夹的伪装类型"对话框中,选择文件夹的伪装类型,然后单击"确定"按
钮。解除伪装时右击需要解除伪装的文件夹,在弹出的快捷菜单中选择"解除伪装"命令,
如图 4.2.29 所示。

图 4.2.29　文件夹伪装与解除

此外,文件(夹)加锁、解密、镜像浏览等功能也都有重要的使用意义,此处不再赘述。
特别要提醒使用加密解密软件工具的用户,任何软件工具都包含强大的加密保护功
能,在使用软件工具中的加密功能时要注意细节和熟练,否则容易误操作使得用户找不到

自己加密过的文件或文件夹。

课 后 习 题

一、选择题

1. 加密密钥和解密密钥相同或者相近,这样的密码系统称为( )系统。

    A. 公钥密码   B. 分组密码

    C. 对称密码   D. 非对称密码

2. 加密密钥和解密密钥不相同,由一个很难推出另一个,这样的密码系统称为( )系统。

    A. 传统密码   B. 分组密码

    C. 对称密码   D. 非对称密码

3. ( )算法是加密过程不需要密钥,并且经过加密的数据无法被解密,只有输入相同的明文、经过相同的消息摘要算法才能得到相同的密文。

    A. 消息摘要   B. 分组   C. 对称   D. 非对称

4. 数字签名是保证信息的( )特性。

    A. 完整性   B. 可用性   C. 可靠性   D. 不可抵赖性

5. 以下关于身份认证说法正确的有( )(多选题)。

    A. 网络应用中用于鉴别用户身份

    B. 是计算机及计算机网络系统中确认操作者身份

    C. 确定该用户是否具有对某种资源的访问和使用权限

    D. 保证系统和数据的安全性及授权访问者的合法性

6. 以下属于密码破解方式的有( )(多选题)。

    A. 绕过式破解   B. 修改式破解

    C. 漏洞式破解   D. 暴力式破解

7. 需要设置一个难破解的密码即强密码,以下能作为强密码的是( )。

    A. 13942037376   B. 198008052231

    C. yah00@780   D. password

二、判断题

1. 非对称加密算法中,公钥只能用来加密,不能用来解密。

2. 对称密码算法的优点是计算开销小,加密速度快,其局限性在于存在通信双方之间确保密钥安全交换的问题。

3. 非对称密码算法的密钥管理比较简单,其局限性是产生密钥麻烦,算法复杂,加密和解密速率较低。

4. 密钥往往是实现登录、认证、加密、解密等密码学应用的保护口令。

5. 密码破解是指对密码系统的破解。

6. Microsoft Office Word 中实现的保护文档的方法只能用密码进行加密。

7. Microsoft Office Excel 在保护工作表中输入密码时可以配置此允许工作表的所

有用户进行锁定单元格、单元格格式、列/行格式、插入列/行、删除列/行、排序等具体内容的配置。

8. PGP 是基于 RSA 公钥加密体系的邮件加密软件,可以用它对邮件保密以防止非授权者访问。

9. PGP 能对邮件加上数字签名使收信人确认邮件的发送者,能确认邮件没有被篡改。

三、思考题

1. 简述数字签名及其作用。

2. 简述身份认证的主要方式。

3. 举例说明密码设置的技巧与过程。

4. 简述 PGP 加密工具的主要功能。

第 5 章

操作系统安全

操作系统是所有软件中最基础、最核心的部分,是用户和硬件之间的软件系统,它为用户执行程序提供方便、有效的环境支撑,也是完成各种资源管理和安全运维的重要系统平台。操作系统安全是网络空间安全体系的重要构成部分,掌握这个基础的、核心的软件系统的安全功能及使用,是提高用户网络空间安全技能的重要内容。本章主要介绍常用操作系统的基本知识,以普通用户常用的两种网络终端(PC 端和移动端)使用的操作系统为主线,介绍 PC 端操作系统的常规安全、配置安全和资源文件安全与移动端操作系统的安全功能及应用。

5.1　常用操作系统概述

很多人都知道一些操作系统的名称,如 Windows、UNIX、Linux、Android 和 iOS 等,也都有使用操作系统的体验,那么什么是操作系统? 通过本节的学习,用户可以对操作系统有一个更直观、更具体的了解。作为计算机系统的核心部分,操作系统的作用尤为重要。

5.1.1　操作系统的概念

操作系统(Operating System,OS)是管理和控制计算机硬件与软件资源的计算机程序,是直接运行在裸机上最基本的系统软件,任何其他软件都必须在操作系统的支持下才能运行。

一般情况下的裸机,就是仅有硬件的设备或终端,设备或终端提供的机器语言难记、难用又难懂。如果没有操作系统,用户必须明白相关硬件设备是如何工作的,理解诸如I/O 命令、鼠标打开或复制文件、系统内存分配和保护、系统连接设备读写驱动等很多机器指令编程。计算机安装操作系统后,把硬件细节与用户分隔开。用户可以使用操作系统提供的各种命令,直接打开文件、读写文件、复制文件和更改目录。有了操作系统的辅助,呈现在用户面前的设备或终端的功能更强、使用更方便。同时还可以在裸机上覆盖和叠加各种应用软件,从而形成功能更强的扩展机或虚拟机。

1. 操作系统的发展历史

早期的计算机是人工操作的方式,并没有操作系统。程序员将事先已经穿孔的纸带或卡片装入纸带输入机,再启动计算机,将纸带或卡片上的程序和数据输入计算机,然后启动计算机运行。只有程序运行完毕,取走结果后,才允许下一个用户上机。这种人工操作的方式使得用户独占全机,并且 CPU 要等待人工的操作。为了解决这种问题,就出现了操作系统,操作系统能够很好地实现程序共用以及计算机硬件资源管理。

最早的操作系统是单用户单任务操作系统,只允许一个用户上机,且只允许用户程序作为一个任务运行,这是最简单的操作系统,它主要配置在 8 位和 16 位微机上,最具代表性的是 CP/M 和 MS-DOS;后来,出现了单用户多任务操作系统,只允许一个用户上机,但允许用户把程序分为若干个任务,使它们并发执行,从而有效改善系统的性能,主要配置在 32 位微机上,最具代表性的是由微软公司推出的 Windows 操作系统;再后来,就出现了多用户多任务操作系统,允许多个用户通过各自的终端使用同一台机器,共享主机系统中的各种资源,而每个用户程序又可以进一步分为几个任务,使它们能并发执行,从而可以进一步提高资源利用率和系统吞吐量。目前,在大、中和小型机中所配置的大多是多用户多任务操作系统。在 32 位微机上,也有不少配置的是多用户多任务操作系统,最具代表性的就是 UNIX 操作系统、Linux 操作系统。

2. 典型的操作系统介绍

目前广泛使用的操作系统种类繁多,分类方式多样,理论上可以依据应用领域、所支持用户数量、源码开放程度、硬件结构、操作系统环境、存储器寻址宽度等多角度进行分类,以下介绍现代典型使用的操作系统。

1) Windows

Windows 是由微软公司成功开发的操作系统,采用图形窗口界面,用户对计算机的各种复杂操作只需通过单击鼠标就可以实现。它问世于 1985 年,起初仅仅是 Microsoft DOS 模拟环境,后续的系统版本由于微软公司的不断更新升级,慢慢地成为世界各地人们最喜爱的操作系统。微软公司的 Windows 从开发之初到现在不断持续更新,从架构的 16 位、32 位再到 64 位,系统版本从最初的 Windows 1.0 到大家熟知的 Windows 95、Windows 98、Windows ME、Windows 2000、Windows XP、Windows Vista、Windows 7、Windows 8、Windows 8.1、Windows 10 和 Windows Server 系列服务器企业级操作系统。

2) UNIX

UNIX 最早由 Ken Thompson 和 Dennis Ritchie 于 1969 年在美国 AT&T 的贝尔实验室开发。UNIX 系统是一个多用户多任务的分时操作系统。UNIX 系统支持多种处理器架构,系统易读、易修改、易移植,提供丰富的、精心挑选的系统调用,提供功能强大的可编程的 Shell 语言作为用户界面,采用进程对换(Swapping)的内存管理机制和请求调页的存储方式,实现虚拟内存管理和多种通信机制,采用树状目录结构,具有良好的安全性、保密性和可维护性。

3) Linux

Linux 最初是由芬兰赫尔辛基大学计算机系学生 Linus Torvalds 在基于 UNIX 的基础上开发的一个操作系统内核程序。Linux 的设计是为了在 Intel 微处理器上更有效的运用。其后在理查德·斯托曼的建议下以 GNU 通用公共许可证发布,成为自由软件 UNIX 的变种。Linux 操作系统是一个多用户多任务的操作系统。Linux 系统最大的特点是源代码公开、完全免费,其内核源代码可以自由传播。Linux 系统全部归结为一个文件,包括命令、硬件设备、软件系统、进程等。对于操作系统内核而言,它被视为拥有各自特性或类型的文件。同时其支持多种硬件平台,还可以作为一种嵌入式操作系统,运行在掌上电脑、机顶盒或游戏机上。

4）Mac OS

Mac OS 是基于 UNIX 内核的图形化操作系统,由苹果公司自行开发,一般情况下在普通 PC 上无法安装。Mac OS 是运行于苹果 Macintosh 系列计算机上的操作系统,Mac OS 于 2001 年首次在市场上推出,是在商用领域成功的图形用户界面代表。Mac OS 在全屏模式、任务控制、快速启动面板、应用商店等几个方面体现独到的优点。Mac OS 到了 OS 10 后代号为 Mac OS X,2011 年 7 月 20 日 Mac OS X 已经正式被苹果改名为 OS X。

5）Android

Android 一词的本义是"机器人"。Android 的设计灵感是一个简单的机器人,它的躯干就像锡罐的形状,头上还有两根天线,是一个全身绿色的机器人。Android 操作系统是一种以 Linux 为基础的开放源代码操作系统,主要用于手机等便携终端设备。Android 操作系统以其独到的开放性使得其支持各类丰富的硬件,也支持更多的开发者研发全新软件,因此其用户和应用日益丰富。2011 年第一季度,Android 在全球的市场份额首次超过塞班系统,跃居全球第一。

6）iOS

iOS 操作系统是由苹果公司开发的移动手持设备的操作系统。iOS 与苹果的 Mac OS X 操作系统一样,属于类 UNIX 的商业操作系统。原本这个系统名为 iPhone OS,于 2007 年 1 月 9 日由苹果公司在 Macworld 大会上公布,因为 iPad、iPhone、iPod touch 都使用 iPhone OS,所以后来宣布改名为 iOS。iOS 系统具有操作界面简洁美观、软件和硬件整合度高、安全性强、操作流畅、内置多种应用等诸多优势。

3. 操作系统的特性与功能

操作系统的基本特性包括并发、共享、虚拟和异步。并发是指两个或多个活动在同一给定的时间间隔中进行,也就是在一段时间内,宏观上有多个程序在同时运行,但在单处理机系统中,每一时刻仅有一个程序执行,所以微观上这些程序只能分时地交替执行;共享是指计算机系统中的资源被多个进程所共用,如多个进程同时占用内存实现内存共享,多个进程并发执行实现 CPU 共享,多个进程在执行过程中提出对文件的读写请求从而实现对磁盘共享;虚拟是在操作系统中,通过时分复用技术、空分复用技术等将一个物理实体变为若干个逻辑上对应物的过程,实现一系列逻辑功能;异步是多道程序系统中进程的并发性和资源共享带来的必然结果,在多个程序环境下,各个进程的执行过程有着"走走停停"的特性,每个进程要完成自己的事情,又要与其他进程共享系统的资源,彼此间会直接或间接地发生制约关系,操作系统内部设立相应的机制,协调各项活动。

操作系统具有处理机管理、存储器管理、设备管理和文件管理等基本功能。处理机管理的主要任务是进程控制、进程同步、进程通信和调度、进程创建和撤销、进程运行和协调、进程之间的信息交换、按照算法把处理机分配给进程;存储器管理的主要任务是内存分配、地址映射、内存保护和内存扩充,完成为多个程序的运行提供良好的环境,提高存储器的利用率,方便用户使用,并能从逻辑上扩充内存;设备管理的主要任务是缓冲区管理、设备分配、设备驱动和设备无关性,完成解决 CPU 和外设速度不匹配的矛盾,为用户分配外设、通道和控制器,实现 CPU 与通道、CPU 与外设的直接通信;文件管理的主要任务是文件存储空间的管理、目录管理、文件的读写管理以及文件的共享与保护,完成为每个文件分配必要的外存空间,为每个文件建立一个目录项(包含文件名、文件属性、文件在磁盘上的物理位置),对众多的目录项加以有效的组织,实现用户的请求,如从外存中读取数据或将数据写入外存。

总之,操作系统是系统软件,它的基本职能是控制和管理系统的各种资源,提供众多服务,方便用户使用,扩充硬件功能,有效地组织多个程序运行。从用户的角度来看,操作系统处于用户与计算机硬件系统之间,为用户提供使用计算机系统的接口。从系统的角度来看,操作系统是硬件之上的第一层软件,是资源的分配者,管理计算机系统中各种硬件资源和软件资源的分配问题,如 CPU 时间、内存空间、文件存储空间、I/O 设备等,解决大量对资源请求的冲突问题,决定把资源分配给谁、何时分配、分配多少等,使得资源的利用率得到提高。

5.1.2　操作系统的安全概述

网络空间安全的威胁主要来自于黑客攻击和恶意代码两个方面。操作系统作为系统软件,许多使用者没有注意到操作系统自身的漏洞问题,也没有在操作系统使用过程中采取有效的安全策略和安全机制,从而使得黑客有可乘之机。可以说保证网络空间安全体系的首要环节就是确保操作系统的安全。

1. 操作系统自身的漏洞

操作系统自身的漏洞一般是指操作系统在逻辑设计上的缺陷或错误,这些缺陷和错误在研发、测试时没有被及时发现,后来,或者是爱好者研究,或者是测试者发现,或者被有恶意目的黑客利用,通过网络攻击手段,植入木马、病毒,控制整个网络主机或设备,窃取计算机信息系统的重要数据和信息资料,甚至破坏整个计算机信息系统功能。同时操作系统的研发人员为自己方便工作等原因在操作系统中留有"后门",还有系统运行的硬件、网络通信等原因导致的研发人员无法弥补的漏洞,这些都可以作为操作系统自身漏洞的重要构成。从安全的角度来说,完全无缺陷的、无漏洞的操作系统是不可能存在的。

操作系统自身的漏洞问题是与时间紧密相关的。一个操作系统从发布的那一天开始,随着不同用户的深入使用,操作系统自身的漏洞会被不断暴露出来,这些被发现的漏洞也会不断被操作系统供应商发布的补丁包修补,或在以后发布的新版操作系统中得以纠正。在新版操作系统纠正旧版操作系统漏洞的同时,有时也会引入一些新的漏洞和错误,随着时间的推移,旧漏洞消失,新漏洞出现,系统漏洞问题就这样长期存在。

操作系统作为应用广泛的系统软件,有它使用的时间、环境、应用等多种因素,如果脱离具体使用时间、具体物理环境、具体应用场景来讨论操作系统漏洞,没什么实际意义。在考虑整体网络空间安全时,要针对实际应用操作系统的版本、运行环境,操作系统上运行的其他系统、各类软件、开启服务、策略配置等诸多实际因素,综合评定可能存在的漏洞问题,进而提出可行性的解决方案。

2. 操作系统运行安全

操作系统属于用户使用的系统软件,主要是对系统软件、硬件资源进行调度、控制、产生、传递、处理的平台,它的安全性属于系统级安全的范畴,它为文件、目录、网络和群件系统等提供底层的安全保障,所以操作系统的安全缺陷和安全漏洞,往往会造成严重的后果。在许多网络系统遭到的攻击中,很多是针对网络系统中服务器主机所使用的操作系统漏洞而进行的,所以安全机制是操作系统安全的重要组成部分,而安全机制的安全级别是对操作系统安全性能评估的重要指标之一。一般情况下,操作系统在用户使用前是默认安装模式,从安全的角度出发,在运行和使用默认安装模式的操作系统时,无法发挥操作系统内置安全机制的各项功能。

目前广泛应用的操作系统的安全机制主要在身份认证和访问控制两方面。身份认证是保证合法的用户使用操作系统,用户身份认证通常采用账号/密码的方式,用户提供正确的账户和密码后,操作系统通过相应的安全机制,确认用户的合法身份,从而防止非法用户的侵入。访问控制是对系统资源使用的限制,访问控制主要保证合法用户的授权,保证合法用户访问和使用系统资源,一般情况下,访问控制机制依赖鉴别机制保证主体合法,将用户权限、组成员和资源特权联系起来,最终决定主体是否被授权对客体执行某种操作。因为访问控制决定用户对系统资源有怎样的权限,所以它对操作系统资源的安全具有重要影响。

5.2　Windows 操作系统安全

Windows 操作系统是整个计算机系统的核心,操作系统的安全性也直接关系到计算机系统的安全和稳定。本节介绍 Windows 操作系统的常规安全,以 Windows 10 版本为例,从 Windows 操作系统的安装安全、配置安全、文件安全等几个方面分类介绍安全功能和实务应用。

5.2.1　Windows 操作系统安装安全

与以往的 Windows 操作系统类似,Windows 10 也包括多个版本,分别适用于不同的使用环境。Windows 10 分为桌面版和移动版两大类:桌面版包括 4 个版本,分别是家庭版、专业版、企业版和教育版;移动版包括 3 个版本,分别是移动版、移动企业版和物联网版。Windows 10 作为最新一代计算机操作系统,与之前的 Windows 系列相比,做出了一系列的改进。操作系统安装与启动过程中的安全是计算机操作系统安全的第一关,主要注意以下几个方面。

1. 安装方式

目前流行的全新纯净 Windows 10 安装方法分为 U 盘安装、硬盘安装两种方式,适用于 Windows XP/Vista、无正版授权的 Windows 7/Windows 8.1、想体验 Windows 10 的用户。安装 Windows 10 的方式主要包括全新安装、升级安装和多系统安装 3 种方式。

其中全新安装就是完全覆盖原有的操作系统,会彻底删除原有操作系统所在磁盘分区的所有内容,包括系统设置、个人文件和数据以及系统安装的应用程序;升级安装是将计算机中安装的早期版本的操作系统 Windows,通过升级的方式更换为 Windows 10,升级后会保留原有操作系统的用户个人文件和数据、系统设置和安装过的应用程序;多系统安装一般是出于安全和兼容性方面的考虑,有时新系统会存在很多不完善的地方或使用过程中会出现一些运行和应用程序兼容性方面的问题,为了防止常用的一些应用程序无法在最新的系统中正常运行,在安装系统时保留原有的系统。

2. 系统选择标准

计算机操作系统使用的第一步就是安装,从安全角度考虑,要依据计算机系统硬件配置选择适合的、正版的 Windows 操作系统。很多人都知道 32 位(x86)和 64 位(x64)这两个词,它们有时是指 CPU,有时是指操作系统。在 CPU 中所说的 32 位和 64 位指的是 CPU 架构;在操作系统中所说的 32 位和 64 位是根据 CPU 架构来进行划分的,一般对应关系是 32 位操作系统针对于 32 位 CPU 架构,64 位操作系统针对于 64 位 CPU 架构,但是 32 位和 64 位架构的 CPU,并不是与 32 位和 64 位操作系统一一对应的。因此要选择适合的操作系统版本,具体对应情况如表 5.2.1 所示。

表 5.2.1　CPU 架构与可安装的操作系统的对应关系

CPU 架构	32 位操作系统	64 位操作系统
32 位 CPU	可以安装	不能安装
64 位 CPU	可以安装	可以安装

一般情况下,对于 64 位架构的 CPU 而言,如果计算机安装 4GB 以上内存,那么通常首选 64 位操作系统,而 32 位操作系统最大只能支持 4GB 内存,实际情况可用的内存容量通常不足 4GB。目前广泛使用的双核 CPU 架构,大多数都是 64 位架构,在扩展内存容量足够的状况下,建议安装 64 位操作系统,理论上 64 位 CPU 的运算速度比 32 位 CPU 的运算速度快一倍。

3. 安装准备

安装操作系统时,计算机系统分区选择独立的主分区安装操作系统。安装操作系统的分区不要用于存储用户的数据资源。建议至少划分 3 个磁盘分区:第一个分区用来安装操作系统;第二个分区用来存放其他应用程序或网络服务;第三个分区用来存放重要的个人数据和日志文件。计算机系统分区采用 NTFS 文件格式,NTFS 文件格式可以更好地保证文件的安全性。

准备好硬件的驱动程序。一般情况下购买的计算机通常都带有硬件驱动程序,如果在新安装的系统中无法识别硬件,或者系统自带的驱动程序版本太低而与硬件不匹配,那么可以使用硬件驱动程序为硬件安装最匹配的驱动;还可以在安装好系统后连接 Internet,从硬件制造商的官方网站下载与硬件型号相匹配的驱动程序,或以后定期下载硬件驱动程序的最新版本。最新版本的驱动程序通常可以提升硬件的性能,解决早期版本的驱动程序存在的问题。

安装操作系统前要对计算机中的重要数据进行备份。如果准备全新安装 Windows,则要对整个硬盘进行重新分区或者全盘格式化,以清除以前的所有数据,在进行这些操作之前,应该将计算机中存储的个人数据和文件进行备份,以防止丢失所有重要数据。除了使用专门的工具备份和还原操作系统中的设置和数据外,大多数用户使用的方法是手动将重要的个人数据和文件复制到移动存储设备中。

4. 最小化安装

一般情况下,普通用户在安装操作系统时都是默认安装,操作系统安装的默认服务或默认启动不一定适合,也不一定适用,甚至有一些服务或启动不安全,例如 TCP/IP NetBIOS Helper 服务,所以最好选择最小化的安装内容。在计算机主机上安装服务、控件时,要依据实际需要有选择地安装。在选择安装程序时,不要安装任何额外的程序和服务。

为了更详细地查看操作系统的各项服务,可以在"Windows 管理工具"中双击"服务"或直接在"运行"中输入 Services.msc 打开服务设置窗口,如图 5.2.1 所示。用户也可以依据实际需要变更各项服务的启动类型,将不是必须使用的服务停止,以保证操作系统最小化启动安全。

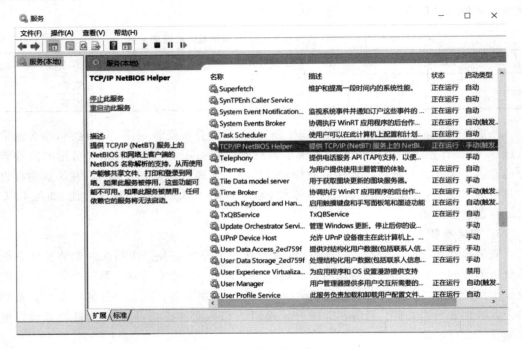

图 5.2.1　服务设置窗口

5. 安装系统补丁

占据全球市场的微软操作系统是很多黑客、病毒开发者的重要目标,因此针对操作系统进行攻击、入侵或者传播病毒就越来越多。任何软件都不会没有漏洞,微软的操作系统一样也不是无懈可击的。操作系统在开发的时候就有漏洞,在系统汉化的过程中还会产生更多漏洞。这些漏洞一旦被发现,有些人会利用漏洞直接攻击、入侵计算机系统,所以要经常打补丁。补丁就是用来修补系统漏洞的程序,打补丁能够减少攻击、入侵、病毒等对计算机系统的危害。微软提供的 Windows Update 程序可以直接连接到微软的下载网站,获得更新的服务包和发布的安全补丁程序,弥补近期发现的安全漏洞。微软的下载网站中有不同的补丁安装方式,下载补丁包后即可实现自动安装和手动安装。此外,用户也可以借助安全工具的补丁安装功能简化系统的补丁安全过程。

5.2.2　Windows 操作系统配置安全

安全安装操作系统之后,如何配置安全性更高的操作系统成为每一个用户的新目标。作为安全性高的操作系统,不仅要处理多任务,还要管理和控制系统数据、运行程序和外部设备,同时让系统负载最小,加快计算的速度。这就要求用户合理地对操作系统进行配置。

1. 系统启动配置

Windows 操作系统的启动过程涉及多个环节,尤其是对于在计算机上同时安装多个操作系统的情况,所涉及的启动过程更加复杂,很容易出现由于系统安装和配置不当,导致系统启动方面的问题。了解 Windows 操作系统的启动过程,不但可以在系统启动出现问题时,易于确定问题的根源,还有利于更好地安装和配置系统启动环境。

通过系统配置工具,可以控制操作系统的启动方式,如可以选择以诊断模式启动系统,此时只会加载系统启动时所必需的设备和服务。还可以在系统配置工具中设置系统启动更多选项,如指定安全引导方式启动系统或默认启动操作系统。

在打开的"运行"对话框中输入 msconfig 后按 Enter 键。在"系统配置"对话框的"常规"选项卡中选择一种启动模式,如图 5.2.2 所示。

图 5.2.2　设置系统启动模式

在"引导"选项卡中设置安全引导项,如图 5.2.3 所示。勾选"安全引导"复选框,选择其下方的某个选项来使用安全模式启动系统。

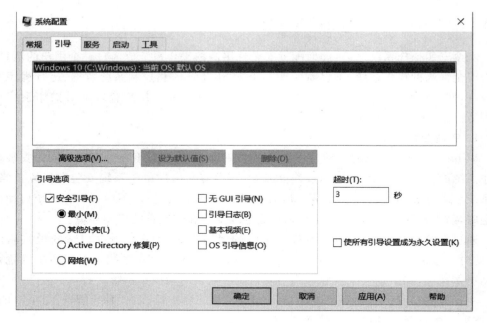

图 5.2.3　设置安全引导项

2. 系统账户配置

用户账户的概念在 Windows NT/2000/XP 后才有严格的限定。用户账户代表用户在操作系统中的身份,用户启动计算机并登录操作系统时,必须使用有效的用户账户才能进入操作系统。登录操作系统后,系统会根据不同的用户账户以及预先设置指派给每个用户相应的权限,从而可以限制不同类型的用户所能执行的操作。

用户账户登录(可以是本地登录,也可以是网络登录)Windows 操作系统后,可使用相应的系统资源和文件资源。除此之外,利用 Windows 用户账户还可以设置诸如每个账户独立拥有的收藏夹、我的文档文件夹、桌面快捷方式、Cookie 等。一般情况下,用户用自己的账户对系统进行的一般性设置都不会影响其他用户。

Windows 操作系统中的常用账户类型如下。

(1) 管理员账户:拥有对计算机最高级别的操作权限,能改变系统设置,可以安装和删除程序,能访问计算机上所有的文件,拥有控制其他用户的权限。Windows 操作系统中至少要有一个管理员账户。

(2) 标准账户:是受到一定限制的账户,可以完成大量常规操作,不能进行可能影响到系统稳定和安全的操作。在系统中可以创建多个此类账户,也可以改变其账户类型。一般标准账户可以访问已经安装在计算机上的程序,可以设置自己账户的图片、密码等,但无权更改大多数计算机的设置。

(3) 来宾账户:是给那些在计算机上没有用户账户的人使用的一个临时账户。一般来宾账户不需要用户账户和密码,主要用于远程登录的网上用户访问计算机系统。来宾账户仅有最低的权限,无法对系统做任何修改。

Windows 操作系统中关于用户账户的安全配置如下。

1) 创建用户账户

Windows 10 支持两种账户登录模式:一种是本地用户账户;另一种是 Microsoft 账户。Microsoft 账户能够自动连接到微软的云服务器,可以实现账户信息、个人设置和系统设置自动同步,也可以登录各种网络应用或者使用 Windows 应用商店不断扩展的功能。

安装 Windows 10 操作系统的过程中,系统会要求用户创建一个管理员账户,完成安装后会自动使用该管理员账户登录。出于安全和实际情况考虑,可以使用该管理员账户创建新的用户账户,创建的新账户可以是管理员账户也可以是标准账户。

- 创建新账户的操作方法是选择"开始"按钮,然后选择"设置"→"账户"→"家庭和其他人员"(或者"其他人员")→"将其他人添加到这台电脑",如图 5.2.4 所示。创建后账户默认权限为"标准用户",可随时删除该账户。

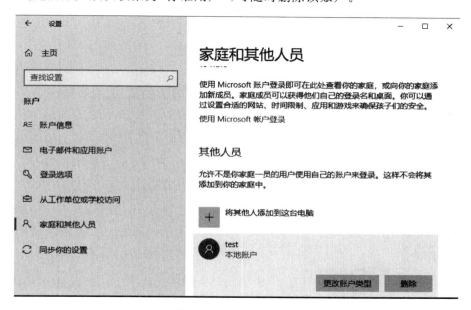

图 5.2.4　添加新用户

- 若将新账户设置为管理员账户,则操作方法是选择"开始"→"设置"→"账户"→"家庭和其他人员"(如果使用的是 Windows 10 企业版,请选择"其他人员"),然后单击"更改账户类型"按钮。在"账户类型"下,选择"管理员",单击"确定"按钮,如图 5.2.5 所示。
- 若用户有 Microsoft 账户,则可以将 Microsoft 账户添加到 Windows 10 中;若用户没有 Microsoft,则需要进行注册,操作方法是添加一个没有 Microsoft 账户的用户,如图 5.2.6 所示。

2) 设置管理用户账户密码

不管是否是多人使用同一台计算机,都应该为自己的用户账户设置密码,设置密码能有效地访问、控制个人文件,避免个人数据和重要信息泄露。标准用户一般只能为自己的用户账户设置密码,而管理员用户则可以为计算机中所有用户账户设置密码。Windows 10

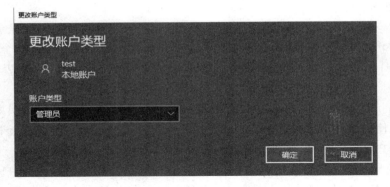

图 5.2.5　设置添加用户为管理员

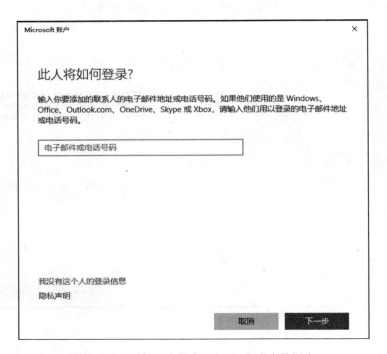

图 5.2.6　添加一个没有 Microsoft 账户的用户

操作系统的密码可以包括字母、数字、符号和空格。设置用户账户的密码时,可以设置密码提示来帮助用户记住所设置的密码。

- 标准用户设置密码的操作方法是选择"开始"→"设置"→"登录选项"→"密码"→"添加",结果如图 5.2.7 所示。
- 管理员用户设置密码操作时可以在"设置"窗口中为自己的用户账户设置密码,还可以在"控制面板"窗口的"管理账户"→"更改账户"界面中为自己或其他用户设置密码,如图 5.2.8 所示。

3) 控制用户使用计算机的方式

控制用户使用计算机的方式主要包括使用计算机的时间、可以玩的游戏或可运行的

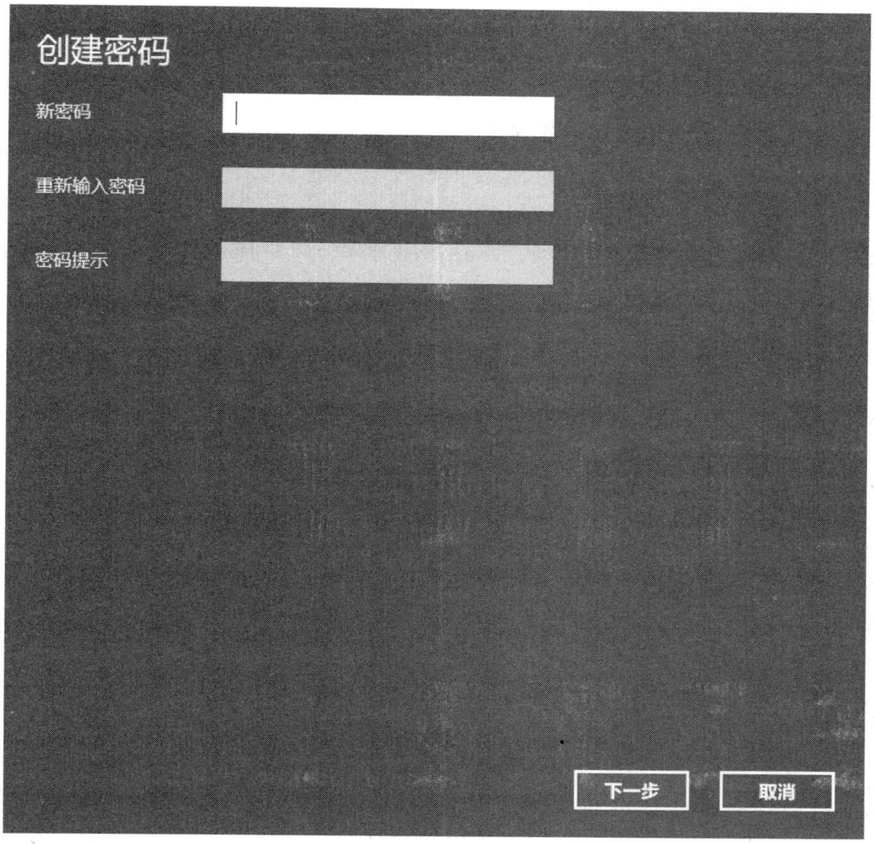

创建密码

新密码

重新输入密码

密码提示

下一步　　取消

图 5.2.7　为账户添加密码

图 5.2.8　为自己或其他用户设置密码

程序。Windows 10 的家庭功能在以往的家长控制和家庭安全的基础上，提供了更为强大的功能，其只支持 Microsoft 账户，而不支持本地账户，可实现的安全管理操作包括如下几点。

- 限制用户使用计算机的时间。
- 为用户设置针对网站、应用、游戏、电影等浏览和运行的权限。
- 限制用户的网络购买行为。
- 限制用户可以使用其他共享的信息。
- 定位用户在 Windows 手机上登录时的所在位置。
- 通过监控报告可以查看用户在 Windows 10 设备上的具体活动。

管理员用户可以通过添加受控的 Microsoft 账户、用户使用计算机的方式、监控用户使用计算机的情况等功能实现系统安全管理与控制。

3. 系统策略配置

Windows 10 操作系统的本地安全策略主要包括账户策略、本地策略、高级安全 Windows Defender 防火墙、网络列表管理器策略、公钥策略、软件限制策略、应用程序控制策略、IP 安全策略、高级审核策略等。这些策略可以对登录到计算机系统的账号定义安全设置。Windows 10 系统管理员为本地资源、网络应用等进行设置以确保计算机系统安全,如限制用户密码设置的规范、通过账户策略设置账户安全性、通过锁定账户策略避免他人登录计算机、指派用户权限、限制用户使用应用程序、设置网络边界策略等。

设置本地安全策略的操作方法是选择"控制面板"→"管理工具"→"本地安全策略",本地安全策略的内容如图 5.2.9 所示。

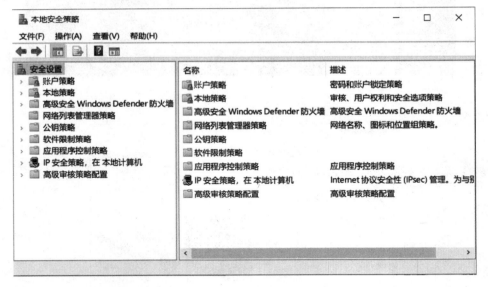

图 5.2.9　本地安全策略的内容

下面以本地安全策略的部分功能为例,介绍其操作方法。

1) 账户策略

Windows 10 用户账户使用密码对访问者进行身份验证,密码是区分大小写的各种字符的组合,包括小写字母、大写字母、数字及符号等,这样设置的密码难以被破解。在"安全设置"→"账户策略"中包括"密码策略"和"账户锁定策略"。其中"密码策略"设置密码的安全特性,包括"密码必须符合复杂性要求"确定密码是否符合复杂性要求,"密码长度最小值"确定密码中应包含字符的最小数目,"密码最短使用期限"确定用户使用一个密码必须过多长时间后才可以更改密码,"密码最长使用期限"确定用户使用密码多长时间后就必须更改密码,"强制密码历史"确定与某个用户账户相关的唯一新密码的数量,"用可还原的加密来储存密码"确定操作系统是否使用可还原的加密来储存密码。"账户锁定策略"设置账户锁定控制是否处于活动状态的特性,包括"账户锁定时间"确定锁定账户在自动解锁之前保持锁定的分钟数,"账户锁定阈值"确定导致用户账户被锁定的登录尝试失败的次数,"重置账户锁定计数器"确定在某次登录尝试失败之后将登录尝试失败计数器重置为 0 次错误登录尝试之前需要的时间,用于复位账户锁定计数器。

2)审核策略

Windows 10 提供广泛的安全审核功能。例如"审核登录事件"确定操作系统是否对尝试登录此计算机的用户或注销用户的每个实例进行审核;"审核对象访问"确定当对象已指定系统访问控制列表(SACL),是否要审核用户访问诸如文件、文件夹、注册表项、打印机等对象事件;"审核策略更改"确定是否要审核用户权限分配策略、审核策略或信任策略更改的每个事件;"审核账户管理"确定是否要审核设备上的账户管理的每个事件;"审核目录服务访问"确定是否要审核用户访问 Active Directory 对象事件。管理员可以指定是仅审核成功、仅审核失败、同时审核成功和失败、根本不审核这些事件。此外还包括审核账户登录事件、审核系统事件、审核特权使用、审核进程跟踪等内容。

此外,还包括如下安全策略:"用户权限分配"指定设备上具有登录权限或特权的用户或组;"安全选项"指定计算机的安全设置,如管理员和来宾账户名称、对软盘驱动器和CD-ROM 驱动器的访问权限、驱动程序的安装、登录提示等;"高级安全 Windows 防火墙"指定通过使用状态防火墙来保护网络设备的设置;"网络列表管理器策略"指定可用于配置网络如何在一台或多台设备上列出和显示许多不同方面的设置;"公钥策略"指定用于控制加密文件系统、数据保护、BitLocker 驱动器加密的设置以及某些证书路径和服务设置;"软件限制策略"指定用于标识软件并控制其在本地设备、组织单位、域或站点上运行能力的设置;"应用程序控制策略"指定用于控制用户或组可以根据文件的唯一标识运行特定应用程序的设置;"本地计算机上的 IP 安全策略"指定通过使用加密的安全服务来确保在 IP 网络上进行专用安全通信的设置;"高级审核策略配置"指定设备上控制在安全日志中记录安全事件的设置。

4. 系统防火墙配置

防火墙是用户计算机与 Internet、用户计算机与本地网络、两个不同的本地网络以及本地网络与 Internet 等不同网络之间的一道安全屏障。防火墙分为软件防火墙和硬件防火墙两种,Windows 10 操作系统防火墙属于软件防火墙。防火墙基于安全策略进行工作,安全策略会根据用户制定的一组规则,对来自本地网络或 Internet 中的信息进行检查,所有不符合规则的信息都将被阻止在防火墙外,防止用户计算机或本地网络受到来自外界网络的攻击或恶意软件的入侵。

启用和关闭防火墙的操作方法是选择"开始"→"控制面板"→"系统和安全"→"Windows Defender 防火墙",如图 5.2.10 所示。

图 5.2.10　Windows Defender 防火墙状态

　　单击左侧的"更改通知设置"或"启用或关闭 Windows 防火墙",进行通知设置及防火墙的关闭和打开。Windows 10 操作系统防火墙默认为自动启用,用户可根据实际需要手动取消通知设置及启用或关闭 Windows 防火墙,如图 5.2.11 所示。

图 5.2.11　启用或关闭 Windows 防火墙

单击左侧的"还原默认值",进行 Windows 防火墙还原设置。Windows 防火墙设置以后,某些程序无法正常与 Internet 通信,可以尝试通过恢复 Windows 防火墙的默认值来解决问题,如图 5.2.12 所示。

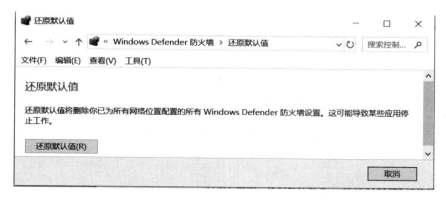

图 5.2.12　防火墙还原默认值

单击左侧的"高级设置",进行程序的出站、入站连接的更多控制。用户可以分别为不同的程序设置出站、入站连接,创建相应的出站、入站规则。在"高级设置"中可以临时禁止某个程序的出站规则,还可以根据不同需要随时修改出站、入站的规则,进行出站规则、入站规则、连接安全规则、监视等防火墙高级设置,如图 5.2.13 所示。出站规则与入站规则的设置方法基本相似。

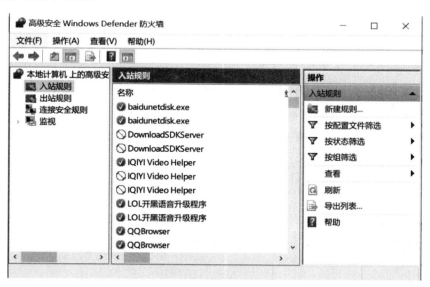

图 5.2.13　防火墙高级设置

利用 Windows 防火墙禁止用户在计算机中登录 QQ 进行 Internet 通信的出站规则,如图 5.2.14 所示。

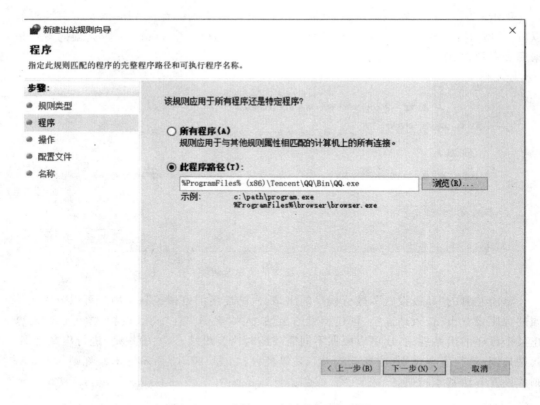

图 5.2.14　选择 QQ 应用程序及规则设置

5.2.3　Windows 操作系统文件安全

文件系统是操作系统用于明确存储设备或分区上文件的方法和数据结构,即在存储设备上组织文件的方法。操作系统中负责管理和存储文件信息的软件称为文件管理系统,简称文件系统。从系统角度来看,文件系统是对文件存储设备的空间进行组织和分配,负责文件存储并对存入的文件进行保护和检索的系统。具体地说,它负责为用户建立文件,存入、读出、修改、转储文件,控制文件的存取,当用户不再使用时撤销文件等。

1. 文件系统格式

文件系统格式是指存储文件的磁盘或分区的文件系统种类。Windows 系列操作系统的常用分区格式有 FAT 和 NTFS 两种形式,在最新的 Windows 10 操作系统中可以启用全新的 ReFS 弹性文件系统格式。

1) FAT

FAT 即文件配置表(File Allocation Table),是一种由微软公司早期开发的文件系统。FAT 文件系统考虑到当时计算机效能有限,因此未被复杂化,所以被几乎所有个人计算机的操作系统支持。这个特性使它成为理想的软盘和记忆卡文件系统,也适合用作不同操作系统中的数据交流。FAT 一般分为 FAT16 和 FAT32 两种形式。其中 FAT32 的优点是其分区格式的每个簇容量都固定为 4KB,相比 FAT16 提高了磁盘利用率。

2) NTFS

NTFS(New Technology File System)是一个基于安全性的文件系统,是 Windows NT 所采用的独特文件系统结构。其建立在保护文件和目录数据基础上,同时节省存储资源、减少磁盘占用量。NTFS 支持元数据,通过使用高级数据结构和提供若干附加扩展功能,便于改善性能、可靠性和磁盘空间利用率。NTFS 的优点是提供加密文件系统以提高文件安全性、提供磁盘压缩、支持最大达 2TB 的大硬盘、可以赋予单个文件和文件夹权限、在系统崩溃时使用日志文件和复查点信息自动恢复文件系统、支持活动目录和域、支持磁盘配额等。

3) ReFS

自微软公司为 Windows 操作系统定制和设计 NTFS 文件系统之后,用户的数据存储需求发生了巨大变化。微软公司于 2012 年开始尝试在 Windows 8.1 和 Windows Server 2012 中推出下一代 ReFS(弹性文件系统),以满足一些 NTFS 还无法满足的迫切需要。ReFS 的设计思路和理念是最大限度地保护数据的可靠性和可用性,即便存储设备发生物理故障。Windows 操作系统的文件系统也需要保持持续的可靠结构,以应对数据的海量激增。ReFS 的架构就是被设计为可存储大量数据,而不影响性能的弹性文件系统。ReFS 的特性是在卷上实时删除命名空间中损坏的数据或直接实现联机修复,保证数据的可用性;适用于存储 PB 级甚至更海量的数据而不影响性能,可伸缩性和扩展性很好;ReFS 中有 Scrubber 完整性扫描,会定期执行卷扫描,从而识别潜在损坏并主动触发损坏数据的修复操作,具有主动纠错能力。

2. NTFS 文件及文件夹权限

资源是对操作系统中不同类型对象的统称,具体包括文件、文件夹、打印机、系统服务和注册表等。文件和文件夹是用户最常访问和处理的资源类型,权限配置是保护文件和文件夹的安全方法之一。其中 NTFS 文件系统提供了为文件资源设置权限的功能,可以为文件和文件夹设置权限、审核文件和文件夹的访问,可以通过权限控制哪些用户访问哪些资源。

基于 NTFS 文件系统提供了文件资源权限的功能,Windows 操作系统可以实现文件和文件夹的权限设置,权限是指用户或用户组对文件、文件夹以及其他资源进行访问和操作的能力。在 NTFS 文件系统下,存储的每个文件和文件夹都有一个与其对应的访问控制列表(Access Control List,ACL)。访问控制列表包括可以访问该文件或文件夹的所有用户账户、组账户以及访问类型。操作系统启动后用户登录成功时,它为用户创建一个访问令牌,其中包括用户的安全标识符(SID)、用户所属的用户组 SID 以及用户权限等为该用户分配的有关访问级别的信息。当用户访问一个文件或文件夹时,系统就会检查用户的访问令牌是否已经获得访问该对象并完成所需任务的授权。例如,可以授权一个用户读取文件内容的权限,授权另一个用户修改文件内容的权限,同时阻止其他用户访问该文件。

1) 文件及文件夹权限类型

Windows 操作系统的权限分为基本权限和高级权限两大类,基本权限与高级权限的关系如表 5.2.2 所示。

表 5.2.2　基本权限与高级权限的关系

基本权限	高级权限	说　明
读取	列出文件夹/读取数据	列出文件夹权限允许或拒绝用户查看文件夹中的文件及子文件夹,该权限只适用于文件夹;读取数据权限允许或拒绝用户查看文件中的内容,该权限只适用于文件
	读取属性	允许或拒绝用户查看文件和文件夹的基本属性,如只读或隐藏属性
	读取扩展属性	允许或拒绝用户查看文件或文件夹的扩展属性,扩展属性由程序定义,不同的程序其扩展属性可能并不相同
	读取权限	允许或拒绝用户查看文件或文件夹的权限
写入	创建文件/写入数据	创建文件权限允许或拒绝用户在文件夹中创建新文件,该权限只适用于文件;写入数据权限允许或拒绝用户更改或覆盖文件内容,但不能添加新内容,该权限只适用于文件
	创建文件夹/附加数据	创建文件夹权限允许或拒绝用户在文件夹中创建子文件夹,该权限只适用于文件夹;附加数据权限允许或拒绝用户在文件夹末尾添加新内容,但是不能更改、覆盖或删除已有内容,该权限只适用于文件
	写入属性	允许或拒绝用户更改文件和文件夹的基本属性,如只读或隐藏属性
	写入扩展属性	允许或拒绝用户更改文件或文件夹的扩展属性,扩展属性由程序定义,不同的程序其扩展属性可能并不相同
读取和执行/列出文件夹内容	读取权限对应的所有高级权限	包括列出文件夹/读取数据、读取属性、读取扩展属性和读取权限4个高级权限
	遍历文件夹/执行文件	遍历文件夹权限允许或拒绝用户访问文件夹中的文件和子文件夹,即使没有明确为文件夹授予读取数据权限,该权限只适用于文件夹;执行文件权限允许或拒绝用户运行可执行文件,该权限只适用于文件
修改	读取权限对应的所有高级权限	包括列出文件夹/读取数据、读取属性、读取扩展属性和读取权限4个高级权限
	写入权限对应的所有高级权限	包括创建文件/写入数据、创建文件夹/附加数据、写入属性和写入扩展属性4个高级权限
	删除	允许或拒绝用户删除文件或文件夹,如果文件夹中包含文件和子文件夹,而用户未被授予对这些文件和子文件夹的删除权限,用户将无法删除这些内容,除非在这些内容的父文件夹中对用户授予删除子文件夹及文件权限
完全控制	上面列出的所有高级权限	包括读取、写入、读取和执行以及列出文件夹内容4个权限对应的高级权限
	删除子文件夹及文件	允许或拒绝用户删除文件夹中包含的子文件夹和文件,即使没有明确为子文件夹和文件授予删除权限也可以删除
	更改权限	允许和拒绝用户更改文件或文件夹的权限
	取得所有权	允许或拒绝用户获得文件或文件夹的所有权,管理员组中的成员可以随时获得文件或文件夹的所有权

2) 文件及文件夹权限规则

权限规则有助于正确配置文件和文件夹的权限,需要注意以下内容。

(1) 用户对文件或文件夹拥有的权限等于用户自身拥有的权限和用户所属的每一个用户组所拥有权限的总和,即权限的叠加原则。

(2) 显示权限高于继承权限。显示权限是指用户手动设置的权限,继承权限则是指从父对象继承而来的权限。继承权限可以避免权限设置过程当中的重复操作。

（3）权限按照文件层次结构由高到低的顺序进行设置，在父文件夹中设置的权限会自动传播到其内部包含的文件和子文件夹中。

（4）拒绝权限高于允许权限。允许表示授予用户拥有某种权限，拒绝则表示阻止用户拥有某种权限。

（5）权限应使用组来集中管理单一用户的权限，首先考虑将权限赋予用户组，而不是单一的用户，只要加入同一组的用户，都将自动获得该组所拥有的权限。

（6）尽量避免修改磁盘分区根目录的默认权限。更改磁盘分区根目录的默认权限配置可能会导致文件夹和文件的访问问题，降低系统安全性。

（7）不要为文件和文件夹添加 Everyone 组并为其设置拒绝权限。如果 Everyone 组设置拒绝权限，那么包括管理员及创建用户在内的所有用户都将无法访问该文件和文件夹。

（8）权限分配最小化，就是为用户分配其所需要的权限。这种分配权限方式便于为用户的权限进行管理，可以确保不会为用户分配过多不需要的权限。

　3）文件及文件夹权限设置

无论设置基本权限还是高级权限，负责设置权限的用户必须为其设置权限的文件或文件夹的所有者，或已被所有者授予执行该操作的权限。设置文件和文件夹权限的操作方法是右击该文件或文件夹，然后在弹出的快捷菜单中选择"属性"命令，打开文件或文件夹的属性对话框，切换到"安全"选项卡，"组或用户名"列表中列出针对于当前文件和文件夹设置权限的用户或用户组，如图 5.2.15 所示。

图 5.2.15　查看指定用户或用户组的权限

选择一个用户或用户组后,在下方的列表框中显示该用户或用户组对当前文件或文件夹所拥有的权限,设置基本权限要单击"编辑"按钮,用户在文件或文件的权限列表中,依据实际需要,在权限列表当中选择所需要的基本权限,如图 5.2.16 所示。

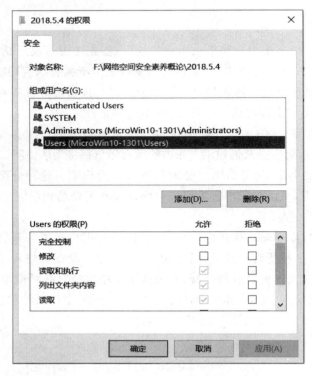

图 5.2.16　设置文件或文件夹的基本权限

设置高级权限要单击"高级"按钮,用户选择用户或用户组后,再单击"添加"按钮,选择主体,在"高级权限"列表中,依据实际需要选择所需要的高级权限,如图 5.2.17 所示。

3. EFS 加密文件或文件夹

加密是通过对内容进行编码来增强文件安全性的一种保护方式,Windows 10 操作系统提供了 EFS 加密文件系统功能。文件或文件夹使用 EFS 加密后,用户操作加密和解密过程非常简单,使用加密前后的文件和文件夹不会有区别,授权用户在访问加密文件时,不需要手动对文件进行解密,就可以直接使用加密文件,当其他用户要访问 EFS 加密的文件或文件夹时,需具有加密文件或文件夹的 EFS 证书和密钥才能访问加密文件,否则系统将会拒绝这些用户对加密文件的访问。EFS 加密的是文件夹,但加密效果最终会作用在文件夹中的文件上。进行 EFS 加密的文件或文件夹所在的磁盘分区必须是 NTFS 文件系统。另外,文件和文件夹启用 EFS 加密后,用户无须担心将加密后的文件和文件夹移动到计算机的其他位置、外部存储设备或其他计算机中时文件的加密会失效。其他用户在进行移动或复制时系统会禁止用户进行非授权的移动或复制操作。

使用 EFS 功能加密文件或文件夹时,Windows 10 操作系统首先会针对当前用户自动生成一对公钥和私钥组成的密钥,然后生成 FEK(文件加密密钥),使用 FEK 和加密算

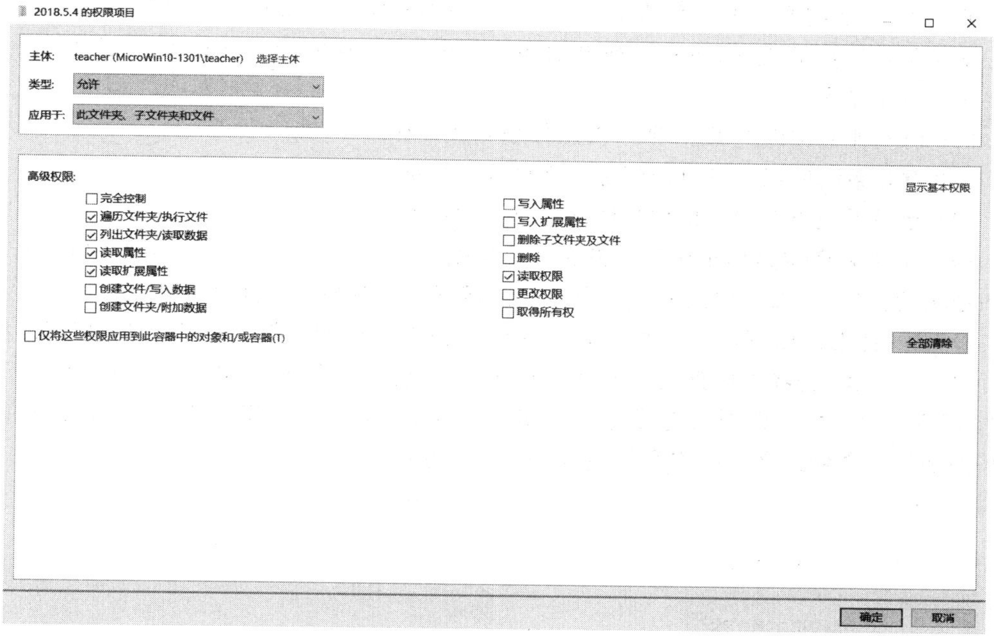

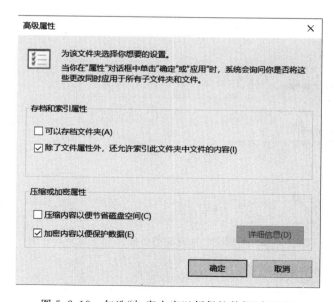

图 5.2.17　设置用户的高级权限

法对要加密的文件进行加密,再使用系统用户的公钥加密 FEK,删除 FEK 及原始文件或文件夹;用户解密 EFS 加密的文件时,系统用户使用私钥解密加密过的 FEK。使用 FEK 和解密算法解密文件或文件夹的具体操作是右击要加密的文件或文件夹,在弹出的快捷菜单中选择"属性"命令,在"常规"选项卡中单击"属性"进入"高级属性"界面,勾选"加密内容以便保护数据"复选框,如图 5.2.18 所示。

图 5.2.18　勾选"加密内容以便保护数据"复选框

使用 EFS 加密文件和文件夹后，EFS 加密证书和密钥的管理则显得很重要，为了可以正常访问加密后的文件，通常需要及时备份 EFS 证书和密钥。备份 EFS 证书和密钥主要用于以下情况。

（1）访问加密文件的 EFS 证书被意外删除或损坏。

（2）重装系统后仍然可以访问加密文件或文件夹。

（3）允许系统指定的其他用户访问加密文件或文件夹。

EFS 证书和密钥是用于访问加密文件的凭据。Windows 10 提供了多种备份 EFS 证书和密钥的方法，可以使用证书导出向导、使用管理文件加密证书向导或使用证书管理器来备份 EFS 证书。以下选择一种方法说明 EFS 证书和密钥的管理。首先在"控制面板"的"用户账户"中，选择左侧列表中的"管理文件加密证书"，实现证书和密钥的备份。备份好的 EFS 证书和密钥需要妥善保管，在出现上述问题的情况下，可以恢复 EFS 证书和密钥来保证加密文件或文件的安全使用，如图 5.2.19 所示。

图 5.2.19　管理文件加密证书之备份 EFS 证书和密钥

4. BitLocker 加密系统硬盘

EFS 加密文件系统只能对文件或文件夹进行加密，一旦计算机丢失或被盗，计算机系统的硬盘驱动器存储的数据将会很容易受到非法访问、数据泄露或破坏。可以使用

BitLocker 驱动器加密技术对硬盘驱动器中指定的磁盘分区及 USB 移动存储设备进行全盘加密,加密后将作用于指定磁盘分区或设备中的所有文件和文件夹。Windows 10 提供了 BitLocker 和 BitLocker To Go 两种功能,可以对计算机系统的硬盘或 USB 移动存储设备进行加密,即使 BitLocker 加密后的硬盘和 USB 移动存储设备被人盗取,也无法获取其中的数据文件。

1) 对非系统分区启动 BitLocker 加密

一般用户都将文件或文件夹建立在非系统分区的磁盘驱动器上,对这样的分区启动 BitLocker 加密的方法是在"文件资源管理器"中,右击要启用 BitLocker 加密的非系统分区,在弹出的快捷菜单中选择"启用 BitLocker"命令,打开的对话框如图 5.2.20 所示。

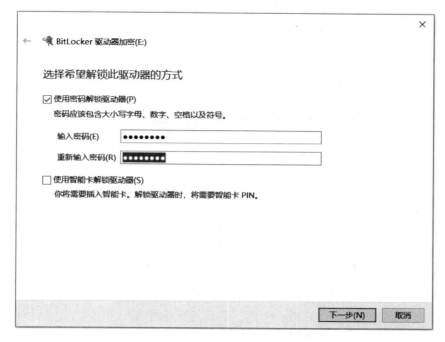

图 5.2.20　为非系统分区启动 BitLocker 加密

在图 5.2.20 所示的对话框中可以选择"使用密码解锁驱动器"或"使用智能卡解锁驱动器"两种方式,再保存用于恢复 BitLocker 加密时使用的密钥,将密钥存储在安全的存储位置后进行硬盘驱动器的加密过程。一般非系统分区 BitLocker 加密后,在文件资源管理器中可看到经过加密的非系统分区图标上有一个锁头的标记。当用户不需要启用 BitLocker 加密的非系统分区时,可以在文件资源管理器中进入"管理 BitLocker",关闭 BitLocker 加密驱动器的功能。

2) 对 USB 移动存储设备启动 BitLocker 加密

USB 移动存储设备具有小巧、方便等特点,但 USB 移动存储设备更容易丢失,其中存储的数据也更容易泄露。Windows 10 中的 BitLocker To Go 技术可对 USB 移动存储设备进行全盘加密,从而有效保护 USB 移动存储设备中数据的安全。

BitLocker To Go 技术只适用于 UBS 移动存储设备加密。对 USB 移动存储设备进行加密时,要设置密码和恢复密钥,以后每次访问加密后的 USB 移动存储设备时都需要输入密码。如果忘记密码,则需要提供恢复密码进行解密。

　　将待加密的 USB 移动存储设备连接到计算机的 USB 接口上,右击 USB 移动存储设备驱动器图标,在弹出的快捷菜单中选择"启用 BitLocker"命令;也可以在"控制面板"窗口中单击"系统和安全"链接,再单击"BitLocker 驱动器加密",选择要加密的 USB 移动存储设备后,在展开的列表中选择"启用 BitLocker"。注意,在加密的过程中不要断开 USB 移动存储设备与计算机的连接,否则会损坏 USB 移动存储设备。USB 移动存储设备启动 BitLocker To Go 加密如图 5.2.21 所示。

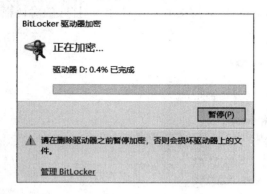

图 5.2.21　USB 移动存储设备启动 BitLocker To Go 加密

　　经过 BitLocker To Go 加密的 USB 移动存储设备会在驱动器图标上显示锁头标记。如果显示锁头标记为打开,表示当前处于解锁状态;如果显示锁头标记为关闭,表示当前处于锁定状态。解锁 BitLocker To Go 加密的 USB 移动存储设备的方法是在资源管理器中双击处于锁定状态的 USB 移动存储设备驱动器,在打开的界面中输入加密时设置的密码即可解锁 USB 移动存储设备,如图 5.2.22 所示。

图 5.2.22　USB 移动存储设备解锁时输入密码

5. 文件的云存储应用

　　文件备份与恢复也是保护文件数据安全的重要方法之一。伴随着文件数据量的加大,用户实现本地数据备份成为影响系统性能的重要因素,操作系统通过对网络资源文件的管理,以云计算和大数据为依托的云存储功能,为文件数据备份提供了很好的支撑。云存储是指通过集群应用、网格技术或分布式文件系统等功能,使网络中大量各种不同类型的存储设备通过应用软件集合起来协同工作,共同对外提供数据存储和业务访问功能,保证数据的安全性,节约存储空间。云存储是将储存资源放到云服务器上供用户存取的一种新兴方案,用户可以在任何时间、任何地方,通过任何网络设备连接到云服务器上方便地存取数据。

Windows 10 系统中自带的 OneDrive 功能可以提供云存储服务,为文件数据备份提供了良好的应用。OneDrive 功能分为网页版和桌面版两种方式存储数据。其中网页版的 OneDrive 只要正常使用网页浏览器就可以访问,而桌面版的 OneDrive 则是集成在 Windows 10 操作系统中。

使用 OneDrive 功能必须有一个 Microsoft 账户,使用这个系统账户登录,用户可以通过在 OneDrive 上创建文件夹、将文件上传到指定的存储路径、设置 OneDrive 资源文件共享等多种功能完成重要文件或文件夹资源的安全管理。其中桌面版 OneDrive 的界面如图 5.2.23 所示。

图 5.2.23　桌面版 OneDrive 的界面

5.3　移动终端操作系统安全

移动互联网的迅猛发展导致智能终端的数量急剧增加,功能也日益增强。伴随着终端智能化及网络宽带化的趋势,移动互联网业务层出不穷,日益繁荣。但作为业务载体的智能终端却面临各种安全威胁,如恶意订购、盗取账户、监听通话等。与此同时,智能终端越来越多地涉及商业秘密和个人隐私等敏感信息,智能终端作为移动互联网业务最主要的载体,面临着严峻的安全挑战。目前,智能终端操作系统比较繁多,内在的安全机制差异也很大,不同厂商的智能终端面临的安全风险截然不同。本节主要介绍 Android 操作系统、iOS 操作系统的安全机制及常规安全应用。

5.3.1　Android 操作系统安全

Android 平台是一种以 Linux 与 Java 为基础的开放源代码操作系统,是一款广受用户喜爱的开放式操作系统,在全球范围内拥有众多用户,无论是手机厂商还是个人开发者都可以在 Android 标准操作系统的基础上进行定制。正是由于此项特性,使得 Android 成为广受欢迎的移动终端操作系统。最初的 Android 操作系统由 Andy Rubin 开发,被谷歌公司收购后由谷歌公司和开放手机联盟共同领导,目前主要支持手机与平板电脑等移动设备。

1. Android 平台系统架构

Android 平台在系统架构上分为多个层次,其中比较重要的有应用层、应用程序框架层、系统运行库层和 Linux 内核层。

(1) 应用层:即直接为用户提供服务的应用软件,包括 Android 系统自带的系统应用和由开发者开发的第三方应用,如智能手机主界面、联系人、浏览器等。

(2) 应用程序框架层:Android 系统的核心部分,由多个系统服务组成。作为所有应用运行的核心,为应用层的软件和操作提供接口和支撑,包括活动管理器、窗口管理器、资源管理器、通知管理器、包管理器、电话管理器等。

(3) 系统运行库层:由系统运行库和 Android 运行时共同组成。系统运行库是应用程序框架的支撑,包括界面管理器、媒体框架、SQLit 等。Android 运行时采用 Java 语言编写,应用程序在系统运行时依赖于核心库和 Dalvik 虚拟机。

(4) Linux 内核层:Android 系统的最底层,主要向上层提供驱动服务,如显示驱动、闪存驱动等。依托开源的 Linux 内核,Android 系统拥有丰富的功能和可移植性。

2. Android 平台安全特性

在安全方面,Android 采用的是与其开放性背道而驰的机制——封闭,其安全特性体现在:

(1) 防护丢失和被盗是智能手机用户所面临的安全问题,保证手机和数据安全的最简单方式之一就是锁屏。Android 推出了功能强大、操作简单的 Smart Lock 智能锁屏。同时利用蓝牙配对、NFC 等方式实现解锁,在保护手机的同时也方便获取所需的信息。

(2) Android 启用加密默认选项,这种加密机制会在新手机首次启动时,利用绑定设备且外部无法访问的唯一键,对设备的所有数据进行加密。

(3) Android 强制采用 SELinux(Security Enhanced Linux)模式,SELinux 是以最小权限原则为基础的 Linux 安全子系统,为 Android 在应用沙箱的基础上带来更底层的安全,让用户审计和监控更加简单。

3. Android 平台安全模型

Android 平台安全模型在应用层面使用显式定义和经用户授权的应用权限控制机制，系统化地规范并强制各类应用程序的行为准则与权限许可；引入应用程序签名机制，定义应用程序之间的信任关系与资源共享的权限。从技术架构角度来看，Android 平台安全模型基于强健的 Linux 操作系统内核的安全性，通过进程沙箱机制隔离进程资源，并且辅以独特的内存管理技术与安全高效的进程间通信机制，适应嵌入式移动端处理器性能与内存容量的限制。

Android 平台安全模型主要提供以下几种安全机制。

（1）进程沙箱隔离机制：Android 应用程序在安装时被赋予独特的用户标识 UID，并且永久保持。应用程序及其运行的 Dalvik 虚拟机运行在独立的 Linux 进程空间，与其他应用程序完全隔离。在特殊情况下，进程间可以存在相互信任关系，如源自同一开发者或同一开发机构的应用程序，通过 Android 提供的共享 UID 机制，使具备信任关系的应用程序可以运行在同一进程空间。

（2）应用程序签名机制：规定 APK 文件必须被开发者进行数字签名，以便标识应用程序作者和应用程序之间的信任关系。在安装应用程序 APK 时，Android 系统程序首先检查 APK 是否被签名，有签名才能安装。当应用程序升级时，需要检查新版应用的数字签名与已安装的应用程序的签名是否相同，否则被当作一个新的应用程序。Android 开发者有可能把安装包命名为相同的名字，通过不同的签名区分，同时也保证签名不同的包不被替换，防止恶意软件替换安装的应用。

（3）权限声明机制：要想在对象上进行操作，需要把权限与此对象的操作进行绑定。不同级别要求应用程序行使权限的认证方式也不一样，Normal 级只要申请就可以使用，Dangerous 级需要安装时由用户确认，Signature 和 Signatureor system 级则必须是系统用户才可以使用。

（4）访问控制机制：传统的 Linux 访问控制机制确保系统文件与用户数据不受非法访问。

（5）进程通信机制：基于共享内存的 Binder 实现，提供轻量级的远程进程调用（RPC）。通过接口描述语言（AIDL）定义接口与交换数据的类型，确保进程间通信的数据不会溢出越界。

（6）内存管理机制：通过独特的低内存管理机制，将进程的重要性分级、分组，当内存不足时，自动清理级别进程所占用的内存空间。同时引入的匿名共享内存机制，使得 Android 具备清理不再使用共享内存区域的能力。

4. Android 平台安全功能

Android 是一个基于 Linux 内核的系统，像传统的 Linux 系统一样，Android 也有用户的概念。只不过这些用户不需要登录就可以使用 Android 系统。Android 系统将每一个安装在系统的 APK 都映射为一个不同的 Linux 用户，而每一个 APK 都有一个对应的 UID 和 GID，这些 UID 和 GID 在 APK 安装的时候由系统安装程序分配。

1）Android 平台获取 Root 权限

Root 权限属于系统权限的一种，Root 是 Linux 和 UNIX 中的超级管理员用户账户。

Android 系统是基于 Linux 内核开发的操作系统,所以在 Android 操作系统中 Root 权限也是最高的权限,类似于 Administrator 在 Windows 系统中的超级管理员账户拥有的最高权限。获取 Root 权限就可以对 Android 操作系统所有对象进行操作,可以访问和修改移动终端几乎所有的文件,因此很多黑客在入侵系统时,都要把权限提升到 Root 权限。

　　Root 权限往往被视为一种黑客技术,因为在手机厂商生产手机的时候并没有开放 Root 权限,这样主要是为了保障操作系统的安全。除了个别品牌手机开放 Root 权限外,其他大部分品牌手机的 Root 权限获取都需要借助于系统的漏洞来实现。Root 权限获取的基本原理就是利用系统漏洞,将 su 程序和 Android 管理应用复制到/system 分区,并用 chmod 命令为其设置可执行权限和 Setuid 权限。为了让用户可以控制 Root 权限的使用,防止其被未经授权的应用调用,通常有一个 Android 应用程序来管理 su 程序。

　　虽然 Root 能为部分用户带来使用时的便利,但同时也会带来部分安全隐患。如病毒将绕过 Android 系统的权限限制,直接在 Root 权限下运行。下面介绍获取 Root 权限的优点、缺点及获取方法。

　　(1) 获取 Root 权限的优点。

- 可以对手机系统进行任意的操作,可以备份系统。
- 可以修改系统的内部程序,使系统更加符合用户需求。
- 可以将安装在手机中的应用程序转移到 SD 卡上,减轻手机负担。
- 可以删除后台无用程序,增加手机运行内存,加快手机运行速度。
- 可以替换系统内的文件或者安装开发者修改好的安装程序,修改手机的开机画面、导航栏、通知栏、字体等。
- 可以刷入第三方的镜像文件,对手机进行刷机、备份等操作。
- 可以汉化手机系统,使系统使用中文显示,以便符合用户的习惯。

　　(2) 获取 Root 权限的缺点。

- 用户可能会误删系统自带软件,导致手机系统崩溃。
- 随意授予软件管理权限可导致手机资料泄露。
- 不能进行 OTA 升级,也不能享受保修服务。
- 会增大被攻击者攻击的概率。

　　(3) 获取 Root 权限的方法。

　　要获取 Android 平台的 Root 权限,可以通过刷机精灵中的"一键 Root"和"一键安全 Root"来实现。现在"一键 Root"的软件很多,并不是每一款都是安全的。使用第三方软件进行"一键 Root"操作,很可能被第三方软件攻击。为了避免"一键 Root"使用时给 Android 平台带来危害,用户可以从以下几方面入手。

- 使用计算机的 Root 软件进行"一键 Root",如刷机精灵等工具。
- 不用来历不明的渠道下载应用,一定要选择官方认证的应用版本下载。
- 不下载来历不明的 ROM 包,应在带有 ROM 安全检测的 ROM 市场下载 ROM。
- 安装应用需要获取权限时应当禁止,如提示用户获取位置信息,短信权限等。

　　2) Android 平台备份保护数据

　　为了防止手机等移动终端存储的数据丢失或者遭到破坏,用户可以通过备份的方式将 Android 平台的数据转存到其他地方。这样 Android 平台的数据即使丢失或遭到破坏,用户也可以很快地将数据复原,避免因数据丢失或遭到破坏带来损失。

（1）手动备份。

手动备份的方法很简单,用户将手机与计算机用数据线连接起来,然后用计算机就可以直接读取手机中存储的数据。这样就可以将手机中的数据备份到计算机硬盘上,也可以把手机中的数据存储到计算机的网络云盘中,使之更加安全。

将手机中的数据备份到计算机硬盘的过程是:首先使用数据线将手机与计算机连接起来,如果手机是首次连接计算机,那么还需要等待计算机安装驱动程序。驱动程序安装完成后,手机系统会提示手机已经通过 USB 连接到计算机。这里选择"传输文件"或"传输照片"就可以实现手机终端的数据备份,如图 5.3.1 所示。

图 5.3.1　手机通过 USB 连接计算机时操作

在计算机中,用户可以看到计算机硬盘的存储信息,在"有可移动存储的设备"或"便携设备"一栏中可以看到一个存储磁盘的名称,这就是用户手机中的 SD 卡。双击可查看 SD 卡中的存储信息,选择要复制的数据就可以实现备份。例如要把 SD 卡中的照片备份到计算机上,就可以找到存储照片的 DCIM 文件夹。将 DCIM 文件夹复制后,在计算机硬盘中创建一个存放备份的文件夹后将这些照片粘贴即可,如图 5.3.2 所示。

图 5.3.2　计算机中的 DCIM 文件夹复制

（2）第三方软件备份。

除可以对手机数据进行手动备份外，还可以借助第三方软件进行备份。这种情况的备份操作只需在计算机和手机上安装相应的备份软件即可，如图 5.3.3 所示。

图 5.3.3　第三方软件备份

3）Android 平台其他安全功能

- 电话拦截。现在有很多骚扰电话或恶意吸费电话，Android 提供给用户电话拦截的接口。Android 早期版本开放 endCall API，后续版本 Android 不开放这个 API。目前通过借助 Java 的反射机制可以调用 endCall API。

- 短信发送和拦截。Android 提供短信拦截功能进行垃圾短信过滤。Android 接收短信以广播方式进行，程序在 Manifest. xml 中增加接收 SMS 的权限"＜uses-permission android：name ＝ android. permission. RECEIVE_SMS＞＜uses-permission＞"即可拦截。

- 网络监控。Android 采用 Linux 中的 tcpdump 实现抓包功能，使用软件工具对捕获的数据包文件进行数据分析，如网络抓包窃取用户明文传输的口令。

- Android 防火墙。防火墙只允许合法的网络流量进出系统，而禁止其他任何网络流量。Netfilter/Iptables IP 包过滤系统是 Linux 支持的一种功能强大的工具，通过添加、编辑和除去各种过滤规则决定数据包是否可以通过防火墙。

5.3.2 iOS 操作系统安全

iOS 是苹果公司开发的移动操作系统。苹果公司最早于 2007 年 1 月 9 日的 Macworld 大会上公布这个系统,最初设计是给 iPhone 使用的,后来陆续套用到 iPod touch、iPad 以及 Apple TV 等产品上。相对于 Android 系统,iOS 操作系统封闭的开发环境和比较完善的安全机制使整个系统受攻击的概率大大缩小,可以较好地保护用户的数据,避免恶意软件的侵害,多年来获得很多用户的信赖。尽管如此,基于 iOS 移动终端的安全事件也时有发生。

1. iOS 平台系统架构

iOS 的系统架构分为 4 个层次,分别是核心操作系统层(Core OS Layer)、核心服务层(Core Services Layer)、媒体层(Media Layer)和可触摸层(Cocoa Touch Layer)。

(1) 核心操作系统层(Core OS Layer):位于 iOS 框架的最底层,提供最低级、系统级的服务,主要包含内核、文件系统、网络基础架构、安全管理、电源管理、设备驱动、线程管理、内存管理等。

(2) 核心服务层(Core Services Layer):提供诸如字符串管理、集合管理、网络操作、URL 实用工具、联系人管理、偏好设置等服务。此外,还提供很多基于硬件特性的服务,如 GPS、加速仪、陀螺仪等。

(3) 媒体层(Media Layer):依赖于 Core Services Layer 提供的服务来实现与图形和多媒体相关的功能,包含 Core Graphics、Core Text、OpenGL ES、Core Animation、AVFoundation、Core Audio 等与图形、视频和音频相关的功能模块。

(4) 可触摸层(Cocoa Touch Layer):直接向 iOS 应用程序提供各种服务。其中,UIKit 框架提供各种可视化控件,如窗口、视图、视图控制器与各种用户控件。此外,UIKit 也定义应用程序的默认行为和事件处理结构。

2. iOS 平台安全机制

目前广泛使用的 iOS 相对于 Mac OS 精简了很多功能,因此很大程度上减少 iOS 系统的受攻击面。随着 iOS 的更新换代,它也不断融入新的安全机制。在 iOS 众多安全机制中,具有代表性的有权限分离、强制代码签名、地址空间随机布局和沙箱。

(1) 权限分离:用户在执行 iOS 大部分应用程序(如 Safari 浏览器、邮件或从 AppStore 下载的应用)时,身份被维持在权限较低的 Mobile 用户,而系统比较重要的进程则是由 UNIX 最高权限的 Root 用户来执行。在这样的限制下,当权限较低的应用程序遭受攻击时,尽管执行恶意代码,产生的危害效果也非常有限。

(2) 强制代码签名:iOS 所有应用的可执行文件和类库都必须经过可信赖机构(通常为经过苹果公司认证的企业机构)的签名才会被允许在内核中运行。代码签名的存在使得恶意程序成功执行的难度大大提高,也有效地防御了漏洞攻击。

(3) 地址空间随机布局:iOS 可执行文件、动态链接文件、库文件和堆栈内存地址都是随机的。通过让对象在内存中的位置随机布局来防御攻击代码。在这种情况下,攻击者必须获得准确的内存地址执行攻击代码,从而增加漏洞利用的难度。

(4) 沙箱(Sandbox):iOS 应用程序在运行时,所有操作都会被隔离机制严格限制,与其他应用相隔绝地运行。沙箱机制功能限制的内容主要包括：无法突破应用程序目录之外的位置；无法访问系统其他进程；无法直接使用任何硬件设备；无法生成动态代码等。

综上所述，iOS 因拥有强大的安全机制被认为是安全性极高的系统，但 iOS 也并不是绝对安全的。历史上很多安全事件都对 iOS 进行过成功攻击，这些攻击造成上传用户信息、应用内弹窗、非授权执行等危害。

3. iOS 平台安全功能

苹果设备使用 iOS 操作系统，为保证系统自身的安全，限制用户存储读写的行为。用户读写受到限制后，感觉自己的行为被束缚，而解除限制就像越狱一样变得十分自由。破解 iOS 操作系统的读写权限限制称为越狱。越狱后的苹果设备可对系统底层的存储进行读写操作，用户可以免费使用破解后的 App Store 软件的应用程序，但破解 iOS 操作系统会存在安全问题，实际使用中不提倡这种不安全的做法。

同时 iOS 平台中还内置很多其他安全功能，下面以 iOS 12.1.4 版本为例进行介绍。

1）iOS 平台数据备份与恢复

iOS 平台的数据备份和恢复有两种方式：一种是利用苹果手机自带的 iCloud 功能备份和恢复数据；另一种是通过第三方软件的方式备份和恢复数据。

（1）iCloud 备份与恢复数据。

在苹果手机主界面"设置"中找到 iCloud 功能标签，单击 iCloud 标签进入 iCloud 设置界面。首次进入 iCloud 设置界面时，需要输入用户 Apple ID 和密码。输入完成后单击"登录"按钮，进入 iCloud 管理存储空间，选择"备份"标签，对手机数据进行备份，如图 5.3.4 所示。当需要恢复数据时，可使用 iCloud 备份实现数据恢复。

图 5.3.4　iCloud 中的数据备份

（2）iTunes 备份与恢复数据。

打开 iTunes，使用手机数据线将手机与计算机连接，iTunes 会自动扫描到移动设备，iTunes 扫描移动设备后，实现对手机存储数据的管理，同时可查看手机的基本信息。在"备份"界面中，可将手机数据备份到计算机中，如图 5.3.5 所示。

图 5.3.5　iTunes 中的数据备份

除了 iTunes 外，还可以用 91 助手备份等第三方工具实现 iOS 操作系统数据的备份与恢复。

2）设置 iOS 应用访问权限

在苹果手机主界面"设置"中进入"通用"选项，在"访问限制"选项中启用访问限制，一般在启用功能前需要设置访问限制的密码，开启访问限制功能后，对手机安装的应用程序设定访问限制，默认情况下应用程序都是允许访问的，可以依据实际情况将不需要的访问关闭。图 5.3.6 所示为设置"安装应用"的访问限制功能。

3）禁止应用程序访问通讯录

手机通讯录是系统的重要数据，可以设置禁止应用程序访问通讯录来保障手机通讯录数据的安全。主要设置过程是：在"设置"界面中，选择"隐私"选项，进入"通讯录"，设置当前可访问手机通讯录的应用程序，设置右侧的开关按钮限制哪些应用程序对手机通讯录的访问，如图 5.3.7 所示。

4）设置 Touch ID 与密码

Touch ID 是指纹识别密码的一种功能，苹果把用户的指纹数据存放在处理器的安全区域中，用于保护用户的数据安全。主要设置过程是：在"设置"界面中，选择"Touch ID 与密码"选项，进入时需要输入密码，进入"Touch ID 与密码"进行指纹录入（建议录入两个以上的指纹），并选择 Touch ID 用于系统的主要功能，如图 5.3.8 所示。

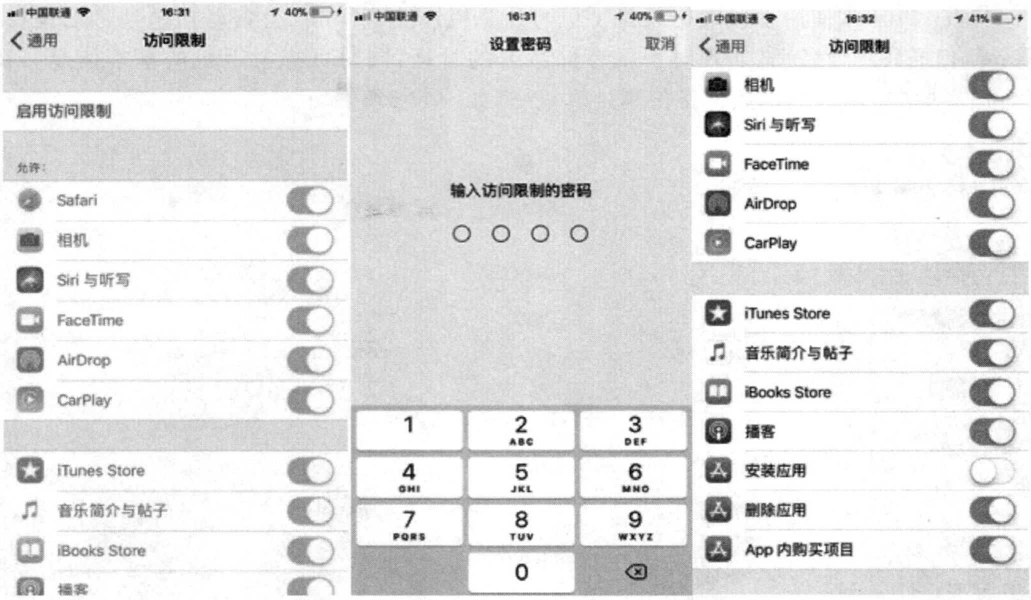

图 5.3.6 设置“安装应用”的访问限制功能

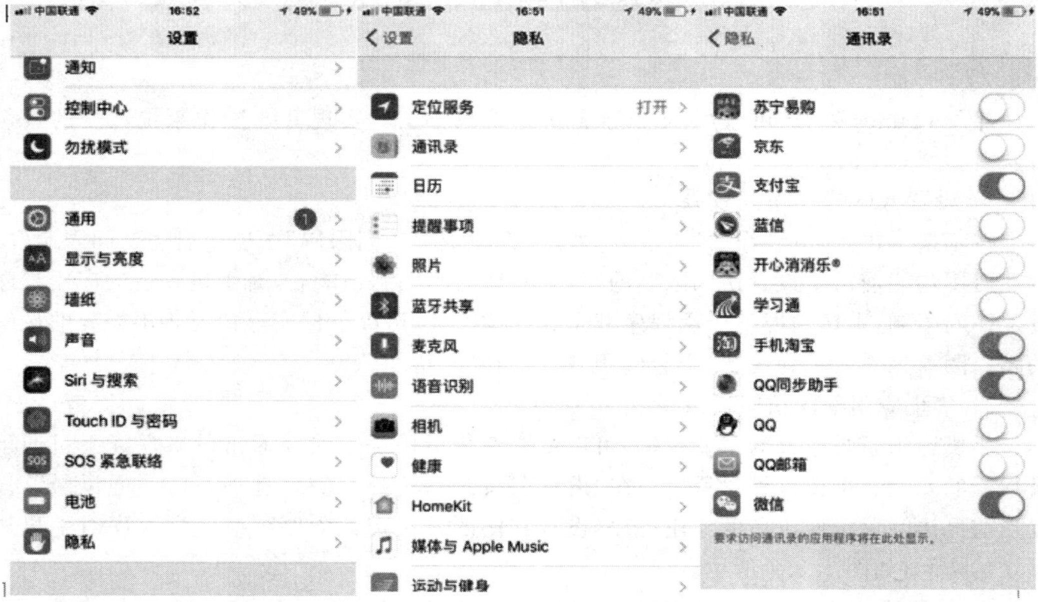

图 5.3.7 设置禁止应用程序访问手机通讯录

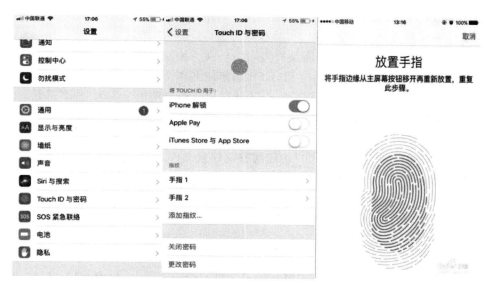

图 5.3.8　设置 Touch ID 与密码

课 后 习 题

一、选择题

1. 以下说法属于 Windows 操作系统安装安全的是(　　)(多选题)。

    A. 全新纯净版安装　　　　　　　　B. 选择适合的、正版的操作系统

    C. 安装于独立分区　　　　　　　　D. 进行最小化安装

2. Windows 10 操作系统常用账户类型包括(　　)(多选题)。

    A. 来宾账户　　　　　　　　　　　B. 网络账户

    C. 标准账户　　　　　　　　　　　D. 管理员账户

3. 控制用户使用计算机的方式是实现操作系统安全的一种安全管理,以下属于安全管理操作的是(　　)(多选题)。

    A. 限制用户使用计算机的时间

    B. 为用户设置针对于网站、应用、游戏、电影等的浏览和运行的权限

    C. 限制用户的网络购买行为

    D. 限制用户可以使用其他共享的信息

4. 安装 Windows 10 的方式主要包括(　　)(多选题)。

    A. 全新安装　　　　　　　　　　　B. 升级安装

    C. 单系统安全　　　　　　　　　　D. 多系统安装

5. (　　)是建立在保护文件和目录数据基础上,同时照顾节省存储资源、减少磁盘占用量的一种文件系统。其支持元数据,通过使用高级数据结构和提供若干附加扩展功能,便于改善性能、可靠性和磁盘空间利用率。

    A. FAT16　　　　　B. FAT32　　　　　C. NTFS　　　　　D. ReFS

6. Windows 操作系统的文件和文件夹是用户最常访问和处理的资源类型，权限配置是保护文件和文件夹的安全方法之一，其权限分为（　　）（多选题）。

    A. 基本权限　　　　　B. 高级权限　　　　　C. 控制权限　　　　　D. 资源权限

7. 使用 EFS 加密文件和文件夹后，EFS 加密证书和密钥的管理则显得很重要，通常需要及时备份 EFS 证书和密钥，而备份 EFS 证书和密钥主要用于（　　）（多选题）。

    A. 访问加密文件的 EFS 证书被意外删除或损坏

    B. 重装系统后仍然可以访问加密文件或文件夹

    C. 允许系统指定的其他用户访问加密文件或文件夹

    D. 解密加密后的文件或文件夹

8. 使用（　　）驱动器加密技术对硬盘驱动器中指定的磁盘分区及 USB 移动存储设备进行全盘加密，加密后用于指定磁盘分区或设备中的所有文件和文件夹。

    A. BitLocker　　　　　B. EFS　　　　　C. ReFS　　　　　D. NTF

二、判断题

1. Windows 操作系统安装补丁时只能由微软提供 Windows Update 程序，可以直接连接到微软的下载站点获得更新的服务包和发布的安全补丁程序，弥补近期发现的安全漏洞。

2. "账户锁定阈值"确定导致用户账户被锁定的登录尝试失败的次数，重置账户锁定计数器用于复位账户锁定计数器，确定在某次登录尝试失败之后将登录尝试失败计数器重置为 0 次错误登录尝试之前需要的时间。

3. Windows 10 操作系统启用全新的 ReFS 弹性文件系统形式。

4. Windows 10 操作系统可以实现文件和文件夹的权限设置，权限是指用户或用户组对文件、文件夹以及系统中的其他对象进行访问和操作的能力，这种能力必须基于 NTFS 文件系统。

5. 使用 EFS 加密文件和文件夹后，EFS 加密证书和密钥做一般性管理即可。

6. EFS 加密文件系统只能对文件或文件夹进行加密，无法解决计算机丢失或被盗时计算机硬盘驱动器中存储的数据泄露或破坏等。

7. Android 平台获取的 Root 权限是系统权限，也是 Linux 和 UNIX 中的超级管理员用户账户。

8. 文件备份与恢复是保护文件数据安全的重要方法之一。

9. 安装操作系统的系统分区必须选择独立的主分区安装。

10. 当准备全新安装 Windows 10 操作系统时，要对整个硬盘进行重新分区或者全盘格式化，以清除以前的所有数据。

三、思考题

1. 操作系统面临的主要威胁有哪些？

2. 简述 Windows 操作系统安装安全包括的几个方面。

3. 简述 Windows 操作系统账户配置包括的主要内容。

4. 简述 Android 操作系统的安全功能。

5. 简述 iOS 平台数据备份与恢复的主要内容。

第6章

漏洞和安全工具

随着科技的发展,硬件、软件的设计和实现越来越复杂,其中的漏洞也越来越多。了解漏洞产生的原因,理解针对漏洞的恶意代码,掌握如何修复漏洞、如何防范恶意代码、如何使用安全工具,对于用户而言具有十分重要的意义。本章主要介绍漏洞、恶意代码、网络攻击的基本知识,简要介绍当前常用安全工具的功能。

6.1 漏　　洞

漏洞(Vulnerability)是在硬件、软件、协议的具体实现或系统安全策略上存在的缺陷,使攻击者能够在未授权的情况下访问或破坏系统。

6.1.1 漏洞产生的原因

从漏洞的定义可以看出,漏洞产生的原因是硬件、软件或协议在设计和实现上的缺陷,造成这些缺陷的原因有如下几个方面。

(1) 不小心:受经验、能力、技术条件等原因所限,编程人员在软件、硬件的设计和实现上留下了一些隐患和错误,如编程人员在大量的代码中,用错了某个常量。

(2) 不知道:某些实现在大部分的条件下没有问题,但在某个特殊的条件下,会出现问题,编程人员在编写这些代码时,根本就不知道存在这种问题,从而造成了漏洞。

(3) 故意的:在某些软件的编写过程中,编程人员为了调试方便,故意留下一些函数供内部使用,这些函数在软件发布时,由于某些原因没有被全部删除,被发现后成为漏洞。

目前,硬件、软件的设计和实现越来越复杂,因此从理论上说,漏洞是不可避免的,而且只会越来越多。

- Intel 公司在 1982 年推出的 16 位处理器 80286,内部只封装了 13.4 万个晶体管;在 1989 年推出 32 位处理器 80486 时,封装的晶体管数目达到了 120 万个;在 2017 年推出的第 8 代酷睿处理器 i7,采用 14nm 技术封装,其中有 6 个核心,晶体管数目在 10 亿个以上。

- 微软公司的 Windows 95 操作系统只有 1500 万行源代码;到 Windows XP 时,源代码达到 3500 万行;在 2005 年推出 Windows Vista 时,源代码数量增加到了 5000 万行。此后的 Windows 操作系统没有公布源代码的数量,据估算最新的 Windows 10 操作系统,源代码数量为 7000～8000 万行。

- 2015年,世界上最大的互联网公司谷歌的员工 Rachel Potvin 在一个硅谷举办的工程会议上透露,谷歌公司互联网服务软件(包括搜索服务、邮箱、地图等)的总代码量大约在 20 亿行。

6.1.2　漏洞的分类

漏洞分类的方法很多,首先以国内知名的漏洞提交网站 Seebug 总结的漏洞分类为例,漏洞分类如图 6.1.1 所示。

漏洞分类

HTTP 参数污染	后门	Cookie 验证错误
跨站请求伪造	ShellCode	SQL 注入
任意文件下载	任意文件创建	任意文件删除
任意文件读取	其他类型	变量覆盖
命令执行	嵌入恶意代码	弱密码
拒绝服务	数据库发现	文件上传
远程文件包含	本地溢出	权限提升
信息泄露	登录绕过	目录穿越
解析错误	越权访问	跨站脚本
路径泄露	代码执行	远程密码修改
远程溢出	目录遍历	空字节注入
中间人攻击	格式化字符串	缓冲区溢出
HTTP 请求拆分	CRLF 注入	XML 注入
本地文件包含	证书预测	HTTP 响应拆分
SSI 注入	内存溢出	整数溢出
HTTP 响应伪造	HTTP 请求伪造	内容欺骗
XQuery 注入	缓存区过读	暴力破解
LDAP 注入	安全模式绕过	备份文件发现
XPath 注入	URL 重定向	代码泄露
释放后重用	DNS 劫持	错误的输入验证
通用跨站脚本	服务器端请求伪造	跨域漏洞

图 6.1.1　Seebug 网站总结的漏洞分类

在国家信息安全漏洞库(China National Vulnerability Database of Information Security,CNNVD)中,将漏洞划分为 26 种类型,分别是配置错误、代码问题、资料不足、资源管理错误、输入验证、数字错误、信息泄露、安全特征问题、竞争条件、缓冲区错误、注入、路径遍历、后置链接、授权问题、未充分验证数据可靠性、信任管理、权限许可和访问控制、加密问题、格式化字符串、命令注入、跨站脚本、代码注入、SQL 注入、跨站请求伪造、访问控制错误、操作系统命令注入。

其中具体的漏洞分类层次如图 6.1.2 所示。

在 MITRE 公司定义的一个漏洞词典 CWE(Common Weakness Enumeration,常见缺陷列表)中,漏洞被更详细地分为几百个类型。在 CWE 中,每种类型的漏洞都被定义

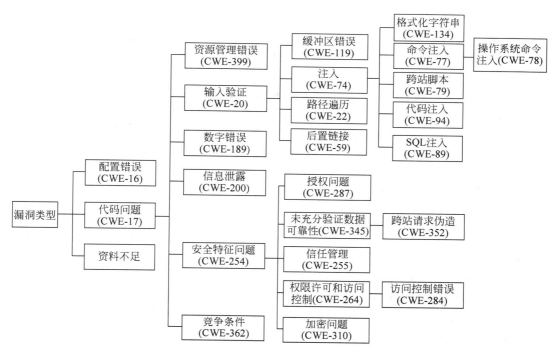

图 6.1.2　CNNVD 中定义的漏洞分类层次

了一个编号,如 CWE-×××。

对于普通用户而言,上述专业安全机构的漏洞分类太专业、太具体。简单地说,可以将漏洞分为以下几类。

(1) 硬件漏洞:发生在各种硬件设备上的漏洞。在所有硬件漏洞中,发生在通用芯片上的漏洞尤其是 CPU 上的漏洞所产生的影响最为广泛,造成的危害更为严重。如在 2018 年 Intel 公司的 CPU 被爆出存在 Meltdown(熔断)、Spectre(幽灵)两组高危漏洞。

利用 Meltdown 漏洞,低权限用户可以访问内核的内容,并获取本地操作系统底层的信息。当用户通过浏览器访问了包含 Spectre 漏洞的网站时,用户的账号、密码等个人隐私信息可能会被泄露。在某些云服务中,利用 Spectre 漏洞,黑客甚至可以突破用户之间的隔离,窃取其他用户的数据。

(2) 软件漏洞:发生在操作系统、应用程序等软件上的漏洞。如 Windows 2000 操作系统中曾经爆出的用户登录时使用中文输入法漏洞。使用此漏洞,非授权人员可以在登录时,利用输入法的帮助文件,绕过 Windows 的用户名和密码验证获得计算机的最高权限。

再如在各种应用程序中经常出现的缓冲区溢出漏洞。在此类漏洞中,编程人员没有对接收的输入数据进行有效的检测(如长度等),就放入缓冲区(存放数据的内存块)中,此时输入的数据溢出到缓冲区之外的内存空间,这部分经过精心设计的溢出数据覆盖了正常的数据,从而导致程序运行失败、免密码登录、执行攻击者的指令等后果。

在所有的软件漏洞中,系统漏洞(System Vulnerability)对用户的影响最为广泛和直接。系统漏洞是指操作系统软件在逻辑设计上的缺陷或错误。当它被不法分子利用时，通过植入木马、病毒等方式就可以攻击或控制整个计算机，从而窃取计算机中的重要资料和信息，甚至破坏系统。

（3）网络协议漏洞：在互联网中存在着大量开放性的协议，发生在这些协议上的漏洞被称为网络协议漏洞。如黑客可以利用 TCP/IP 的开放性和透明性窃取网络数据包，分析其中的有用信息；还可以利用 TCP/IP 中的潜在缺陷，实施拒绝服务攻击等。

（4）人为漏洞：这类漏洞是指由于相关人员的安全意识淡薄而留下的漏洞。如设置过于简单的弱口令，被黑客轻易地破解；对用户的输入信息不做处理，导致注入等。

6.1.3　系统漏洞的修复方法

修复硬件、软件和网络协议漏洞可以采用更新程序的方法，如更新补丁（Patch）、升级硬件固件、更新驱动程序等。对于人为漏洞，可以采用多学习、加强安全意识、加强管理、养成良好的上机和上网习惯等方式。

系统漏洞的修复对于用户来说，尤为重要，下面以用户使用最多的 Windows 操作系统为例，介绍系统漏洞的修复方法。

针对 Windows 操作系统，微软公司会定期或不定期地发布更新补丁，这些更新被分为重要更新和可选更新两类，如图 6.1.3 所示。

图 6.1.3　Windows 8.1 更新补丁

对于用户而言，漏洞有多严重、漏洞是否需要修复这些问题，用户是判断不出来的。因此，用户一定要定期进行更新，不要自作主张。对于可选更新，用户可以根据更新的提示，结合系统的实际情况进行选择性更新。

在系统更新的过程中，往往会占用比较多的内存和 CPU 资源，有时还会重启计算机，这让大家误以为更新系统会影响系统的性能。其实，这种观点是错误的，更新对系统性能的影响微乎其微，在很多情况下，还会改善计算机性能。

除了使用操作系统的更新功能之外，还可以使用第三方安全工具软件中提供的漏洞修复功能对系统漏洞进行修复更新，这部分内容将在后面的章节中进行介绍。

6.2　恶意代码和网络攻击

恶意代码和网络攻击是网络空间安全威胁最主要的表现形式,大多数网络安全事件都是在恶意代码和网络攻击的基础上实现并完成的,本节分别介绍恶意代码和网络攻击的基础概念及相关知识。

6.2.1　恶意代码

恶意代码(Malicious Code)是一种程序代码,一般是指故意编制或设置的、对网络或系统会产生威胁或潜在威胁的计算机代码。它在用户未授权的情况下,在计算机或其他设备上执行,完成一些带有恶意目的的任务。

1. 恶意代码的特征

系统中存在的漏洞被不法分子利用,这些漏洞代码也是典型的恶意代码之一,它往往具有以下特性。

(1) 本身就是程序代码。如果不考虑目的,恶意代码本身就是一段程序代码,它利用漏洞,完成非法的功能。

(2) 有恶意的目的。恶意代码往往带有恶意的目的,如非法收集用户信息、破坏软件设置及正常运行、影响硬件设备运行等。

(3) 要获得执行权。恶意代码要执行,必须获得执行权,因此恶意代码要么出现在系统的引导区中随着操作系统的执行而获得执行权,要么感染可执行文件获得可执行权,要么利用弱点伪装成邮件、图片、链接等诱惑用户单击执行获得执行权。

2. 常见的恶意代码

大家经常听说的病毒、木马、蠕虫等都是恶意代码,这些恶意代码之间还是有着很大的不同的。常见的恶意代码主要有以下几种。

(1) 病毒(Virus):在《中华人民共和国计算机信息系统安全保护条例》中将计算机病毒定义为"编制者在计算机程序中插入的破坏计算机功能或者数据的代码,能影响计算机使用,能自我复制的一组计算机指令或者程序代码"。病毒一般具有一定的破坏性,它往往通过感染可执行文件获得系统的执行权。病毒的传播往往需要用户交互,如启动一个程序、打开一个文件、插入 U 盘等。

(2) 蠕虫(Worm):一种可以自我复制的代码,通过网络进行传播,其传播过程不需要人为干预。蠕虫与病毒不同,它不需要感染可执行文件或系统的引导区,利用网络就可以进行自我复制和传播。蠕虫造成的破坏性非常大,通过互联网蠕虫可以在极短的时间内蔓延到整个网络,造成巨大危害。

(3) 木马(Trojan):也称为特洛伊木马,这一词源自古希腊传说。木马往往被伪装成实用工具、邮件、游戏、图片等,诱惑用户去打开,当用户打开后,木马中的恶意代码被执行,进而控制用户计算机。

(4) 僵尸网络(Botnet):指采用一种或多种传播手段,将大量主机感染僵尸(Bot)程序,从而在控制者和被感染主机之间形成一对多控制的网络。通过这种手段,不法分子传播僵尸程序感染互联网上的主机,这些被感染的主机称为"肉鸡",成千上万的"肉鸡"组成了僵尸网络,统一接收控制端的指令,完成一些需要多台主机共同完成的工作,如拒绝服务攻击等。

(5)间谍软件(Spyware):一种能够在用户不知情的情况下,在其计算机上安装后门、收集用户信息的软件。它能够削弱用户对其使用系统、数据安全的控制能力,也能够搜集、使用、散播用户的个人信息或敏感信息。

3. 恶意代码的防范

对于使用 Windows 操作系统的用户而言,防范恶意代码最简单的方法就是打开 Windows 系统自带的防火墙和 Windows Defender(安全程序)。

这两款安全工具软件默认安装,如图 6.2.1 所示。在正常的使用环境中,这两款软件基本可以保障用户的安全。因此,如果用户有一定的安全意识,具备一定的计算机操作技巧,完全不需要安装第三方的安全工具软件。

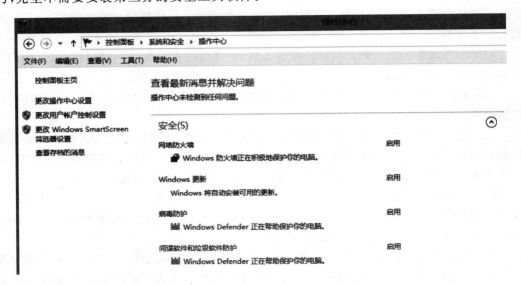

图 6.2.1 Windows 操作系统默认安装的防火墙和 Windows Defender

但是,如果用户是一个计算机新手,需要面对诸如经常使用不同的 U 盘、经常单击不确定的网址等,安装第三方安全工具软件就显得很有必要。此时,Windows 系统上的病毒防护、间谍软件和垃圾防护等工作将由第三方安全工具软件负责,如图 6.2.2 所示。

防范恶意代码,不能完全依赖于安全工具,对于系统安全,最关键的是人的因素,下面是一些使用计算机和上网的好习惯。

(1)尽量不随便使用来历不明的 U 盘等移动设备。

(2)尽量不要接入公共服务场所的网络(WiFi)。

(3)安装一个合适的安全工具软件。

(4)定期更新计算机或手机设备的系统补丁,更新病毒库。

(5)不要随便打开陌生人发来的程序、网页链接、邮件、图片等。

(6)到官方网站或正规软件网站下载所需的软件。

图 6.2.2　安装第三方安全工具软件后的 Windows 操作中心

6.2.2　网络攻击

网络攻击是利用网络中存在的漏洞和安全缺陷对网络系统的硬件、软件及系统中的数据进行的攻击。

1. 黑客

说到网络攻击,必然会提到黑客,黑客一词源于英文 Hacker,一般指热衷于计算机技术、水平高超的计算机使用者。这些人专注于研究漏洞和恶意程序,以入侵网络系统或应用系统为乐趣。黑客最初的目标就是发现新的漏洞、提出修补漏洞的方法,人们也称他们为"白帽子"。今天黑客已被泛指那些为了显示自己的本领和成就,以恶意入侵互联网用户、服务、各类系统进而进行破坏或窃取为目的的群体。这些人其实应该称为骇客,即 Cracker。骇客一般是网络的破坏者,他们没事就散播病毒木马,攻击网站,造成网络危害。

2. 网络攻击的特点

简单地说,网络攻击是指任何没有经过授权而试图进入他人计算机网络的行为,其特点如下。

1）网络攻击影响和危害巨大

网络攻击的目标往往是网络上的服务器和保存在服务器上的数据,一旦攻击成功,要么造成用户的隐私泄露、网络瘫痪、财产损失,要么威胁到整个社会的安全和国家的安全。因此,许多国家早已将网络攻击当成一种重要的武器,并组建专门的网络部队,准备各种网络攻击工具。

2）网络攻击方法多样且手段隐蔽

网络攻击的手段多种多样，攻击者通过监听网络上的数据包来窃取别人的数据；也可以精心设计一条 SQL 指令或是 Shell 代码，通过正常的网络请求堂而皇之地进入服务器；还可以通过一些特殊的方法绕过防火墙，进入行业内网；甚至还可以合理合法地利用网络规则，阻止网站的正常访问，造成网站资源耗尽，导致目标服务器停止服务。

3）网络攻击防范困难

有些网络攻击行为伪装得非常好，甚至有些网络攻击本身就是合法的网络请求。因此，对这些网络攻击的防范是非常困难的。

3．网络攻击的种类

网络攻击主要分为主动攻击和被动攻击两种类型，其中主动攻击会导致数据流的篡改和虚假数据流的产生，如伪造消息、篡改数据、拒绝服务；被动攻击则不对数据信息做任何修改，如在未经用户认可的情况下截取数据、窃听信息。

1）主动攻击

主动攻击采用的手段主要是对网络上的数据流进行伪造或篡改，主要分为以下几种类型。

（1）伪造消息：通过冒充网络上的某个实体，以获取的合法身份对网络进行攻击。

（2）篡改数据：通过对网络上的合法数据进行修改、删除，改变消息的顺序等手段，以达到非法地再次利用的目的。

（3）拒绝服务：采用阻止合法信息有效传播的方法，对网络目标进行拒绝服务攻击。当资源被耗尽时，其他对目标网站合法的网络请求将无法完成。

2）被动攻击

被动攻击采用的手段是通过监听获取网络上的数据并对获取的数据进行分析。被动攻击主要分为以下几种类型。

（1）窃听消息：通过有线搭线监听、无线截获监听等手段获取数据，然后使用诸如协议分析、数据包还原等技术手段对网络上传输的数据进行窃取。

（2）流量分析：网络上的敏感信息大多都是保密的，攻击者虽然从截获的消息中无法得到消息的真实内容，但通过观察这些数据，可以确定通信双方的位置、通信的次数及消息的长度，进而获知敏感信息。

4．网络攻击的对象

随着网络应用的不断扩大与发展，网络功能的对象及目标也在日益变化，近年来网络攻击的主要对象包括以下几个方面。

1）针对 Web 的攻击

Web 网站是网络攻击最多的地方，除了使用社交软件，用户的上网行为大多使用 Web 服务。因此，针对 Web 的攻击是攻击者最重要的攻击对象。针对 Web 的攻击具有成本低廉、可使用的攻击工具众多等特点。很多攻击者仅仅看了几本书、看了几段视频、掌握了几个工具就可以进行 Web 攻击，这也是造成针对 Web 攻击高发的一个重要原因。

2）针对手机的攻击

目前智能手机的上网用户已经超过了 PC 的上网用户，智能手机使用的操作系统主要有两个：苹果公司主导的 iOS 和谷歌公司主导的 Android。

iOS 本身是一个不开放源代码的封闭系统,安全性相对较高。但是很多使用者为了追求免费软件和使用上的"完美性"而疯狂"越狱",这种行为带有很大的危险性。用户不知道越狱软件给手机上安装了什么,动了什么手脚,也不知道刷机操作对 iOS 的破坏有多严重,事实上刷机的系统安全性异常脆弱。

Android 系统本身是一个开源的操作系统,相对于 iOS 更加开放。但是这种免费性和开放性对于安全性带来的威胁更大,众多的 Android 开发商针对原生的 Android 进行二次开发,同时很多 Android APP 开发者不具备安全意识,这些都给 Android 设备的安全性带来巨大挑战。

3）针对智能终端的攻击

随着科技的发展,越来越多的诸如家庭路由器、机顶盒、穿戴设备等智能终端走进人们的生活,给人们带来极大便利,同时也带来安全问题。为了节省成本,一些智能终端开发商所使用的操作系统往往都是开源的,使用的硬件一般都是公版硬件,开发商甚至提供了远程管理接口和默认口令。这些都给攻击者提供了便利,攻击者很容易对智能终端进行"劫持",从而得到流量和信息。

4）针对开源软件的攻击

开源软件的开发者之间是一种松散的关系,层次、水平、安全意识参差不齐。在缺乏有效管理的情况下,开源软件的安全性具有很多问题。由于软件的开源性,攻击者通过多轮代码审计等技术方法,发现封闭系统中很难发现的漏洞。另外,一些开源软件的开发者本身就有非法的目的,使用开源软件"钓鱼",在开源软件中存放木马、病毒等恶意代码。

5）针对共享产品的攻击

自从共享单车出现以来,各种共享产品如雨后春笋般遍地开花。但在享受便利的同时,共享产品也带来一系列安全问题。在各种共享产品中,不法分子利用最多的是二维码,实际使用的二维码很容易被不法分子替换成自制的二维码,一旦用户扫描,就会诱导用户下载恶意代码。此外,一些共享产品(如共享充电宝)中被植入恶意设备,这些设备会伪装成合理的连接请求,诱惑用户进行连接,从而获取用户手机的控制权限,轻而易举地窃取用户的隐私数据,并实施其他的非法活动。

5. 网络攻击的方法

网络攻击的方法多种多样,发展迅速。经常使用的网络攻击方法有如下几种。

（1）跨站脚本（XSS）。采用跨站脚本攻击,攻击者往往会向 Web 网页里插入使用 JavaScript 等脚本语言编写的恶意代码,当用户浏览该网页时,嵌入 Web 网页的恶意代码被执行,从而用户的浏览器就会被攻击者控制。

（2）跨站请求伪造（CSRF）。CSRF 攻击是指在用户不知道的情况下,利用浏览器中的 Cookie 或服务器中的 Session,盗取用户的合法身份,并假冒该身份进行用户操作的一种攻击方法。

（3）单击劫持（ClickJacking）。单击劫持采用的是一种视觉欺骗的攻击方式。如攻击者使用一个透明的、不可见的标签、按钮或图片等组件,覆盖在一个正常的网页上,使其与正常网页上可见的标签、按钮或图片等组件重合。当用户进行单击操作时，请求的是攻击者伪装的透明组件，从而执行其中的恶意代码。

（4）注入攻击（Injection）。注入攻击是指把用户输入的数据当作代码执行的攻击方式。在实施注入攻击时，攻击者会把预先设计好的包含 SQL 命令或脚本命令的数据，输入到正常的 Web 表单输入项或页面请求的查询字符串中，这些输入数据会欺骗服务器执行其中的 SQL 语句或脚本命令，从而达到攻击的目的。

（5）文件上传漏洞（File Upload）。文件上传功能是 Web 网站的常见功能，但这个功能会被攻击者利用，攻击者上传一个带有可执行脚本的恶意代码，通过脚本文件获取执行服务器命令的能力。

（6）分布式拒绝服务（DDoS）。分布式拒绝服务就是利用合理的请求造成服务器过载，导致其他正常的请求不可用的一种攻击方法。DDoS 攻击被认为是所有攻击中最难防范的攻击方式，目前没有一个完美的解决方案。

（7）社会工程（Social Engineering）。社会工程是一种通过人际交流的方式获得信息的非技术渗透手段。社会工程攻击就是利用人性的弱点，通过交谈、欺骗、假冒等方式，从合法用户得到系统口令、密码等重要信息，从而入侵计算机系统的攻击方法。

6.3 常用安全工具简介

除了操作系统自带的安全工具外，使用第三方的安全工具加固电脑是一个不错的选择。目前常见的安全工具基本可以实现病毒查杀、漏洞修复、文件保护、设备检测、系统防御、网络防御等功能。

系统安装安全工具后，首先使用安全工具的漏洞扫描功能对系统进行漏洞扫描，在发现存在漏洞时进行修复；接下来，需要查看系统是否存在病毒、木马等恶意代码，是否存在浏览器主页被篡改、注册表信息被修改等问题，此时就需要使用病毒查杀功能；最后，为了优化系统性能，可以使用安全工具的垃圾清理、电脑加速等功能进行优化。

下面以腾讯电脑管家、360 安全卫士、火绒安全三款常见的安全工具为例，介绍常用安全工具的功能和使用。

6.3.1 腾讯电脑管家

腾讯电脑管家是腾讯公司 2006 年推出的免费安全工具，拥有云查杀木马、系统加速、漏洞修复、实时防护、网速保护、电脑诊所、健康小助手、桌面整理、文档保护等功能。在"常用"中，选择"工具箱"，单击"修复漏洞"，如图 6.3.1 所示。腾讯电脑管家此时就开始扫描漏洞，在扫描结果出来之后，单击"一键修复"按钮，腾讯电脑管家就会从服务器下载漏洞补丁并安装。

此外，腾讯电脑管家还有病毒查杀、清理垃圾、电脑加速等功能，在选择相应功能后，按照系统提示进行操作即可，如图 6.3.2 所示。如果想一步完成上述全部或部分功能，可以单击"全面体检"，此时电脑管家就会对用户的电脑进行一个比较全面的体检，并生成一份报告，用户可以根据上面的提示，对电脑进行相应的加固及优化处理。

图 6.3.1　腾讯电脑管家修复漏洞功能

图 6.3.2　腾讯电脑管家主界面

　　除此之外,腾讯电脑管家还有软件管理、浏览器保护、文件粉碎、流量监控等功能,感兴趣的用户可以尝试使用。

6.3.2　360 安全卫士

　　360 安全卫士是奇虎 360 公司于 2006 年推出的免费安全工具。奇虎 360 公司是国内最早推出免费安全工具的公司。360 安全卫士主要包括电脑体检、木马查杀、电脑清理、系统修复、优化加速、电脑救援、保护隐私、电脑专家、清理垃圾、清理痕迹等功能。

　　360 安全卫士经常使用的木马查杀、电脑清理、系统修复、优化加速等功能，如图 6.3.3 所示，用户可以根据系统提示，完成相应的功能。同样，360 安全卫士也有一个"全面体检"的功能，可以对用户的计算机进行全方位的检查。

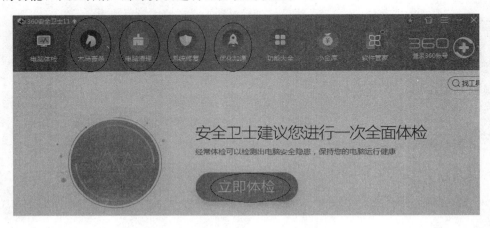

图 6.3.3　360 安全卫士主界面

6.3.3　火绒安全

　　火绒安全是火绒实验室于 2014 年推出的安全工具，与上述两款安全工具相比，不仅具有小巧、占用资源少、界面干净清爽等特点，而且同样具有病毒查杀、清理插件、修复漏洞、清理垃圾等多项功能。火绒安全主界面如图 6.3.4 所示。火绒安全扩展工具界面如图 6.3.5 所示。

图 6.3.4　火绒安全主界面

图 6.3.5 火绒安全扩展工具界面

对于用户而言,第三方安全工具给用户在使用安全方面提供保障。但安全工具也存在漏报和误报的问题,它有时将正常软件当成恶意代码,有时对恶意代码视而不见。同时安全工具一般要实时监控和保护系统,这些实时运行的程序会占用系统资源,影响系统性能。但随着近年来计算机硬件性能的提升,安全工具在正常的使用情况下,对用户使用系统的影响不大,也就是使用安全工具利大于弊。

课 后 习 题

一、选择题

1. 漏洞的英文单词是(　　　)。

　　A. Vulnerability　　　B. Virus　　　　　C. Worm　　　　　D. Trojan

2. 漏洞是在硬件、软件、协议的具体实现或系统安全策略上存在的缺陷,使攻击者能够在(　　　)的情况下访问或破坏系统。

　　A. 已授权　　　　　B. 未授权　　　　　C. 事先告知　　　　D. 预约

3. 从漏洞发生的地点看,漏洞可分为硬件漏洞、软件漏洞、网络协议漏洞和(　　　)。

　　A. 系统漏洞　　　　　　　　　　　B. 单击劫持漏洞

　　C. 跨站脚本漏洞　　　　　　　　　D. 人为漏洞

4. 以下(　　　)不是恶意代码的特征。

　　A. 本身就是程序代码　　　　　　　B. 需要读写文件

　　C. 有恶意的目的　　　　　　　　　D. 可以获得执行权

5. 以下(　　　)不属于常见的恶意代码。

　　A. 病毒　　　　　　B. 蠕虫　　　　　　C. 驱动程序　　　　D. 木马

6. 蠕虫的最大特点是(　　　)。

　　A. 感染可执行文件　　　　　　　　B. 感染硬盘引导扇区

　　C. 伪装成普通程序　　　　　　　　D. 可以通过网络自我复制传播

7. 网络安全术语 DDoS 的中文名称是(　　　)。

A. 分布式拒绝服务   B. 跨站脚本

C. 僵尸网络   D. 木马

8. 下列( )不是网络攻击中的主动攻击方式所采用的。

A. 冒充网络上的某个实体   B. 监听网络上的数据

C. 篡改网络上的数据   D. DDoS

9. 利用浏览器中的 Cookie 或服务器中的 Session,盗取用户合法身份的网络攻击方式,是下列( )方法采用的。

A. XSS 攻击   B. 注入攻击

C. CSRF 攻击   D. 社会工程攻击

10. 注入攻击的最大特点是( )。

A. 把用户输入的数据当作代码执行   B. 采用视觉欺骗的攻击方式

C. 通过人际交流的形式作为手段   D. 通过合理的请求造成服务器过载

11. 下列( )不是安全工具。

A. 360 安全卫士   B. 腾讯电脑管家

C. 火绒安全软件   D. MATLAB

二、判断题

1. 如果编程人员细心,漏洞是完全可以避免的。

2. 不更新 Windows 操作系统的重要更新,对 Windows 操作系统的安全性不会造成影响。

3. 给 Windows 操作系统更新补丁会影响机器的性能。

4. 蠕虫的复制和传播不需要人为干预。

5. 网络攻击的主动攻击方式,需要监听数据,并对监听的数据进行分析。

6. 对于使用 iOS 操作系统的手机用户而言,不要使用"越狱"软件,因为这样会对系统造成一定的安全隐患。

7. 如果存在文件上传漏洞,对于攻击者而言,它的技术门槛是非常低的。

8. 开源软件由于开放源代码,所以不会存在漏洞。

9. 只要我们加强防范,使用社会工程学方式的攻击就可以避免。

10. DDoS 攻击采用的是合理的网络请求。

三、思考题

1. 简述漏洞的分类。

2. 简述恶意代码的特征。

3. 简述网络攻击的种类。

第 7 章

互联网个人信息安全与隐私保护

随着互联网的高速发展,网络应用越来越普及,以 Web 2.0 技术为基础的博客、微博、社交网络等新兴服务和互联网应用已经渐渐成为人们生活中不可或缺的一部分。然而,互联网引发的个人信息泄露问题日益凸显,个人信息安全与隐私保护逐渐备受关注和重视。保护个人信息安全,保障网络环境安全已经成为当今时代一项紧急的任务。

7.1 互联网安全使用基础

互联网技术的发展,一方面为人们的生活带来了便利,另一方面也使得用户个人信息安全面临极高的风险。面对层出不穷的网页木马和恶意插件,如何保障网页浏览的安全性和隐私性,以及进行互联网信息的识别成为保障信息安全的关键问题。

7.1.1 Web 浏览器安全

Web 浏览器通常用来显示万维网或局域网里的文字、图像及其他信息。互联网用户使用 Web 浏览器通过连接网址对 Web 服务器或其他网络资源进行访问,从而获取互联网各种信息。

Web 浏览器是经常使用到的客户端程序。常见的 Web 浏览器有 Internet Explorer、Google Chrome、Mozilla Firefox、搜狗浏览器、360 浏览器、UC 浏览器、傲游浏览器、Opera 和 Safari 等。

Web 浏览器一方面其功能非常强大;另一方面由于支持 JavaScript 脚本、ActiveX 控件等,使得用户使用浏览器在浏览网页时会留下许多隐患。常见的 Web 浏览器的攻击方式有修改默认主页、恶意更改浏览器标题栏、强行修改浏览器的右键菜单、禁用浏览器的"源"菜单命令、强行修改浏览器的首页按钮以及删除桌面上的浏览器图标等。为保护个人信息安全,在上网浏览网页时需要注意对浏览器的安全防护。一般情况下,浏览器作为最常用的客户端程序,其自身均有防护功能,下面以 Internet Explorer 为例,介绍 Web 浏览器的安全设置技巧。

Internet Explorer 是微软公司推出的一款网页浏览器。前 6 个版本称 Microsoft Internet Explorer,第 7~11 个版本称 Windows Internet Explorer(简称 IE)。在 IE 7 以前,中文直译为"网络探路者",在 IE 7 以后官方便直称"IE 浏览器"。

2015 年 3 月微软公司确认将放弃 IE 品牌。在 Windows 10 上,Microsoft Edge 取代了 Internet Explorer。2016 年 1 月 12 日,微软公司宣布于这一天停止对 IE 8/9/10 三个

版本的技术支持,用户将不会再收到任何来自微软公司官方的 IE 安全更新;作为替代方案,微软公司建议用户升级到 IE 11 或者改用 Microsoft Edge 浏览器。

目前 IE 仍然能收到安全更新,但它已经无法获得任何的功能性更新。微软最新桌面系统 Windows 10 将 Edge 作为其默认浏览器的情况下,IE 或多或少已经成为了过去式。但由于非 Windows 10 用户占有量还很多,目前 IE 的市场份额仍然高居前三。

以下从几个方面介绍 IE 浏览器的防护技巧。

1. 提高 IE 浏览器的安全防护等级

通过设置 IE 浏览器的安全等级,可以防止用户打开含有病毒和木马程序的网页,保护计算机的安全。

设置 IE 浏览器安全等级的具体步骤如下。

(1) 在 IE 浏览器中选择“工具”→“Internet 选项”选项,打开“Internet 选项”对话框,如图 7.1.1 所示。

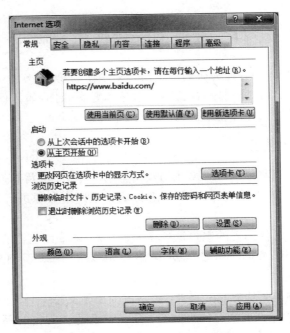

图 7.1.1 “Internet 选项”对话框

(2) 选择“安全”选项卡,进入“安全”设置界面,选中 Internet 图标,如图 7.1.2 所示。

(3) 单击“自定义级别”按钮,打开“安全设置-Internet 区域”对话框,在此对话框中,单击“重置为”下拉箭头,在弹出的下拉列表中选择“高”选项,如图 7.1.3 所示。

(4) 单击“确定”按钮,即可将 IE 安全等级设置为“高”。

2. 清除 IE 浏览器的上网历史记录

用户上网过程中浏览过的网站、查找过的内容等会被 IE 浏览器记录下来,这样会泄露用户的隐私信息。可以通过对 IE 浏览器的设置清除这些信息。

清除历史记录具体步骤如下:在 IE 浏览器中选择“工具”→“Internet 选项”,打开

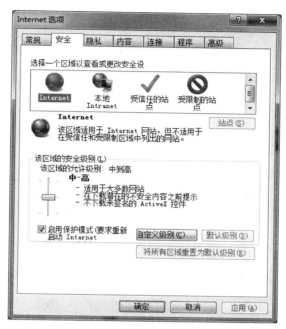

图 7.1.2 "安全"设置界面

图 7.1.3 "安全设置-Internet 区域"对话框

"Internet 选项"对话框。选择"常规"选项卡,勾选"浏览历史记录"选项区域中的"退出时删除浏览历史记录"复选框,便可以实现自动清除上网历史记录,如图 7.1.4 所示。

此外,还可以利用注册表进行清除浏览器的上网历史记录。IE 浏览器的上网记录保存在注册表编辑器中的位置是 HKEY_CURRENT_USER\Software\Microsoft\Internet Explorer\TypedURLs。因此,只要将注册表编辑器右边窗口中的所有内容删除即可清

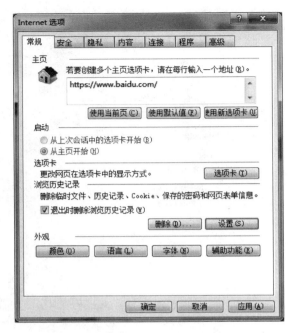

图 7.1.4　清除上网历史记录对话框

除上网记录。

3. 删除 Cookie 信息

　　用户在用浏览器上网时,经常涉及数据的交换,如登录邮箱或者登录一个页面。如果设置"30 天内记住我"或者"自动登录",那么下次登录时可以自动登录,而不用输入用户名和密码。完成这一功能的就是 Cookie。当 Web 服务器创建了 Cookie 后,只要在其有效期内,当用户访问同一个 Web 服务器时,浏览器首先检查本地的 Cookie,并将其原样发送给 Web 服务器,完成验证。

　　在 Internet 中,Cookie 信息一般是指小量信息,是由 Web 服务器创建的将信息存储在用户计算机(浏览器)的文件里,是网站为了辨别用户身份、进行 Session 跟踪而存储在用户本地终端上的数据,它可以包含有关用户的信息。无论何时用户链接到服务器,Web 站点都可以访问 Cookie 信息。Cookie 文件中记录了用户名、口令及其他敏感信息,在许多网站中,Cookie 信息是不加密的,这些敏感信息很容易被泄露。因此,在上网离开时应及时删除 Cookie 信息。

　　删除 Cookie 信息的具体步骤如下:在 IE 浏览器中选择"工具"→"Internet 选项",在"Internet 选项"对话框中选择"常规"选项卡,在"浏览历史记录"选项区域中单击"删除"按钮。打开"删除浏览历史记录"对话框,勾选"Cookie 和网站数据"复选框,单击"删除"按钮,即可清除 IE 浏览器中的 Cookie 文件,如图 7.1.5 所示。

4. 清除 IE 浏览器中的表单

　　表单在网页中主要负责数据采集,如采集访问者的名字和 E-mail 地址、调查表、留言簿等。浏览器的表单功能在一定程度上方便了用户,但也导致用户的数据信息被窃取的

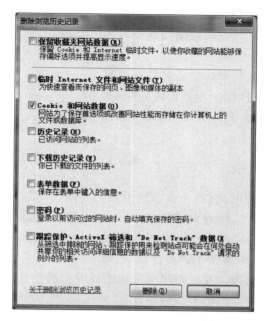

图 7.1.5　清除 Cookie 文件对话框

风险。为保护个人信息，从安全角度出发，应及时清除浏览器的表单，最好取消浏览器自动记录表单功能。

　　清除表单具体步骤如下。

　　(1) 在 IE 浏览器中选择"工具"→"Internet 选项"，在"Internet 选项"对话框中选择"内容"选项卡，如图 7.1.6 所示。

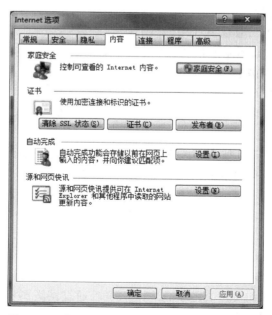

图 7.1.6　"Internet 选项"对话框的"内容"选项卡

（2）在"自动完成"选项区域中，单击"设置"按钮，打开"自动完成设置"对话框，取消勾选所有的复选框，如图 7.1.7 所示。

除了以上利用浏览器自身防护功能安全上网外，还可以借助第三方软件保护浏览器的安全，如IE 修复专家、IE 修复免疫专家、IE 伴侣和 Search Protect 等。

7.1.2　互联网信息识别

作为网络信息时代的网民，每一天通过网站、论坛、即时通信软件等会接触到大量信息，同时，每个人又都可以通过新闻、博客和社交媒体网站发布各种信息，这些信息中掺杂了许多虚假的、带

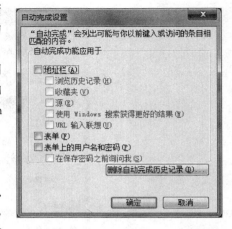

图 7.1.7　"自动完成设置"对话框

有偏见的或是不完整的信息。互联网用户看到的或发布的信息未必属实，出于社会责任和自我保护，一定要认真地论证、辨识后再评论、转发或批驳。在海量信息面前，如何识别信息的真伪就变得非常重要。对于互联网上的信息，要考虑以下三个方面：内容是否可以被验证；信息是否来自正规渠道；是否有两个以上的独立信源证实。

信息识别指的是信息接收者从一定的目的出发，运用已有的知识和经验，对信息的真伪性、有用性进行辨认与甄别。信息识别有三个主要因素：服务目标的正确认识及其深刻程度；信息识别者实事求是的科学态度；已有的知识和判断、推理能力。

互联网、自媒体等公开信息鱼龙混杂，真伪难辨，想要获取准确的信息，必须具备对互联网公开信息的判断力。以下简单介绍互联网上真假新闻和真假网站的识别方法。

1. 真假新闻的识别

判断真假新闻的方法有以下 3 种。

（1）查看新闻源。查看新闻最初刊登在哪里，因为网络媒体是没有新闻报道权的，门户网站的新闻稿来源于国家通讯社、电视媒体、正规的报纸传媒，所以如果新闻最初是由国家认定的权威部门发出的，一般具有较高的可信度，可以认为此新闻是真实的。例如，对于重大的国际突发新闻，一看 CNN，二看 BBC。因为，CNN 和 BBC 是公认的判定国际突发新闻真假的验金石。

（2）比较法。利用百度搜索相关的信息，不是搜索相关主题的报道，而是搜索新闻来源和传播范围。如果新闻是虚假的或者是未经过权威认证的，那么一定不是真实可靠的，门户网站是不会转载的。

（3）查看细节。查看细节是指仔细阅读新闻，通过新闻里的人物、地点、时间、机构名称判断真伪。

2. 真假网站的识别

网站（Website）是指在因特网上根据一定的规则，使用 HTML 等超文本传输语言制作的用于展示特定内容相关网页的集合。人们可以通过网页浏览器访问网站，获取自己需要的资讯或者享受网络服务。网站由域名、网站源程序和网站空间三部分构成。

识别真假网站有以下几种方法。

1) 利用搜索引擎

现在搜索引擎对网站的判别也比较多,正规的网站后面会有"官网"二字,这些一般都是比较正规的,可以放心访问,如图 7.1.8 所示。

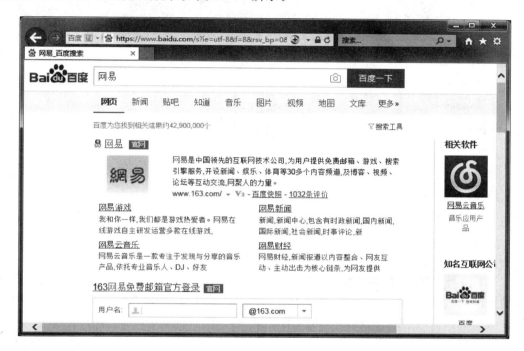

图 7.1.8　利用百度打开网易官网

2) 查询网站备案

《互联网信息服务管理办法》(国务院令第 292 号)第四条:"国家对经营性互联网信息服务实行许可制度;对非经营性互联网信息服务实行备案制度,未取得许可或未履行备案手续的,不得从事互联网信息服务。"根据上述规定,所有正规合法网站必须到政府机构进行备案。并且,经营性网站必须办理 ICP 证,否则就属于非法经营。该办法第十二条:"互联网信息服务提供者应当在其网站主页的显著位置标明其经营许可证编号或者备案编号。"根据上述规定,用户可以查看网站的经营许可证编号或者备案编号,然后根据"工业和信息化部 ICP/IP 地址/域名信息备案管理系统"或第三方工具查询网站的相关信息,两者做比较,如果信息一致,表明网站是合法的网站,否则网站不合法。

第一种方法,可以访问"工业和信息化部 ICP/IP 地址/域名信息备案管理系统",选择相关信息进行查询。"工业和信息化部 ICP/IP 地址/域名信息备案管理系统"官方网站的网址是 http://www.miitbeian.gov.cn/publish/query/indexFirst.action。

以网易(www.163.com)为例查询网站备案相关信息,操作如下。

(1) 打开"工业和信息化部 ICP/IP 地址/域名信息备案管理系统"网站,如图 7.1.9 所示。

图 7.1.9　工业和信息化部 ICP/IP 地址/域名信息备案管理系统界面 1

（2）选择左侧的"备案信息查询"选项，在弹出的界面中，输入要查询的内容，可以选择输入网站名称、网站域名、网站首页网址、备案/许可证号、网站 IP 地址、主办单位名称、证件类型等相关信息进行查询，如图 7.1.10 所示。

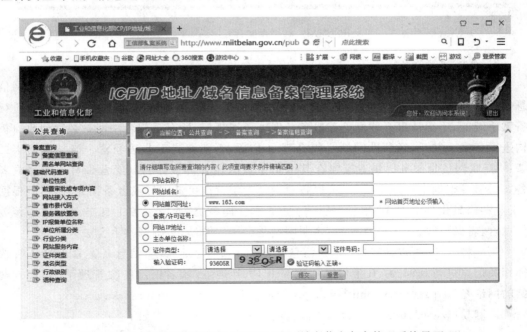

图 7.1.10　工业和信息化部 ICP/IP 地址/域名信息备案管理系统界面 2

（3）单击"提交"按钮，即可查询到网站的备案基本信息，如图 7.1.11 所示。

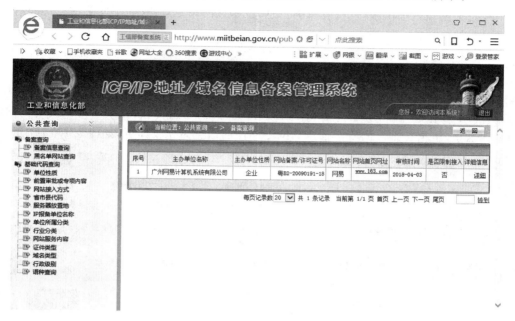

图 7.1.11 工业和信息化部 ICP/IP 地址/域名信息备案管理系统界面 3

（4）单击"详细"按钮，进入备案网站的详细页面。在网站备案查询的详细页面中，可以查询到网站更具体的信息，还可以看到网站的备案主体所拥有的其他网站的备案信息，如图 7.1.12 所示。

图 7.1.12 工业和信息化部 ICP/IP 地址/域名信息备案管理系统界面 4

如果查询出的备案信息与网站标注的信息一致,说明该网站是真实的、合法的网站。如果某一个网站查不出来,且没有备案信息,说明该网站是虚假的、不安全的,不要轻信该网站公布的信息。

第二种方法,可以通过第三方工具进行查询,如使用站长工具、ICP 备案查询网等进行查询。

使用站长工具查询网易(www.163.com)备案的相关信息具体操作如下:打开"站长工具"网站(http://tool.chinaz.com/),输入网易网址,单击"网站备案",可以查询到网站的具体信息,根据查询出的备案信息与网站标注的信息做比较即可,如图 7.1.13 所示。

图 7.1.13   使用站长工具查询网站备案情况

使用 ICP 备案查询网查询网易官网备案的相关信息具体操作如下:打开"ICP 备案查询网"网站(http://www.beianbeian.comm/),可以通过网站域名、备案/许可证号、主办单位/个人名称、网络名称等信息进行网站备案查询,这里选择"备案/许可证号",并输入网易官网的 ICP 备案号粤 B2-20090191,单击"查询"按钮,可以查询到网站的具体信息,根据查询出的备案信息与网站标注的信息做比较即可,如图 7.1.14 所示。

根据相关规定,未取得经营许可或未履行备案手续,擅自从事互联网信息服务的,由相关主管部门依法责令限期改正,给予罚款、责令关闭网站等行政处罚;构成犯罪的,依法追究刑事责任。

为营造健康和谐的上网环境,互联网用户不但要有基本的互联网信息识别的能力,还

序号	主办单位名称	主办单位性质	网站备案/许可证号	网站名称	网站首页网址	审核时间	详细信息
1	广州网易计算机系统有限公司	企业	粤B2-20090191-28	网易游戏英文版	www.hcheasegame.com	2018-04-03	详细信息
2	广州网易计算机系统有限公司	企业	粤B2-20090191-19 [反查]	网易126am	www.126.am	2018-04-03	详细信息
3	广州网易计算机系统有限公司	企业	粤B2-20090191-8 [反查]	网易nease	www.nease.net	2017-03-13	详细信息
4	广州网易计算机系统有限公司	企业	粤B2-20090191-29 [反查]	疯狂纸条	www.crazynote.net	2016-11-03	详细信息
5	广州网易计算机系统有限公司	企业	粤B2-20090191-18 [反查]	网易	www.163.com	2018-04-03	详细信息
6	广州网易计算机系统有限公司	企业	粤B2-20090191-3 [反查]	网易免费邮Yeah	www.yeah.net	2018-04-03	详细信息
7	广州网易计算机系统有限公司	企业	粤B2-20090191-13 [反查]	网易126免费邮	www.126.com	2018-04-03	详细信息
8	广州网易计算机系统有限公司	企业	粤B2-20090191-2 [反查]	网易netease	www.netease.com	2018-04-03	详细信息
9	广州网易计算机系统有限公司	企业	粤B2-20090191-12 [反查]	网易126	www.126.net	2018-04-03	详细信息

图 7.1.14 使用 ICP 备案查询网查询网站备案情况

有责任将发现的不良网站或违法信息进行举报。常用的举报中心有中国互联网违法和不良信息举报中心(www.12377.cn)、网络不良与垃圾信息举报受理中心(www.12321.cn)。

网络不良与垃圾信息举报受理中心是中国互联网协会受工业和信息化部委托设立的举报受理机构,负责协助工业和信息化部承担关于互联网、移动电话网、固定电话网等各种形式信息通信网络及电信业务中不良与垃圾信息的举报受理、调查分析及查处。该机构受理举报短信、举报诈骗电话、举报邮件、举报网站等业务,如图 7.1.15 所示。

图 7.1.15 12321 网站主要受理业务

互联网时代,信息传播迅速,传播广度无边界。信息的快速以及多维度传播一定程度上影响人们对真相的追求和核实,导致大量虚假和不实信息的泛滥。互联网信息识别难度越来越大,信息识别能力还取决于自身的媒介素养、知识储备。不断提高个人的网络安全素养,增强独立、理性思考问题的能力,并且在享受网络技术带来的快捷、便利性以及言论自由的同时,时刻不忘公民的社会责任。只有理性、客观、合理地对待网络不实传言,才能有效降低谣言的破坏性,提高辨别是非的能力。

7.2　互联网社交安全

随着移动互联网的不断发展,社交网络越来越繁荣,微博、即时通信和移动应用程序等网络平台不断涌现,使得人们的多样化信息需求不断得到满足,在丰富了网络文化生活的同时,也渐渐暴露出新的安全问题。

7.2.1　即时通信安全

即时通信(Instant Messaging,IM)是一个实时通信系统,允许两人或多人使用网络实时地传递文字消息、文件、语音与视频交流。即时通信是目前 Internet 上最为流行的通信方式,各种各样的即时通信软件层出不穷,也提供越来越丰富的通信服务功能。在中国,用户量最多的是腾讯公司开发的 QQ 和微信(WeChat)两款软件,它们几乎成了即时通信软件的代名词。互联网用户使用 QQ 和微信打破了地域的限制,可以随时随地与任何地方的人进行沟通交流,极大地方便了工作和生活,但也带来了一些安全方面的弊端,如果使用者不注意,很容易泄露个人信息。目前,即时通信软件越来越成为互联网上个人信息安全的重灾区。

腾讯公司在 QQ 和微信保护个人信息安全方面做了很多安全措施,但是由于用户安全意识良莠不齐,软件有些功能本身就是便捷和安全的双刃剑,在使用过程中总会或多或少地暴露个人信息,甚至有不法分子会利用这些信息进行诈骗或者从事犯罪活动。例如,在使用 QQ 时,QQ 基本信息里面包含了性别、生日、所在地、职业、公司、手机等个人信息;QQ 好友分组信息中,很多 QQ 用户喜欢直接将好友备注名称设置为对方的实名,并将他们分成不同的组,这样暴露了亲人、朋友、同事等个人信息,诈骗分子可以根据这些信息选择目标进行诈骗;QQ 群的特点很明显,一个群就是某类网友的聚集地,不同的 QQ 群会泄露不同的信息,可能会透露用户的毕业信息、居住信息、单位信息(几乎每个人都有很多工作群,里面可以透露具体的工作单位,群里面一般要求实名制,这样就可以知道使用者的姓名甚至职务)等。此外,QQ 空间里相册、说说、留言板以及 QQ 空间好友之间的互动暴露的信息多种多样,使得个人信息在不知不觉中被泄露。

为保护个人信息安全,防止信息泄露,在使用即时通信软件时一定要做好防范工作。下面以腾讯 QQ 为例,介绍安全使用技巧。

1. QQ 安全设置

腾讯 QQ 提供了很多用户隐私和安全的功能。用户通过 QQ 的安全设置,可以很好地保护个人信息和账号安全。腾讯 QQ 安全设置界面包含密码、QQ 锁、消息记录、安全推荐、安全更新、安全防护和文件传输等几个选项。通过对每个选项的合理设置,可以有效地提升 QQ 使用安全。腾讯 QQ 安全设置界面如图 7.2.1 所示。

"密码"选项区域提供了记住登录密码、修改密码、申请密码保护、管理独立密码等功

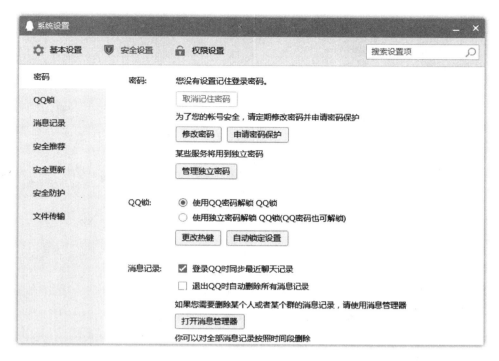

图 7.2.1　QQ 安全设置界面

能。如果用户在一台计算机上选择设置记住登录密码功能，以后再在这台计算机上登录就不需要输入密码，可以直接登录 QQ。对于多人使用这台计算机的情况，这样做很容易泄露 QQ 信息。密码保护方面，腾讯也做了很多措施。如为保护账号安全，用户需要定期修改密码，并申请密码保护。申请密码保护，用户可以设置保密手机、保密问题等加强 QQ 密码的安全，也为以后找回 QQ 密码提供方便。

QQ 锁是腾讯提供给所有用户保护个人隐私的一个功能，分为 QQ 全面锁定、界面锁定和部分登录方式锁定。QQ 锁界面锁定是指界面锁定后 QQ 依然在线并能接收消息，而他人不能查看该 QQ 的好友列表以及任何消息。只有当输入正确密码解锁后，才能查看 QQ 里面的信息。需要说明的是，锁定 QQ 前，已经打开的会话窗口会被自动隐藏起来而不是被关闭掉，当解锁后，会自动恢复锁定前打开的窗口。QQ 全面锁定是指锁定任何使用该 QQ 账号的途径，包括游戏、网页等。QQ 部分登录方式锁定是禁止 QQ 在手机或其他智能设备上登录。QQ 锁界面如图 7.2.2 所示。

消息记录是腾讯提供给用户保护个人隐私的又一个功能，能实现登录 QQ 时同步最近聊天记录、退出 QQ 时自动删除所有消息记录、启用消息记录加密、对全部消息记录按照时间段删除、对某个人或者某个群的消息记录进行删除等。用户可以根据自身需要选择以上功能保护个人隐私。QQ 消息记录界面如图 7.2.3 所示。

此外，在 QQ 安全设置中还有安全推荐、安全更新、安全防护、文件传输等功能选项。在"安全推荐"选项区域，QQ 建议安装 QQ 浏览器，从而增强访问网络的安全性；"安全更新"选项区域，主要负责 QQ 安全模块及时更新，从而保证 QQ 使用安全，用户可以设置

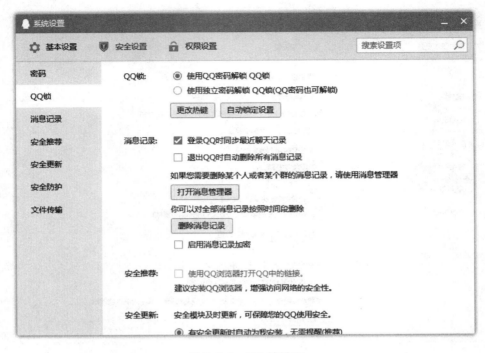

图 7.2.2　QQ 锁界面

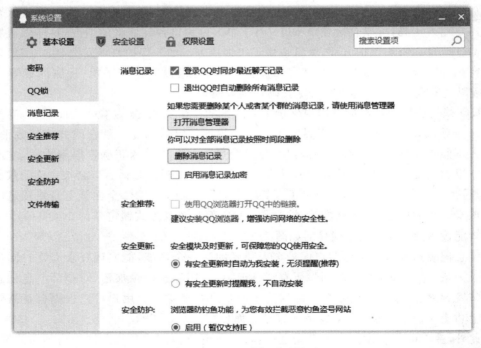

图 7.2.3　QQ 消息记录界面

安全更新的安装方式,一般选择"有安全更新时自动为我安装,无须提醒(推荐)"即可;"安全防护"选项区域,主要启用浏览器的防钓鱼功能,有效拦截恶意钓鱼盗号网站(现在暂时仅支持 IE 浏览器),推荐用户启用该功能;"文件传输选项"区域,可以设置文件传输的安全级别,分为高、中、低三个级别,一般采用推荐级别"中"即可。

2. QQ 权限设置

腾讯 QQ 在系统设置中还提供了权限设置功能。用户通过 QQ 的权限设置,可以很好地保护个人隐私信息。腾讯 QQ 权限设置界面包含个人资料、空间权限、防骚扰、临时会话、资讯提醒、个人状态和远程桌面等选项。通过对每个选项的合理设置,最大程度地防止在使用 QQ 时个人信息的泄露。QQ 权限设置界面如图 7.2.4 所示。

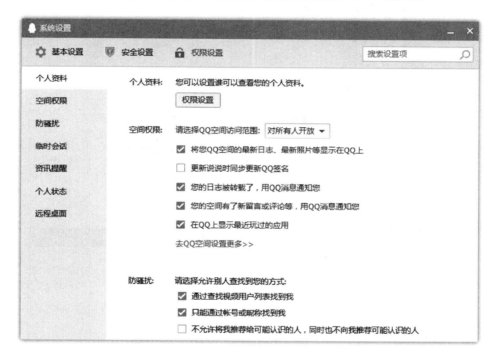

图 7.2.4　QQ 权限设置界面

"个人资料"选项区域可以设置谁可以查看用户的个人资料,如图 7.2.5 所示。

"空间权限"选项区域可以选择 QQ 空间的访问范围,分为对所有人开放、对部分人开放和对自己开放,其中,对"部分人开放"选项可以选择对部分指定好友开放 QQ 空间。此外空间权限还可以实现以下功能:选择将 QQ 空间最新日志、最新照片等显示在 QQ 上;更新说说时同步更新 QQ 签名;用户日志被转载时,用 QQ 消息通知用户;用户空间有了新留言或评论等,用 QQ 消息通知用户;在 QQ 上显示最近玩过的应用等,如图 7.2.6 所示。单击"去 QQ 空间设置更多"还可以在 QQ 空间设置更多的权限,如谁能看我的空间、谁能看我的访客、评论留言防骚扰、隐私设置、封存我的动态等。

"防骚扰"选项区域可以选择允许别人查找到自己的方式,以及选择适合用户自己的验证方式,如图 7.2.7 所示。

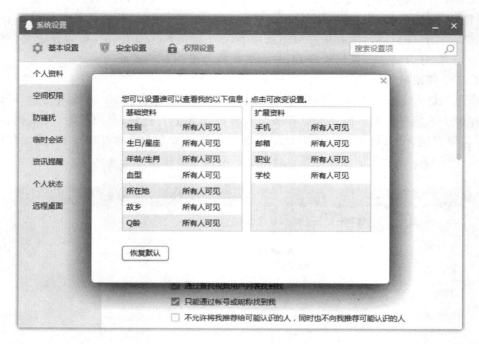

图 7.2.5　个人资料权限设置界面

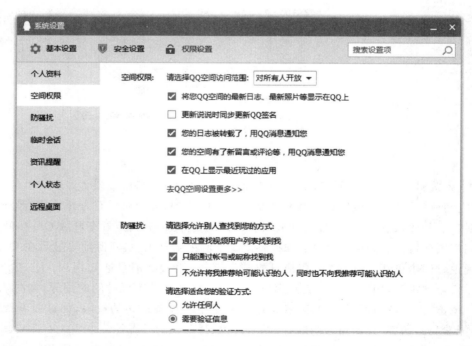

图 7.2.6　QQ空间权限设置界面

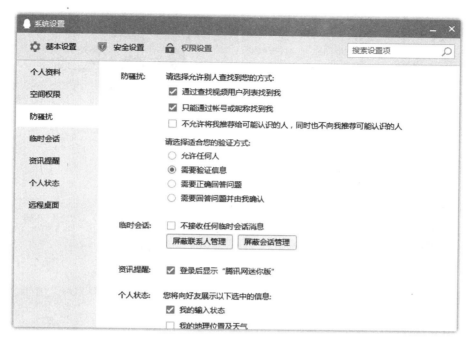

图 7.2.7　防骚扰权限设置界面

在 QQ 权限设置中还有临时会话、资讯提醒、个人状态和远程桌面等功能选项。在"临时会话"选项区域,可以设置不接收任何临时会话消息,可以设定屏蔽某个人或某些人的会话消息;"资讯提醒"选项区域可以选择登录后是否显示"腾讯网迷你版";"个人状态"选项区域可以设定向好友展示选中的信息,这些信息包括用户的输入状态、用户的地理位置及天气、用户正在播放的 QQ 音乐、用户正在玩的 QQ 游戏、用户正在玩的其他游戏、用户正在玩的 QQ 宠物、用户课程状态、用户的公益活动更新;"远程桌面"选项区域可以选择允许远程桌面连接用户的计算机、自动接收连接请求。

此外,还可以使用第三方软件提供 QQ 的安全性,如金山密保。金山密保是金山公司的一款专门为保护用户上网账号安全而开发的安全软件,专门对抗各种盗号木马,保护用户的网游、网银、即时聊天工具等网络软件的账号和密码安全。

手机使用 QQ 上网,可以下载安装 QQ 安全中心。QQ 安全中心是腾讯公司推出的 QQ 账号保护软件,让用户的 QQ 账号、Q 币和游戏装备等享受银行级别的安全保护,还能随时掌握 QQ 账号信息。QQ 安全中心功能包括密保管理、账号保护、账号急救、安全体检、账号申诉等功能,让账号更加安全可靠,如图 7.2.8 所示。其中,在特殊情况下可以使用紧急冻结功能,当用户发现账号异常又不能及时更改密码时,用户可以先紧急冻结账号,防止他人对用户的 QQ 财产进行转移,也可及时阻止他人冒充用户的身份诈骗好友。QQ 安全中心还推出了二维码安全检测、WiFi 风险检测、成长守护平台及安全头条等功能,如图 7.2.9 所示。

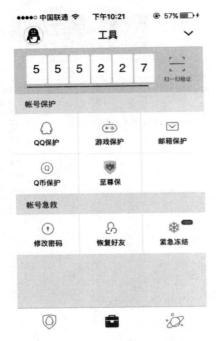

图 7.2.8　QQ 安全中心主界面　　　　图 7.2.9　QQ 安全中心"探索"界面

7.2.2　公共网络社交安全

网络社交是利用社会网络关系思想建立网络关系的一种应用形式。随着互联网的发展,人们的生活、学习、工作和娱乐越来越离不开网络社交,网络社交成了网络用户进行社会交流和信息传播的应用平台。

网络社交平台是由许多不同个人或团体的结点构成信息交流和传播的实体,实体之间存在各种社会关系。这个网络社交平台,为在线用户提供各种形式的应用活动,具体如下。

(1) 在允许范围内,建立公开或半公开的用户资料信息。

(2) 为用户提供网络聊天、交友和网络评论等服务。

(3) 为网络用户其他的应用开发提供开放接口。

随着我国科学技术的不断进步,网络社交也在逐渐地变化,我国网络社交用户数目在不断增加,同时也存在着信息比较开放和用户之间关系难以管理的特点。网络社交在为网络用户进行社会交流和信息传播提供极大的、方便的、快捷的途径的同时,它的安全隐患也暴露出来。个人用户和团体用户的信息资料经常被泄露,其安全隐私受到严重威胁。

1. 电子邮件

电子邮件是一种用电子手段提供信息交换的通信方式,是互联网应用最广的服务。电子邮件是个人和企业最常用的信息交流方式之一。使用电子邮件能及时地、有效地传递信息。电子邮件存在很多不安全的因素,如泄密、资料丢失、病毒、垃圾邮件等。

1) 防范垃圾邮件

中国互联网协会在《中国互联网协会反垃圾邮件规范》中将垃圾邮件定义为:

（1）收件人事先没有提出要求或者同意接收的广告、电子刊物、各种形式的宣传品等宣传性的电子邮件。

（2）收件人无法拒收的电子邮件。

（3）隐藏发件人身份、地址、标题等信息的电子邮件。

（4）含有虚假的信息源、发件人、路由等信息的电子邮件。

（5）未经用户请求强行发到用户信箱中的任何广告、宣传资料、病毒等内容的电子邮件。

应对垃圾邮件的策略包括：

（1）采用复杂规则的电子邮件地址可以减少被垃圾邮件发送者随机猜中的机会。

（2）防止暴露邮件地址，即不要在网上或其他场所随意公布自己的邮箱地址。

（3）进行基本内容过滤。黑名单垃圾邮件过滤，利用黑名单垃圾邮件过滤软件查看收到邮件的发件人是否为发送垃圾邮件者，然后将其删除或放入专门的邮箱备查；白名单垃圾邮件过滤，利用白名单垃圾邮件过滤软件把发件人地址与可信的邮件发送地址表进行对比。

2）防范电子邮件病毒

电子邮件病毒是指电子邮件内藏有病毒，在浏览邮件时或下载附件时潜伏到计算机中。这些病毒会影响计算机的正常使用。防范电子邮件传播病毒的方法包括：

（1）不要轻易执行附件中的 *.exe 和 *.com 文件，这些附件很可能带有病毒或木马程序。

（2）不要轻易退出木马防火墙，安装杀毒软件，经常进行杀毒。

（3）在查看邮件或下载未知软件前提高警惕，仔细核实邮件的来源，不要轻易打开不明邮件及来历不明的链接、附件等。

（4）尤其注意不要被钓鱼邮件所欺骗。一旦打开非法链接或附件，就有可能被木马、病毒等入侵，导致文件损坏丢失、系统瘫痪或隐私信息泄露。

（5）不要浏览可能藏有病毒的网页和下载不明软件，以防病毒。

（6）另外，根据国家相关法律法规规定，用户不得使用电子邮箱存储、处理、传输涉密信息和工作敏感信息。

3）电子邮箱安全设置

目前互联网上的电子邮箱系统有很多，常用的电子邮箱有 QQ 邮箱，网易 163、126 邮箱，移动 139 邮箱，Gmail 等。电子邮箱使用的用户也分为免费和收费（会员）两种类型。无论什么样的用户，各电子邮箱系统都会为用户提供电子邮箱安全设置功能，以下以网易 163 邮箱为例概要说明其安全设置过程。

网易 163 邮箱用户在注册或登录邮箱后，在网页的界面上选择"设置"→"邮箱安全设置"后，可以从登录安全、隐私安全、安全提醒等方面进行安全设置，如图 7.2.10 所示。

- 登录安全：包括登录二次验证、人脸识别两方面。邮箱登录二次验证为账户增加安全保障，当用户登录账户时，须向用户的手机发送验证码，实现通过登录密码和手机验证码两种方式为账号提供双重保护；人脸识别是通过生物验证的方法加强邮箱账号安全。

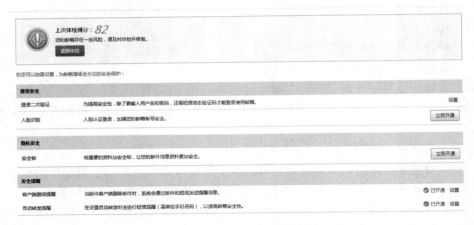

图 7.2.10   网易 163 邮箱安全设置界面

- 隐私安全：安全锁是对邮箱内的记事本、网易网盘、理财易、其他文件夹、邮箱中心五个范围进行加锁保护，使邮件信息资料更加安全。
- 安全提醒：包括客户端删信提醒、自动转发提醒两方面。客户端删信提醒就是邮件客户端删除邮件时，由系统 POP3 服务器（pop.163.com）、SMTP 服务器（smtp.163.com）、IMAP 服务器（imap.163.com）等通过邮件发送提醒信息；自动转发提醒就是在绑定手机号码的情况下进行短信提醒，提高邮箱的安全性。

此外，网易 163 电子邮箱还有反垃圾/黑、白名单功能。在反垃圾规则中，可以设置反垃圾级别、垃圾邮件处理等，如图 7.2.11 所示；在黑、白名单中添加用户需要拒收或接收的其他人电子邮箱地址，如图 7.2.12 所示。

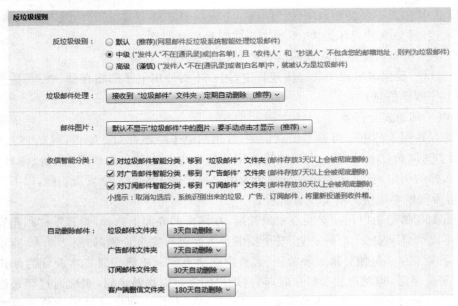

图 7.2.11   网易 163 邮箱反垃圾规则设置界面

图 7.2.12　网易 163 邮箱黑、白名单设置界面

2. 微博

微博(Weibo),即微型博客的简称,是一种通过关注机制分享简短实时信息的广播式的社交网络平台。微博是一个基于用户关系信息分享、传播以及获取的平台,用户可以通过 Web、WAP 等各种客户端组建个人社区,以不超过 140 字(包括标点符号)的文字更新信息,并实现即时分享。

目前国内的微博产品比较多,包括新浪微博、腾讯微博、搜狐微博、网易微博、人民网微博、凤凰网微博、新华网微博等,但如若没有特别说明,微博就是指新浪微博。据中国互联网信息中心统计,截至 2018 年 6 月,微博用户规模达 4.25 亿。微博成为中国网民上网的主要活动之一,在微博中出现的各种网络热词也迅速走红网络,微博效应正逐渐形成。

微博具有很多特点,主要包括以下几个方面。

- 信息获取具有很强的自主性、选择性,用户可以根据自己的兴趣偏好,选择是否"关注"某用户,并可以对所有"关注"的用户群进行分类。
- 微博的影响力有很大弹性,与内容质量高度相关。其影响力与用户现有的被"关注"数量有很大关系。用户发布信息的吸引力、新闻性越强,对该用户感兴趣、关注该用户的人数也越多,其影响力越大。
- 内容短小精悍。微博的内容限定为不超过 140 字,内容简短,无须长篇大论,门槛较低。
- 信息共享便捷迅速。可以通过各种连接网络的平台,在任何时间、任何地点即时发布信息,其信息发布速度超过传统纸媒及网络媒体。

新浪微博可以在线开通个人账号、企业账号,同时也可以在线与粉丝互动、沟通、私信等。用户要注意账号安全设置与个人隐私。下面以新浪微博账号安全、隐私设置为例,具体操作如下。

(1)打开新浪微博,登录成功后单击"设置"按钮,在下拉列表中选择"账号与安全",在弹出的界面中进行相关设置即可,如图 7.2.13 所示。

(2)进入新浪微博,单击"设置"按钮,在下拉列表中选择"隐私设置",在弹出的界面中进行相关设置,如图 7.2.14 所示。

(3)进入新浪微博,单击"设置"按钮,在下拉列表中选择"消息设置",在弹出的界面中进行相关设置,如图 7.2.15 所示。

此外,在微博账号里还可以进行屏蔽、偏好和账号绑定等设置。

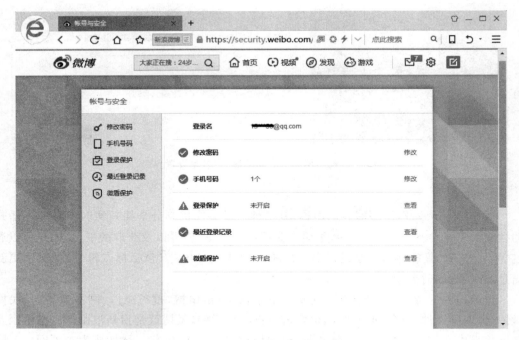

图 7.2.13　微博账号与安全设置界面

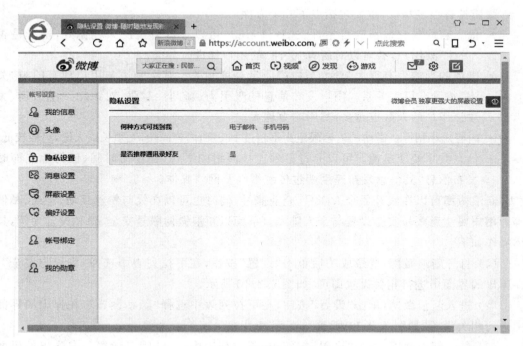

图 7.2.14　微博隐私设置界面

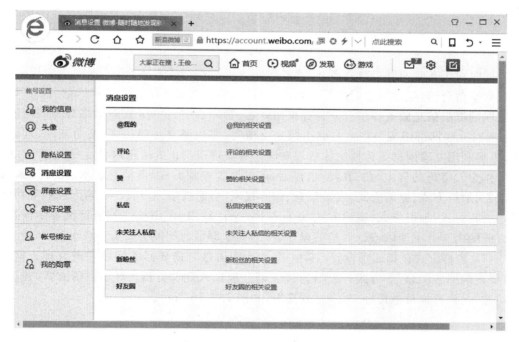

图 7.2.15　微博消息设置界面

3. 群组

本着"物以类聚,人以群分"的基本原则,将有相同爱好或者相同特征的一群人集合到一起聊天和交流的群体就是群组。互联网群组是指互联网用户通过互联网站、移动互联网应用程序等建立的,用于群体在线交流信息的网络空间,如目前广泛使用的 QQ 群、微信群等就是典型的互联网群组。群组是有着相同爱好的朋友聚集在一起组成的聚集地,群组也是各种话题的发源地。群组更注重大家能够更好地交流。群组里的人员可以是现实生活中认识的朋友,也可以是从未见过的陌生人。在群组里大家可以讨论感兴趣的话题,交流各自的经验心得。

随着互联网群组的增加,其功能分类也各不相同,有工作群、同学群、购物群、业务群等多种多样的互联网群组,有些群组的组成成员也杂乱无章。互联网群组作为最新的重要的公共社交网络平台,必然带来信息内容传播、组员管理等安全问题。

国家互联网信息办公室于 2017 年 9 月 7 日印发的《互联网群组信息服务管理规定》中对于互联网群组信息服务提供者,互联网群组建立者、管理者,互联网群组成员都明确提出相应的责任和义务。

其中对互联网群组信息服务提供者提出:应当采取必要措施保护使用者个人信息安全,不得泄露、篡改、毁损,不得非法出售或者非法向他人提供;应当根据互联网群组的性质类别、成员规模、活跃程度等实行分级分类管理,制定具体管理制度;应当建立互联网群组信息服务使用者信用等级管理体系,根据信用等级提供相应服务;应当根据自身服务规模和管理能力,合理设定群组成员人数和个人建立群数、参加群数上限;应根据群组规模类别,分级审核群组建立者真实身份、信用等级等建群资质,完善建群、入群等审核验证功能,并标注群组建立者、管理者及成员群内身份信息;应设置和显示唯一群组识别编码,对成员达到一定规模的群组要设置群信息页面,注明群组名称、人数、类别等基本信息等。

同时对于互联网群组建立者、管理者提出要履行群组管理责任,依据法律法规、用户协议和平台公约,规范群组网络行为和信息发布,构建文明有序的网络群体空间;并且规定互联网群组信息服务提供者应为群组建立者、管理者进行群组管理提供必要的功能权限;同时互联网群组成员在参与群组信息交流时,应当遵守法律法规,文明互动、理性表达,不得利用互联网群组传播法律法规和国家有关规定禁止的信息内容。

作为 QQ 群的群主,在 QQ 群组建后,可以设置查找方式、群消息提示、图片屏蔽、置顶设置、加群方式、邀请方式、成员信息、访问权限、会话权限、应用权限、聊天面板等功能,其中查找方式、加群方式、邀请方式、访问权限、会话权限、应用权限等项目设置中涉及安全方面的内容。下面以 QQ 群组的建立者,即 QQ 群主为例说明安全注意事项。

(1)加群方式包括 8 项设置,其中"需要验证消息""需要回答问题并由管理员审核""需要正确回答问题"等方式一般指通过验证才能加入此 QQ 群;对于邀请方式,建议不要勾选"允许群成员邀请好友加群"复选框,如图 7.2.16 所示。

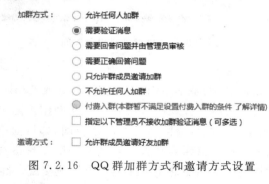

图 7.2.16　QQ 群加群方式和邀请方式设置

(2)对于访问权限,建议选择"非群成员不能进入";对于会话权限,群主可依据实际会话需要分配权限;对于应用权限,群主可依据实际群功能设置"允许所有人"或"仅允许群主和管理员"上传群文件或上传相册,如图 7.2.17 所示。

4. 论坛社区

论坛社区是一个和网络技术有关的网上交流场所,是互联网上以论坛、贴吧、社区等形式,为用户提供互动式信息发布的社区平台。

论坛就是指大家常提的 BBS(Bulletin Board System),也称为"电子布告栏系统"。早期 BBS 与一般街头和校园内的公告板性质相同,只不过是通过网络传播和获得消息。论坛一般由站长(创始人)创建,并设立各级管理人员对论坛进行管理,包括论坛管理员(Administrator)、超级版主(Super Moderator,有的称"总版主")、版主(Moderator,俗称"斑猪""斑竹")。超级版主的权限低于站长(不过站长本身也是超级版主),一般来说超级版主可以管理所有的论坛版块,而普通版主只能管理特定的版块。目前,国内的著名的论坛主要有猫扑社区、天涯社区、搜狐论坛、网易论坛、新浪论坛、百度贴吧等。

伴随着论坛的迅速发展,目前论坛分为综合性论坛和专题类论坛,以良好的实时性、

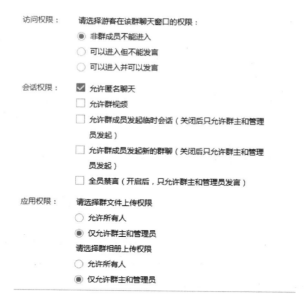

图 7.2.17 QQ群访问权限、会话权限和应用权限配置

互动性等特性实现了人与人之间语言文化的共享,同时依据各论坛的功能大体上可分为教学型、推广型、地方性、交流性等方式。论坛的主要特点表现在:

(1)利用论坛可以有效地为企业提供营销传播服务,几乎企业所有的营销诉求都可以通过论坛传播得到有效的实现。

(2)专业论坛通过各种置顶帖、普通帖、连环帖、论战帖、多图帖、视频帖等提高论坛空间的传播效率。

(3)利用论坛活动强大的聚众能力举办各类踩楼、灌水、帖图、视频等活动,调动网友与企业之间的互动,进行产品宣传服务。

(4)利用论坛的交流与互动,提供多样的供求信息、交友信息、线上线下活动信息、新闻事件等。

网络论坛的弊端也不容忽视,主要表现在:

(1)对全体网民参与的网络文化内容会受到真实性的冲击。

(2)有时因为权限的设置问题对个人隐私造成严重威胁。

(3)因为网络言论控制不利引发的社会舆论问题。

(4)在论坛上发布、传播法律法规和国家有关规定禁止的信息。

(5)网络草根文化的发展有时给社会意识形态带来负面影响。

2017年10月1日起实施的《互联网论坛社区服务管理规定》中明确了互联网论坛社区服务提供者的主要责任与义务,其中提出互联网论坛社区服务提供者应当落实主体责任,建立健全信息审核、公共信息实时巡查、应急处置及个人信息保护等信息安全管理制度,具有安全可控的防范措施,配备与服务规模相适应的专业人员,为有关部门依法履行职责提供必要的技术支持。

《互联网论坛社区服务管理规定》特别明确了互联网论坛社区服务提供者不得利用互

联网论坛社区服务发布、传播法律法规和国家有关规定禁止的信息；互联网论坛社区服务提供者应当加强对其用户发布信息的管理，发现含有法律法规和国家有关规定禁止的信息的，应当立即停止传输该信息，采取消除等处置措施，保存有关记录，并及时向国家或者地方互联网信息办公室报告；互联网论坛社区服务提供者对于论坛社区版块发起者、管理者应当履行与其权利相适应的义务，对违反法律规定和协议约定、履行责任义务不到位的，服务提供者应当依法依约限制或取消其管理权限，直至封禁或者关闭有关账号、版块；互联网论坛社区服务提供者应当加强对其用户发布信息的管理，如按照身份实名制、电话认证后注册账号，并对版块发起者和管理者严格实施真实身份信息备案、定期核验等。

7.3 互联网商务安全

随着电子商务以及网上银行作为购物与金融交易手段被广泛采用，利用网络进行以获取经济利益为目的的犯罪活动越来越猖獗，保证网络安全变得越来越重要。互联网商务安全已成为影响用户参与互联网商务活动，阻碍我国互联网商务健康发展的关键问题之一。

7.3.1 网络购物安全

网络购物，通常简称"网购"，是互联网、银行、现代物流业发展的产物，通过 Internet 的购物网站购买自己需要的商品或者服务。随着我国科技的迅速发展，网络购物成为生活中人们购物的主要方式之一。

1. 网络购物的安全隐患

网络购物虽然快捷、方便、经济实惠，但也存在很多安全隐患，大体上网络购物的安全隐患主要包括以下几个方面。

1）虚假信息

购物网站可能会有许多虚假信息。如虚假广告，有些网站虚假宣传，消费者购买到的商品和网上看到的样品不一致，在许多投诉案例中，消费者都反映货到后和样品不相符；如低价诱惑，网站上许多产品价格远低于市场价，该产品很可能是次品或者是从非正规渠道进的货。

2）支付安全

在网上购买商品，一般需要进行网络支付，这就涉及网络支付以及网络交易的安全问题。如果交易的网购环境得不到保证，那么消费者、商家及银行等会出现一系列严重问题，给多方带来损失。所以为大家提供安全、快捷、放心的网上支付环境至关重要。因此，用户必须加强安全防范意识，养成良好的网上银行交易习惯。

3）网络钓鱼陷阱

网络钓鱼通常利用欺骗性的电子邮件和伪造的 Web 站点进行诈骗活动。受骗者往往会泄露账号和交易密码。防钓鱼网站的方法如下。

（1）不要把自己的隐私资料通过网络传输，包括银行卡号码、身份证号、电子商务网站账户等资料不要通过 QQ、MSN、E-mail 等软件传播，这些途径可能被黑客利用来进行诈骗。

（2）不要相信网上流传的消息，除非得到权威途径的证明。如网络论坛、新闻组、聊天工具上往往有人发布谣言和链接，伺机窃取用户的身份资料、账户信息等。

（3）如果涉及金钱交易、商业合同、工作安排等重大事项，不要仅仅通过网络完成，有心计的骗子可能通过这些途径了解用户的资料，伺机诈骗。

（4）不要轻易相信通过电子邮件、网络论坛、聊天工具等发布的中奖信息、促销信息等，除非得到另外途径的证明。正规公司一般不会通过电子邮件给用户发送中奖信息和促销信息，而骗子往往喜欢这样进行诈骗。

2. 网络购物的账户安全

近年来我国网络购物用户的规模逐年扩大，网络零售继续保持高速增长。目前在互联网上可进行网络购物的网站很多，包括京东、当当、亚马逊、天猫、拍拍、阿里巴巴、淘宝特卖、聚划算、一淘网、凡客、唯品会、苏宁易购、国美在线等很多在线综合的或专门的购物网站。使用这些网站进行网络购物的用户一般都要注册账户，并通过账户完成一单一单的网络交易。

淘宝网是亚太地区较大的网络零售商圈，也是深受中国网民欢迎的网购零售平台，拥有 5 亿多注册用户，每天有超过 6000 万的固定访客，同时每天的在线商品数已经超过 8 亿件，平均每分钟售出 4.8 万件商品。随着淘宝网规模的扩大和用户数量的增加，淘宝网也从单一的 C2C 网络集市变成了包括 C2C、团购、分销、拍卖等多种电子商务模式在内的综合性零售商圈，目前已经成为世界范围的电子商务交易平台之一。下面以淘宝网的购物账号为例说明其安全设置过程。

通过 http://www.taobao.com 进入淘宝网主页，登录注册过的淘宝网账号后，在用户自己的账号下选择"账号管理"→"安全设置"，对用户的安全服务包括身份认证、登录密码、密保问题、绑定手机等几个方面，如图 7.3.1 所示。

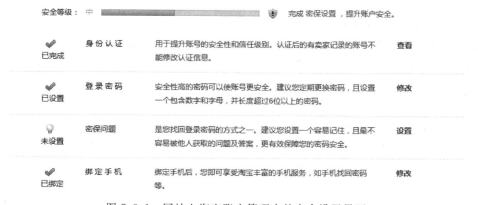

图 7.3.1　网站上淘宝账户管理中的安全设置界面

- 身份认证：确认支付宝是否实名认证，包括姓名、身份证号或通过上传的身份证件认证。

- 登录密码：为账号设置一个包含数字、字母且长度超过 6 位以上的密码，或是定期或不定期更换密码，用安全的密码来保障账号安全。
- 密保问题：一种找回登录密码的方式，用户设置一个问题及答案，要找回登录密码时使用，从而保证账号密码安全。
- 绑定手机：账号绑定手机后可用手机找回登录密码。

此外，在淘宝网的账号管理里还可以进行支付宝绑定设置、微博绑定设置、网站提醒、应用授权等方面的配置，从不同角度增加账号其他方面的管理安全性。

如果在手机上安装淘宝网的客户端，在打开淘宝客户端时，单击右下角的"我的淘宝"，选择"设置"，进入"账户与安全"，如图 7.3.2 所示。

图 7.3.2   手机客户端淘宝账户与安全界面

其中，设置登录密码、内置安全密码、支付宝账户安全险、安全中心、账户保护等功能都涉及网络购物账户的安全保护，用户可依据账户需要进行账户保护，如声纹密保、扫脸等方法。

7.3.2   网络支付安全

近年来，随着互联网的快速发展，网络购物已成为消费者选择购物的主要方式之一。网络购物带来的方便、快捷、成本低等购物环境，得到广大用户的青睐。网络支付是网络购物中最为重要的组成部分，网络支付关乎消费者、商家及银行三方的切身利益，因此网络支付的安全性至关重要。

网络支付是指电子交易的当事人，包括消费者、商家和金融机构，使用安全电子支付手段通过网络进行的货币支付或资金流转。网络支付是采用先进的技术通过数字流转来完成信息传输的。相对于传统现金支付，网络支付过程中的买卖双方并不直接照面，这在一定程度上也令网络支付存在着现实风险隐患。越来越多的网络支付安全问题随之而出,如个人信息泄露、支付宝账号被盗、网购中的各种纠纷等问题层出不穷,网络支付安全问题是目前急需解决的问题。此外,用户在日常使用网络支付过程中,也需要通过一定的安全防范措施预防与规避各类风险和隐患。

1. 支付宝

支付宝(中国)网络技术有限公司(以下简称支付宝)是一家国内领先的独立第三方支付平台,是阿里巴巴集团的关联公司。支付宝致力于为中国电子商务提供"简单、安全、快速"的在线支付解决方案。

支付宝创新的产品技术、独特的理念及庞大的用户群吸引越来越多的互联网商家主动选择支付宝作为其在线支付体系。目前,支付宝已发展成为融合了支付、生活服务、政务服务、社交、理财、保险、公益等多个场景与行业的开放性平台,范围涵盖了 B2C 购物、航旅机票、生活服务、理财、公益等众多方面。这些商家在享受支付宝服务的同时,也同时拥有了一个极具潜力的消费市场。支付宝用户与日俱增,用户在使用的同时,也要加强其安全性设置。增强支付宝账户安全性的措施如下。

(1) 妥善保管好自己的账户和密码。

不要在任何时候以任何方式向别人泄露自己的密码。支付宝绝对不会以任何名义、任何方式向用户索取密码;支付宝联系用户一律使用公司固定电话,对外电话显示区号为 0571,任何时候都不会使用手机联系用户,并且工作人员都会主动向用户报上姓名。如果有人知道用户的支付宝账户和密码,应立即更改密码并联系支付宝公司;如果用户向别人透露了银行密码,应及时到银行柜台办理修改密码手续。

(2) 创建一个安全密码。

支付宝有两个密码,分别是"登录密码"和"支付密码"。这两个密码需要分别设置,不要设置成同样一个密码。这样即使泄露某一项密码,账户资金安全依然能够获得保障。密码最好是数字、字母以及特殊符号的组合,不要选择使用生日和昵称作为登录密码或支付密码。不要使用与其他的在线服务(如易趣、MSN 或网上银行)相同或雷同的密码。在多个网站中使用相同的密码会增加其他人获取用户密码并访问账户的可能性。

(3) 认真核实支付宝的网址。

支付宝的官方网址为 www.alipay.com,不要从来历不明的超链接访问网站;支付宝登录页面的网址开头为 https://www.alipay.com。仅在路径以 https://www.alipay.com 开头的页面上输入支付宝用户名和密码,而不要在其他路径的页面中输入。即使在网页的网址中包含有 alipay 一词,也有可能不是支付宝的网站。

假冒网站(也称为"欺诈"网站)会试图模仿支付宝的样式、风格获得用户的密码以及对用户支付宝账户的访问权限。如果网址中斜杠前包含其他字符,如@、下画线等,那么该网站绝不是支付宝的网站。

(4) 开通专业版网银进行付款。

对于经常进行网上消费的用户,可去银行柜台办理网上银行专业版开通手续,在自己的上网终端安装网上银行数字证书,确保银行账户安全。

(5) 遵守支付宝购物交易流程。

买家一定要在自己收到货且没有异议后去单击确认收到货,如果买家在未收到货或者收到的货物与卖家的描述不符的情况下,就单击确认收到货,将因此承担不必要的损失。买家在付款后应经常查看支付宝提示的"完成本次交易"的剩余时间,如果长时间没有收到货物,应及时向支付宝提出退款申请。

卖家一定要在确认买家付款以后再发货。如果在买家还没有付款的情况下就先发货,没有按照支付宝流程操作,造成的损失由卖家本人承担。

支付宝安全设置的具体步骤如下:登录支付宝个人页面后,选择"账户设置"→"安全设置",打开"安全设置"界面,如图7.3.3所示。

图 7.3.3　支付宝安全设置界面

登录密码:登录支付宝账户时需要输入的密码。支付宝要求用户设置的登录密码必须是8~20位英文字母、数字或符号,不能是纯数字或纯字母。用户应确保登录密码与支付密码不同。此外,定期更换登录密码可以让账户更加安全。

支付密码:在账号资金变动、修改账号信息时需要输入的密码。

安全保护问题:将作为重要的身份验证方式,要认真设置。

账户安全险:保障支付宝快捷支付、余额、余额宝、理财资金安全,保障支付宝账户因被盗导致的资金损失。支付宝用户只需花费极少的钱即可购买此服务。

设备锁:开启后,账号在同一时间只能在同一浏览器上登录。

此外,关于支付宝小额免密支付功能,用户可以设定一个额度,当付款金额小于该额度时,无须输入支付密码。在不必要的情况下尽量不要开启该功能。应用授权和代扣服务也尽量不授权第三方应用。

2. 微信支付

微信支付是集成在微信客户端的支付功能,用户可以通过手机完成快速的支付流程。

微信支付以绑定银行卡的快捷支付为基础,向用户提供安全、快捷、高效的支付服务。

使用微信支付,必须首先绑定某一银行卡,用户绑卡过程如下。

(1) 打开微信,进入到"我"选项,单击"钱包"。

(2) 进入到"钱包"选项后,单击右上角的"银行卡",进入"我的银行卡"选项后,单击"添加银行卡"。

(3) 根据提示输入银行卡的持卡人姓名和卡号。

(4) 填写卡类型、手机号码,进行绑定。

(5) 手机会收到一条附带验证码的短信,填写后确认。

(6) 输入两次,完成设置支付密码,银行卡绑定成功。

目前微信支付已实现刷卡支付、扫码支付、公众号支付、APP 支付,并提供企业红包、代金券、立减优惠等营销新工具,满足用户及商户的不同支付场景。其中,扫码支付(使用微信扫描二维码,完成支付)和刷卡支付(用户展示条码,商户扫描后,完成支付)最为常用。

微信支付有如下五大安全保障为用户提供安全防护和客户服务。

- 技术保障:微信支付后台有腾讯的大数据支撑,海量的数据和云计算能够及时判定用户的支付行为是否存在风险。基于大数据和云计算的全方位的身份保护,最大限度保证用户交易的安全性。同时微信安全支付认证和提醒,从技术上保障交易的每个环节的安全。

- 客户服务:7×24 小时客户服务,加上微信客服,及时为用户排忧解难。同时为微信支付开辟的专属客服通道,以最快的速度响应用户提出的问题并做出处理判断。

- 业态联盟:基于智能手机的微信支付,将受到多个手机安全应用厂商的保护,如腾讯手机管家等,将与微信支付一道形成安全支付的业态联盟。

- 安全机制:微信支付从产品体验的各个环节考虑用户心理感受,形成整套安全机制和手段。这些安全机制包括硬件锁、支付密码验证、终端异常判断、交易异常实时监控、交易紧急冻结等。

- 赔付支持:如果出现账户被盗、被骗等情况,经核实确为微信支付的责任后,微信支付将在第一时间进行赔付、交易紧急冻结等。

用户在使用微信支付时,可从以下几个方面做安全设置。

1) 微信账号的安全设置

使用微信支付,首先要保证微信账号的安全。登录微信,选择右下角的"我",在个人微信界面,选择"设置",在设置界面选择"账号与安全",在设置界面可以设置微信号(只能设置一次)、手机号、微信密码、声音锁、应急联系人、登录设备管理、更多安全设置、微信安全中心等内容。

手机号:手机绑定成功后,用户可以查看手机通讯录中有哪些好友在使用微信,并可以通过绑定手机找回微信密码。

微信密码:用户应将密码设置为强度大的密码,并且不使用与微信支付密码相同或相近的密码。

应急联系人：用户为了方便找回密码，可以设置几个紧急联系人，在找回密码的时候，会发送验证给他们。

登录设备管理：开启账号保护，在其他设备上登录用户的微信号，必须要用手机验证码才能登录，这样可防止被盗号。

更多安全设置：可以绑定 QQ 号、邮箱地址，通过 QQ 或邮箱验证找回密码。

微信安全中心：有找回账号密码、解封账号、冻结账号、解冻账号、投诉维权、注销账号等功能。

2）微信支付管理设置

登录微信，选择右下角的"我"，在个人微信界面，选择"钱包"，在钱包界面，选择右上角四个方形框表示的设置，选择"支付管理"。支付管理界面如图 7.3.4 所示。

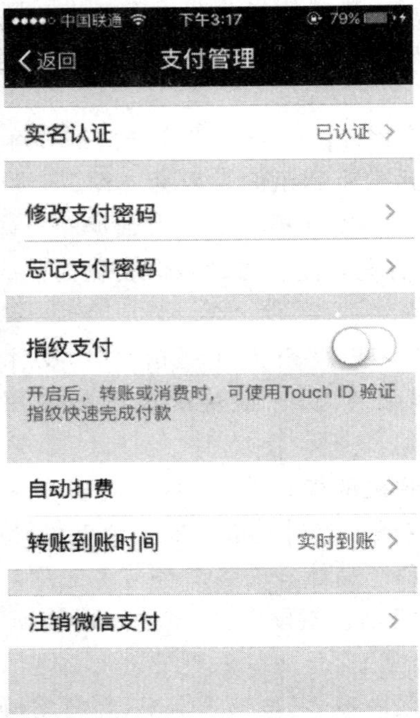

图 7.3.4 支付管理界面

支付管理界面主要有实名认证、修改支付密码、忘记支付密码、指纹支付、自动扣费、转账到账时间和注销微信支付等几大功能模块。

实名认证：通过姓名、证件类型、证件号等信息完成对用户的实名认证。在《非银行支付机构网络支付业务管理办法》中将个人支付账户分为Ⅰ类、Ⅱ类和Ⅲ类。其中Ⅰ类账户只需要一个外部渠道验证客户身份信息（例如联网核查居民身份证信息），账户余额可以用于消费和转账，主要适用于客户小额、临时支付，身份验证简单快捷。Ⅱ类和Ⅲ类账户的客户实名验证强度相对较高，能够在一定程度上防范假名、匿名支付账户问题，防止不法分子冒用他人身份开立支付账户并实施犯罪行为，因此具有较高的交易限额。

修改支付密码：为安全起见，建议用户定期进行支付密码的修改。

忘记支付密码：可以通过重新绑定银行卡或绑定新银行卡的方法找回支付密码。

指纹支付：开启该功能后，转账或者消费时，可使用 Touch ID 验证指纹快速完成付款。

自动扣费：某些 APP 或者注册网络会员时，通常开通了自动扣费的功能，也就是免密支付。使用这种微信支付是为了方便快捷地在线付款，但也有用户因此不小心落入支付的陷阱。用户应定期查看微信支付开启的自动扣费签约的项目，定期关闭不必要的服务，以免引起不必要的损失。

转账到账时间：分为实时到账、2 小时到账、24 小时到账三类。由于骗子猖獗，现在 ATM 转账默认都是 24 小时后到账，让用户有挽回损失的时间。微信支付也设置了转账到账时间这一功能，延迟到账，防止微信转账出错。用户可以根据自己的需要选择到账时间。

注销微信支付：该功能用来注销微信支付账户。必须满足相关条件才能注销，如微信支付零钱余额不能超过 50 元、必须解除所有的自动扣费业务。

3）微信支付安全设置

登录微信，选择右下角的"我"，在个人微信界面，选择"钱包"，在钱包界面，选择右上角四个方形框表示的设置，选择"支付安全"。支付安全界面如图 7.3.5 所示。

图 7.3.5 支付安全界面

支付安全界面主要有数字证书、钱包锁和全额承保三大功能模块。建议用户将该三大功能开启。

数字证书：启用数字证书时需要验证身份，能够提高支付安全性，同时也能提高每日零钱支付限额。

　　钱包锁：包括指纹解锁和手势密码解锁，开启后进入钱包需要验证相关信息。

　　全额承保：中国人民财产保险股份有限公司承保的 24 小时极速理赔服务。

7.4　互联网娱乐安全

　　近年来，网络游戏在国内外蓬勃发展，呈现出一片繁荣景象。然而，也出现了一些网络游戏的安全问题，如非法挂机外挂，游戏币被诈骗、盗取。网络直播作为一种新兴的网络社交方式，也存在很多安全问题和社会问题。

7.4.1　网络游戏安全

　　网络游戏，英文名称为 Online Game，又称"在线游戏"，简称"网游"，指以互联网为传输媒介，以游戏运营商服务器和用户计算机为处理终端，以游戏客户端软件为信息交互窗口的旨在实现娱乐、休闲、交流和取得虚拟成就的具有可持续性的个体性多人在线游戏。网络游戏是区别于单机游戏而言的，是指玩家必须通过互联网连接来进行多人游戏。一般指由多名玩家通过计算机网络在虚拟的环境下对人物角色及场景按照一定的规则进行操作以达到娱乐和互动目的的游戏产品集合。网络游戏常见的风险包括网络游戏账号被盗、网站充值欺骗等。

1. 网络游戏账号被盗

　　目前网络游戏已成为很多人生活的一部分，网络游戏中的很多装备甚至级别高的账号也成为玩家的财产，在现实世界中可以用来交易。网上有不法分子专门通过盗窃网络游戏的账号牟取利益。网络游戏世界里，一件极品装备、一个高级账号，要花费玩家很多金钱、心血，对其倾注的感情更是无法用金钱衡量。因此，玩家最为担心的事情莫过于自己的游戏账号被盗窃、虚拟物品不翼而飞。

　　盗取游戏账号的最常见方法就是使用网游盗号木马。功能强大的网游盗号木马可以盗取多款网络游戏的账号和密码信息。通过在用户计算机中安装或当用户浏览网页、下载资料时将木马自动植入用户的计算机中，截获用户的账号资料并发送到木马种植者指定的位置，更有一些盗号木马会把游戏账号里的装备记录下来一起发送给木马种植者。

　　盗号的防范主要还是在于防止账户信息泄露和鉴别登录用户身份。针对撞库攻击和暴力破解的盗号，多数游戏公司如网易、腾讯等采用验证码、同 IP 登录限制等方式进行防范；在防范网络钓鱼方面，游戏公司一般会联合网监部门进行打击，同时在游戏中对网址内容进行检查；在登录用户身份鉴别上，除了对 IP 的检查，提供二次验证是多数游戏公司常用的办法，如网易推出的将军令，还有小型游戏公司提供的密保卡、手机二次验证等，也都是比较常用的防范方法。

　　网络游戏玩家提高安全防范意识是保证账号和密码不被盗窃的关键因素，用户应做到注意核实网游网址；输入密码时尽量使用软键盘，并防止他人偷窥；为计算机安装安全防护软件，从正规网站上下载网游插件，不下载和安装一些来历不明的软件，特别是外挂程序；如发现账号异常,应立即与游戏运营商联系。

2. 网站充值欺骗

玩家在玩网络游戏的过程中,为了更快地升级,有的时候需要用金钱购买更精良的装备,需要在相应的充值功能区使用金钱来购买游戏中的装备或点数。一些不法分子模拟游戏厂商界面或在游戏界面中添加具有诱惑性的广告,诱惑用户充值。游戏网站充值欺骗一般使用钓鱼网站等欺骗手段。如非法网站 http://www.pay163.com 冒充真实的网游点数卡充值中心 http://pay163.com 进行欺骗。不法分子常用的欺骗方式有：冒充管理员或者工作人员骗取账号密码;利用账号买卖等形式骗取账号和密码;发送虚假信息欺骗用户;冒充朋友,在游戏中骗取用户账号、点卡等信息。

此外,随着网络游戏的发展,市场上出现了一些账号交易安全服务、虚拟财产保险等衍生服务。玩家可购买第三方交易服务,不但防止泄露账户信息,还在一定程度上实现对虚拟财产的追踪冻结和追回。

7.4.2　网络直播安全

网络直播可以在同一时间通过网络系统在不同的交流平台观看影片,是一种新兴的网络社交方式,网络直播平台也成为了一种崭新的社交媒体。网络直播主要分为实时直播游戏、电影或电视剧等。网络直播吸取和延续了互联网的优势,利用视讯方式进行网上现场直播,可以将产品展示、相关会议、背景介绍、方案测评、网上调查、对话访谈、在线培训等内容现场发布到互联网上,利用互联网的直观、快速、表现形式好、内容丰富、交互性强、地域不受限制、受众可划分等特点,加强活动现场的推广效果。一般在现场直播完成后,还可以随时为读者继续提供重播、点播,有效延长了直播的时间和空间,发挥直播内容的最大价值。

国内网络直播大致分两类：一类是在网上提供电视信号的观看,例如各类体育比赛和文艺活动的直播,这类直播的原理是将电视(模拟)信号通过采集,转换为数字信号输入计算机,实时上传到网站提供给用户观看,相当于“网络电视”;另一类则是真正意义上的“网络直播”,在现场架设独立的信号采集设备(音频＋视频)导入导播端(导播设备或平台),再通过网络上传至服务器,发布到网站上提供给用户观看。第二类网络直播较前者的最大区别在于直播的自主性,其独立可控的音视频采集,完全不同于转播电视信号的单一收看。据中国互联网络信息中心统计,截至 2018 年 6 月,我国网络直播用户共 4.25亿,占网民总数的 53％,主要分布在体育、游戏、真人秀、演唱会四个内容领域。

网络互动直播针对有现场直播需求的用户,利用互联网(或专网)和先进的多媒体通信技术,通过在网上构建一个集音频、视频、桌面共享、文档共享、互动环节为一体的多功能网络直播平台,企业或个人可以直接在线进行语音、视频、数据的全面交流与互动。目前,直播行业主要存在色情直播、色情引流、性感识别及恶意文字四大类安全问题。网络主播为吸引粉丝推高流量和变现获利,花样百出,有的衣着暴露、用行为言语挑逗,有的靠低俗、猎奇、暴力等内容吸引眼球,更有甚者为了炒作不惜突破道德底线,踏入法律禁区。

未经严格审核的直播平台也为暴力行为提供了传播途径,在部分直播平台上,出现暴力、血腥、飙车、画面血腥、黑帮主题游戏等内容,甚至还有教唆犯罪、"扎金花"游戏、宣扬赌博等违法违规内容。由于网络直播受众更广泛、更直接,直播中出现的暴力行为影响更大。

为加强对互联网直播服务的管理,保护公民、法人和其他组织的合法权益,维护国家安全和公共利益,2016 年由国家互联网信息办公室发布的《互联网直播服务管理规定》明确了禁止互联网直播服务提供者和使用者利用互联网直播服务从事危害国家安全、破坏社会稳定、扰乱社会秩序、侵犯他人合法权益、传播淫秽色情等法律法规禁止的活动。《互联网直播服务管理规定》中明确了互联网直播服务提供者以及互联网直播服务使用者等相关人员的责任和义务。其中明确了互联网直播提供者的主体责任,对其配备专业人员、直播内容审核、技术保障、服务平台标识、实时管理、保护互联网直播服务使用者身份信息和隐私等方面都做了规定,同时也规定互联网直播发布者应当提供符合法律法规要求的直播内容,自觉维护直播活动秩序。尤其是对于互联网直播发布者发布新闻信息和转载新闻信息,要求应当真实、完整、准确、客观、公正,不得歪曲新闻信息内容。

提供互联网直播服务,应当遵守法律法规,坚持正确导向,大力弘扬社会主义核心价值观,培育积极健康、向上向善的网络文化,维护良好网络生态,维护国家利益和公共利益,为广大网民特别是青少年成长营造风清气正的网络空间环境。

7.5 移动互联网安全

随着移动互联网时代的来临,移动通信网络在当今社会有着广泛的应用,已经逐步成为人们日常生活中不可或缺的组成部分。然而,在移动通信网络迅速发展的同时,其安全威胁也接踵而来,有必要做好安全防护措施。

7.5.1 家庭无线网使用安全

无线局域网(Wireless Local Area Networks,WLAN)是利用无线通信技术构成的局域网络,不需要铺设线缆,不受结点布局的限制,网络用户可以随时随地接入网络,访问各种网络资源。作为传统布线网络的一种替代方案或延伸,无线局域网具有可拓展性、安装简单、使用灵活、经济节约、易于扩展等优点。无线局域网已经被广泛应用于校园、企业、家庭、商业等有限的范围内,以及机场、咖啡厅、公司内部等大中小型公共场所。无线局域网信道开放的特点,使得攻击者能够很容易地进行窃听、恶意修改并转发,因此安全性成为阻碍无线局域网发展的重要因素。

1. 无线局域网的相关标准

作为全球公认的局域网权威,IEEE 802.11 工作组建立的标准在过去 20 年内在局域网领域独领风骚。IEEE 802.11 协议主要工作在 ISO 协议的最低两层上,并在物理层上进行了一些改动,加入了高速数字传输的特性和连接的稳定性。IEEE 802.11 工作组制定的具体协议包括以下几项。

(1) IEEE 802.11a 使用 5GHz 的频带,抗干扰性较 IEEE 802.11b 更为出色,高达 54Mb/s 数据传输带宽和更低的功耗为无线宽带网的进一步要求做好了准备。但是由于这种技术标准与 IEEE 802.11b 互不兼容,不少厂商为了均衡市场需求,直接将其产品做成了 a+b 的形式,带来了成本负担。另外,5.2GHz 的高频与太空中数以千计的人造卫星和地面站通信冲突。

(2) IEEE 802.11b 也被称为 WiFi 技术,使用 2.4GHz 频带,带宽为 11Mb/s。由于基于开放的 2.4GHz 频段,因此 IEEE 802.11b 的使用无须申请,无须太多资金投入即可组建一套完整的无线局域网。但 IEEE 802.11b 的缺点也是显而易见的,11Mb/s 的带宽并不能很好地满足大容量数据传输的需要,只能作为有线网络的一种补充。

(3) IEEE 802.11g 采用 PBCC 或 CCK/OFDM 调制方式,使用 2.4GHz 频段,传输速率达到 54Mb/s,对现有的 IEEE 802.11b 系统向下兼容。它既能适应传统的 IEEE 802.11b 标准,也符合 IEEE 802.11a 标准,从而解决了兼容问题。但是 2.4GHz 工作频段使得 IEEE 802.11g 和 IEEE 802.11b 一样极易受到干扰。此外,IEEE 802.11g 的信号能够覆盖的范围要小得多,用户可能需要添置更多的无线接入点才能满足原有使用面积的信号覆盖。

(4) 蓝牙(IEEE 802.15)是一项新标准,对于 IEEE 802.11 来说,它的出现不是为了竞争而是相互补充。蓝牙是一种极其先进的大容量、近距离无线数字通信的技术标准,其目标是实现最高数据传输速度 1Mb/s(有效传输速率为 721kb/s)、最大传输距离为 10m,通过增加发射功率可达到 100m。蓝牙比 IEEE 802.11 更具移动性,IEEE 802.11 限制在办公室和校园内,而蓝牙却能把一个设备连接到局域网和广域网,甚至支持全球漫游。此外,蓝牙成本低、体积小,可用于更多的设备。蓝牙最大的优势还在于,在更新网络骨干时,如果搭配蓝牙架构进行,使用整体网络的成本肯定比铺设线缆低。

(5) HomeRF 主要为家庭网络设计,是 IEEE 802.11 与数字无绳电话标准的结合,旨在降低语音数据成本。HomeRF 也采用了扩频技术,工作在 2.4GHz 频带,能同步支持 4 条高质量语音信道。但目前 HomeRF 的传输速率只有 1Mb/s~2Mb/s,美国联邦通信委员会建议增加到 10Mb/s。

2. 配置无线局域网

建立无线局域网比较简单,只需要一个具有无线功能的路由器,使用计算机或手机等设备在无线网卡与路由器之间建立无线连接即可构建一个无线局域网。建立无线局域网的第一步就是配置无线路由器。使用计算机配置无线局域网的操作如下。

(1) 打开浏览器,输入路由器的网址(一般情况下默认网址为 http://192.168.1.1/),打开路由器登录窗口界面,如图 7.5.1 所示。

(2) 需要输入管理员密码,一般情况下路由器底部铭牌中会给出默认登录密码信息。目前几乎所有路由器厂家新推出的无线路由器产品都取消了默认登录密码。这种类型的无线路由器,其登录密码是第一次设置该路由器时用户自己设置的一个密码,且密码的长度至少是 6 位。在“密码”文本框中输入管理员密码,单击“确定”按钮,即可进入路由器设置界面,此界面中可以查看路由器的基本信息,如图 7.5.2 所示。

(3) 选择窗口左侧的“上网设置”选项,在打开的子选项中选择“基本设置”,在右侧的窗口中显示无线设置的基本信息,包括上网方式、宽带账号、宽带密码等选项,设置好以上信息(主要是网络运营商提供的网络账号密码),如图 7.5.3 所示。

图 7.5.1　路由器登录窗口界面

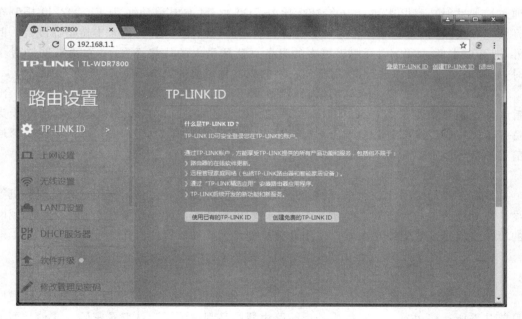

图 7.5.2　路由器设置界面

　　(4) 选择窗口左侧的"无线设置"选项,设置右侧窗口的功能信息,选择"无线功能"并勾选"开启无线广播",设置"无线名称"和"无线密码"等相关信息,如图 7.5.4 所示。设置完毕后,单击"保存"按钮,重启路由器,即可完成无线局域网的设置。这样具有 WiFi 功能的计算机、手机等智能终端就可以与路由器进行无线连接,轻松访问互联网。

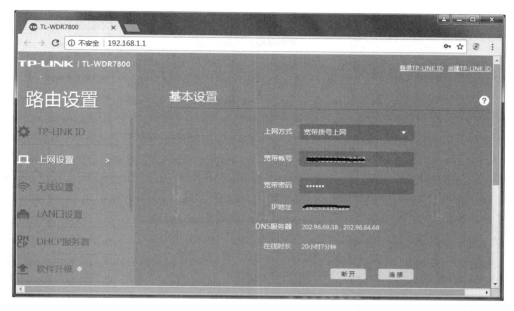

图 7.5.3　路由器上网设置界面

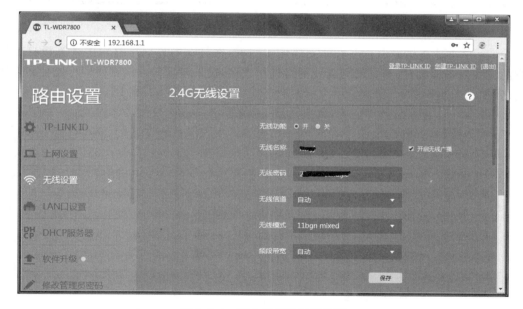

图 7.5.4　路由器无线设置界面

3. 接入无线局域网

建立无线局域网后,带有无线上网功能的智能设备都可以轻松连接无线局域网。以个人计算机为例,介绍如何将个人计算机连接到无线局域网,具体操作步骤如下。

(1) 双击计算机桌面右下方的无线连接图标,打开"网络和共享中心"窗口,在此窗口可以查看本台计算机的网络基本信息以及连接状态,如图 7.5.5 所示。

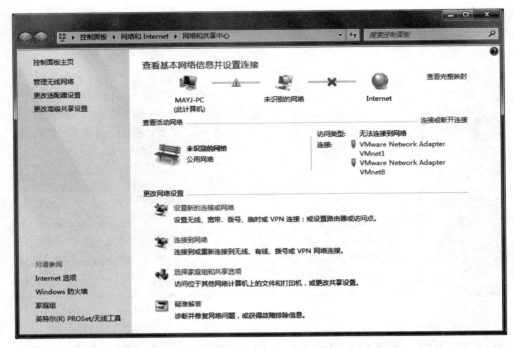

图 7.5.5　"网络和共享中心"窗口

（2）单击计算机桌面右下方的无线连接图标,在打开的界面中显示了计算机自动搜索的无线设备信号,选择自己的无线网络进行连接,输入正确的连接密码即可连接到无线网络,如图 7.5.6 所示。

图 7.5.6　无线网络连接界面

（3）成功连接到无线网络后,计算机桌面右下方的无线连接设备显示正常,再次打开"网络和共享中心"窗口可以看到计算机已成功连接到无线网络,如图 7.5.7 所示。

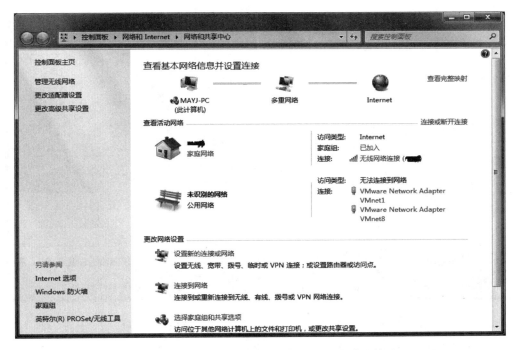

图 7.5.7   "网络和共享中心"窗口中计算机成功连接界面

4．无线局域网的安全防范策略

无线网络的应用在扩展网络用户自由的同时也带来了新的安全性问题。与传统有线网络不同，无线网络不需要物理电缆，其安全威胁更加复杂，安全防御难度更大。当数据通过不安全的 WiFi 网络进行传输时，使用者发送或接收的数据都有可能被附近人拦截。下面介绍无线局域网的安全防范策略。

1）设置路由器密码

为防止他人更改无线路由器的设置，路由器需要设置单独的密码，该密码要与保护 WiFi 网络的密码有所区别。新买的路由器一般不设密码，或者只设有简单的默认密码。如果不重设路由器密码，攻击者可以轻易入侵用户的网络，截取通过网络分享的数据，并对连接到该网络的计算机发起攻击。

在浏览器中输入路由器的网址，打开路由器 Web 设置界面，单击左侧的"修改管理员密码"，在右侧会显示修改管理员密码界面，输入新设定的密码，单击"保存"按钮即可，如图 7.5.8 所示。需要注意的是，密码要满足复杂性要求且不要告诉他人。

2）设置 WiFi 密码

多数网络设备都提供多种方式保护无线网络，一般分为有线等效加密（WEP）、无线网络安全接入（WPA）或二代无线网络安全接入（WPA2）等保护措施。这些方法之间也有优劣之分，其中，WEP 是最早的无线安全协议，效果不佳，WPA 要优于 WEP，WPA2 安全性最好。

可以在路由器 Web 设置界面设置 WiFi 密码。也可以单击计算机桌面右下方的无线

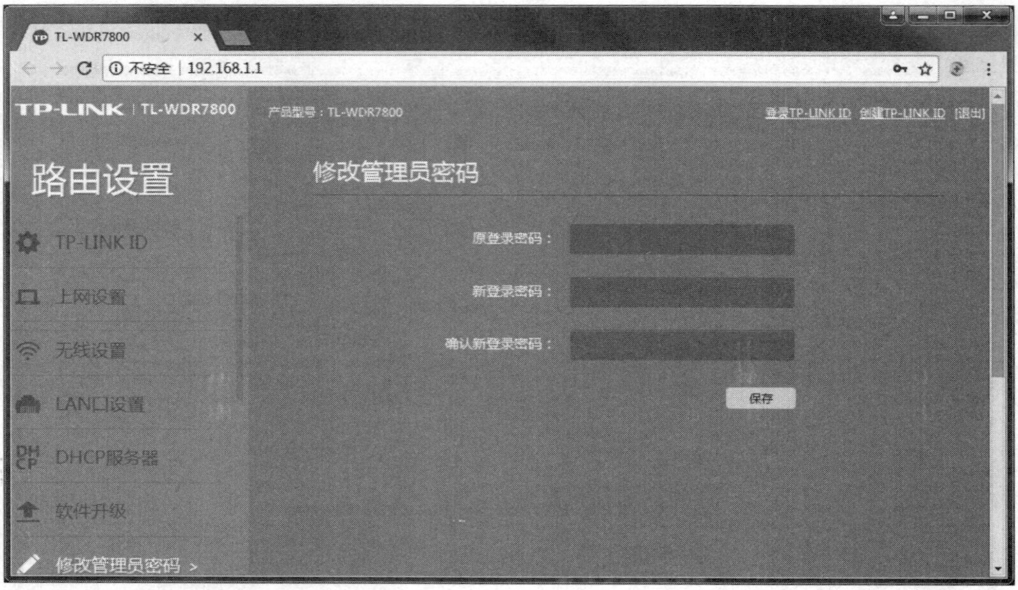

图 7.5.8　修改管理员密码界面

连接图标,选择自己的无线网络,右击,在弹出的快捷菜单选择"属性",弹出"无线网络属性"对话框,如图 7.5.9 所示。在"安全"选项卡中设定相关信息。"安全类型"选择"WPA2-个人","加密类型"选择 AES,并在"网络安全密钥"一栏中设定 WiFi 密码。选择复杂度强的密码十分重要,最好使用由数字、字母和符号组成的长密码。

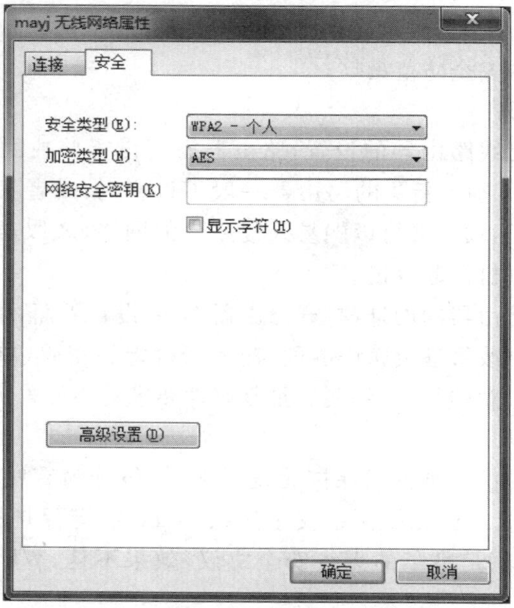

图 7.5.9　"无线网络属性"对话框界面

3）禁用 SSID 广播

服务集标识（Service Set Identifier,SSID）技术可以将一个无线局域网分为几个需要不同身份验证的子网络,每一个子网络都需要独立的身份验证,只有通过身份验证的用户才可以进入相应的子网络,防止未被授权的用户进入本网络。简单地说,SSID 就是一个局域网的名称（用户给自己的无线网络取的名字）,只有设置为名称相同的 SSID 的计算机才能互相通信。

如果开启 SSID 广播,无线网卡可以自动识别出无线路由器的 SSID 名称。如果无线网络是私用的,则应该设置禁止广播 SSID,避免被他人蹭网。通过禁用广播 SSID 可以提高无线局域网的安全性。禁用 SSID 广播后,用户自己也搜不到网络的名字,需要手动输入路由器的名字。需要说明的是,因为有的手机无法识别中文名字,所以给无线网络命名时最好使用英文命名。

（1）打开路由器 Web 设置界面,选择窗口左侧的"无线设置"选项,不要勾选"开启无线广播",如图 7.5.10 所示。

图 7.5.10　禁用 SSID 广播界面

（2）设置完毕后,单击计算机桌面右下方的无线连接图标,在打开的界面中显示的计算机自动搜索的无线设备信号时不会出现无线网络 abc。连接最下方的"其他网络",会弹出"连接到网络"对话框,如图 7.5.11 所示。在"名称"文本框中输入 abc,单击"确定"按钮,然后在"安全密钥"文本框中输入正确的密码,单击"确定"按钮即可成功连接到无线局域网。

4）无线 MAC 地址过滤

无线 MAC 地址过滤功能,就是允许或禁止指定的终端（MAC 地址）连接无线信号,实际上就是连接无线信号权限的黑、白名单。MAC 地址过滤也可以有效防范无线网络被蹭网。不同公司路由器界面风格不一样,不同界面中 MAC 地址过滤功能的设置方法

连接到网络
键入网络的名称(SSID)
名称(A):
确定
取消

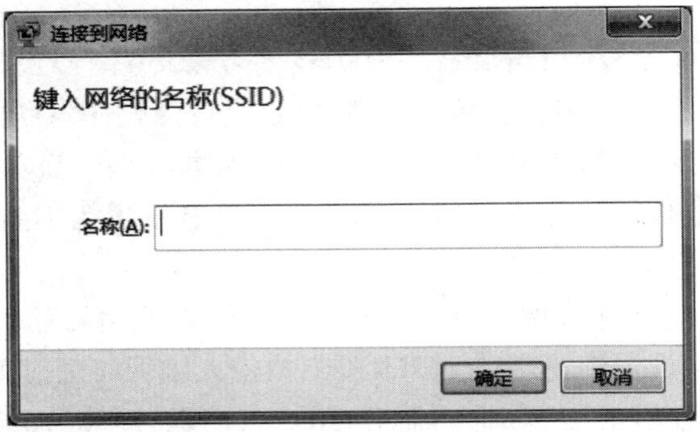

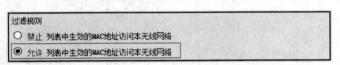

图 7.5.11 “连接到网络”对话框

不同,需要根据实际界面参考对应的设置方法。下面介绍 TP-LINK 无线 MAC 地址过滤方法。

在路由器传统界面的无线路由器下可以设置无线 MAC 地址过滤的黑、白名单,具体设置方法如下。

登录路由器管理界面,选择“无线设置”→“无线 MAC 地址过滤”,选择过滤规则(如果只允许某些无线终端连接路由器,则过滤规则选择允许,即设置白名单;如果只禁止某些无线终端连接路由器,则过滤规则选择禁止,即设置黑名单)。

下面以设置白名单为例,过滤规则选择允许,如图 7.5.12 所示。

过滤规则
禁止 列表中生效的MAC地址访问本无线网络
允许 列表中生效的MAC地址访问本无线网络

图 7.5.12 过滤规则选择界面

注意,如果用户使用无线终端设置,则暂不启用过滤功能,否则会导致无线终端无法连接无线信号。单击“添加新条目”,在弹出的对话框中填写允许接入的无线终端的 MAC 地址,如图 7.5.13 所示。

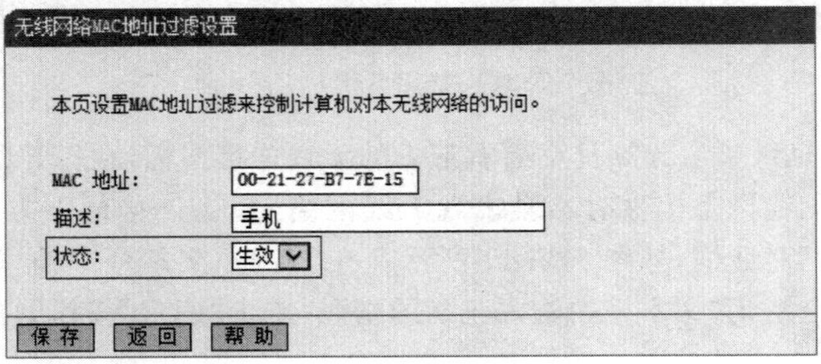

无线网络MAC地址过滤设置
本页设置MAC地址过滤来控制计算机对本无线网络的访问。
MAC 地址:
00-21-27-B7-7E-15
描述:
手机
状态:
生效
保 存
返 回
帮 助

图 7.5.13 无线网络 MAC 地址过滤设置界面

如有多个无线终端需要接入,请逐一添加。添加完成后,列表如图 7.5.14 所示。

单击“启用过滤”按钮,确认“MAC 地址过滤功能”为“已开启”,如图 7.5.15 所示。

ID	MAC地址	状态	描述	编辑
1	00-21-27-B7-7E-15	生效	手机	编辑 删除
2	00-0A-EB-00-07-5F	生效	笔记本	编辑 删除

图 7.5.14 添加多个无线网络 MAC 地址界面

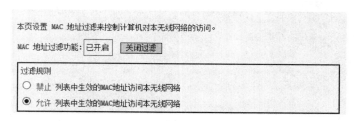

图 7.5.15 启用过滤界面

至此,无线 MAC 地址过滤功能设置完成。

在路由器新界面,路由器没有无线 MAC 地址过滤的功能,但可以禁止特定的无线终端接入无线信号,即设置黑名单。具体设置方法如下。

(1) 在管理界面单击"设备管理",在左侧区域会显示已经连接到用户无线局域网的设备,找到需要禁止连接的设备,单击"禁用"按钮即可,如图 7.5.16 所示。

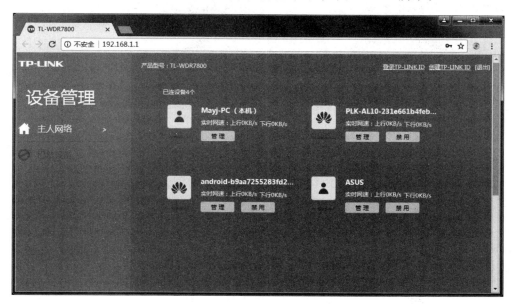

图 7.5.16 设备管理界面

(2) 还可以对某一设备做其他的设置,如限制上传速度、下传速度和上网时间设置等。具体操作为:选择要设置的设备,单击"管理"按钮,弹出设置界面,如图 7.5.17 所示。如果要对该设备的上传速度和下传速度进行限制,可以单击"限速"按钮进行设定。如果对上网时间进行设置,可以单击下方的"添加允许上网时间段",在弹出的对话框中进行相关设置即可,如图 7.5.18 所示。

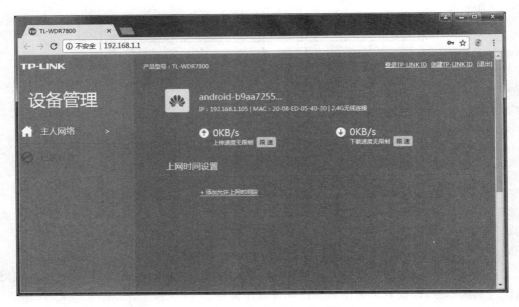

图 7.5.17　设备管理上网设置界面

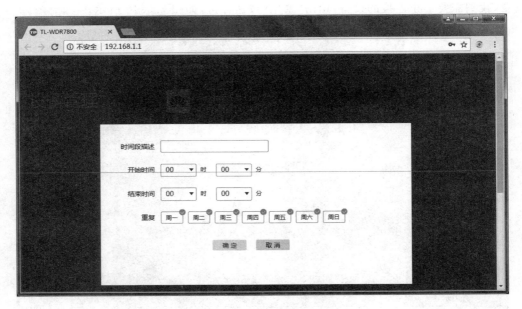

图 7.5.18　设备管理上网时间设置界面

7.5.2　公共移动互联网安全

　　移动互联网(Mobile Internet,MI)是一种通过智能移动终端,采用移动无线通信方式获取业务和服务的新兴业务,包含终端、软件和应用三个层面。终端层包括智能手机、平板电脑、电子书、MID 等;软件层包括操作系统、中间件、数据库和安全软件等;应用层包括休闲娱乐类、工具媒体类、商务财经类等不同应用与服务。随着技术和产业的发展,未来,LTE(长期演进,4G通信技术标准之一)和NFC(近场通信,移动支付的支撑技术)等网络传输层关键技术也将被纳入移动互联网的范畴之内。移动互联网可以说是互联网的一种延伸。移动互联网将互联网的技术、平台、商业模式和应用与移动通信技术结合在一起。随着移动终端设备的普及以及5G时代的开启,移动互联网产业必将带来前所未有的飞跃。

移动互联网是由移动通信网和互联网融合而来的。相对于传统互联网,移动互联网强调随时随地,并且可以在移动中接入互联网并使用相应业务。移动互联网强调使用移动通信网接入互联网,因此常常特指手机终端接入互联网并使用互联网业务的接入方式。随着宽带无线接入技术和移动终端技术的飞速发展,人们迫切希望能够随时随地乃至在移动过程中都能方便地从互联网获取信息和服务。然而,移动互联网在移动终端、接入网络、应用服务、安全与隐私保护等方面还面临着一系列的挑战。移动互联网面临的安全问题日益加剧,其面对的安全问题可以归类为智能终端、接入网和应用业务等方面。

用户经常会接触到公共免费WiFi,如机场、酒店、商场等提供的免费WiFi,公共免费WiFi虽然快捷、方便,但也存在很多安全隐患,为保障个人信息安全,公共场所的免费WiFi最好不要随意使用。

1. 盗取账号密码

连接有问题的WiFi,很可能会泄露用户正在使用的应用账号密码,如微信、QQ、淘宝、邮箱等个人信息。很多人在不同网站上的账号密码是一样的,所以一旦他人截获这些信息,就可能知道用户的银行卡密码。

2. 获取用户隐私

除了账号密码,用户的其他信息也会被截获,如照片、购物信息、聊天内容、通讯录等。不法分子根据这些内容完全可以伪装成用户,然后去骗用户的亲戚朋友,造成更大范围的损失。

移动互联网的联网用户,在防范安全问题方面可以从以下几点考虑。

- 杜绝蹭网行为:尽量不要使用来源不明的WiFi,尤其是免费又不需密码的WiFi。此外,也不要使用帮助用户蹭网的APP。
- 警惕重名或名称相近的WiFi:发现多个重名或者名称相近的WiFi时,要格外警惕。不少不法分子会在星巴克、麦当劳等大家爱蹭网的地方附近,架设一个相同或相近名称的WiFi。用户不小心就可能连接到不法分子的WiFi上,导致个人信息的泄露。如果必须使用公共WiFi,可以向公共场所的工作人员咨询,并确认无线网络名称及密码方可加入。
- 尽可能使用手机流量进行重要操作:如果无法确定WiFi是否安全,在进行重要操作如网购、转账或手机支付时,最好关闭WiFi,用手机的3G/4G进行操作,以保障资金安全。
- 使用专业安全软件测试网络环境:用户可以考虑使用手机安全软件,进行网络检测,避免误连钓鱼WiFi而遭受经济损失。

课 后 习 题

一、选择题

1. 当发现个人信息泄露,频繁收到骚扰电话或短信时,以下最为恰当的做法是(　　)。
   A. 掐断电话或者不作理睬
   B. 打报警电话
   C. 列入拒接名单,并向有关部门举报、投诉
   D. 接听或回复短信

2. 完善个人信息保护的措施有(　　)(多选题)。
   A. 提升个人信息保护意识,做好个人信息保护
   B. 加大个人信息泄露打击力度,严惩个人信息贩卖行为
   C. 加大行业自律,做好各行各业的用户信息保护工作
   D. 完善个人信息保护的法律法规,构建全方位的个人信息保护体系

3. 以下可以保障电子邮件安全的因素有(　　)(多选题)。
   A. 防范垃圾邮件　　　　　　　　B. 防范电子邮件病毒
   C. 安全设置电子邮箱　　　　　　D. 设置防火墙

4. 以下属于安全密码的是(　　)。
   A. 跟用户名相同的密码
   B. 使用生日作为密码
   C. 只有 6 位纯数字作为密码
   D. 10 位以上的综合型密码(数字、字母、特殊字符组成)

5. 要安全地浏览网页,不应该(　　)。
   A. 定期清理浏览器缓存和上网历史记录
   B. 定期清理浏览器 Cookie
   C. 在他人计算机上使用"自动登录"和"记住密码"功能
   D. 禁止使用 ActiveX 控件和 Java 脚本

6. 以下关于互联网群组信息服务提供者的说法中,正确的有(　　)(多选题)。
   A. 应当采取必要措施保护使用者个人信息安全,不得泄露、篡改、毁损,不得非法出售或者非法向他人提供
   B. 应当根据互联网群组的性质类别、成员规模、活跃程度等实行分级分类管理,制定具体管理制度
   C. 应当建立互联网群组信息服务使用者信用等级管理体系,根据信用等级提供相应服务
   D. 应当根据自身服务规模和管理能力,合理设定群组成员人数和个人建立群数、参加群数上限

7. 使用公共 WiFi 可能产生的安全后果有(　　)(多选题)。
   A. 别人偷窥了用户的上网内容

    B. 可能会向用户推送一些广告

    C. 用户上网时的一些敏感信息,如用户名和密码被人窃取

    D. 不会有任何安全隐患,放心使用

  8. 以下属于微信支付的安全机制有(　　　　)(多选题)。

    A. 终端异常判断

    B. 支付密码验证

    C. 交易异常实时监控

    D. 交易紧急冻结

二、判断题

1. 微博是一个社交网络平台,用户提供了一种新型的信息发布、获取和传播的工具。

2. 生活中遇到商家搞活动,扫描商家微信二维码返利或者赠送小礼物,手机不可能因此中木马,从而导致账号、密码等个人隐私信息泄露。

3. 互联网购物时,一定要核实网站的网址(域名)、网站的特殊标志(如旺旺图标)等相关信息的真实性,并留意网站是否以 https://开头。

4. 互联网信息化时代,用户往往会在不同的网站注册,在设置密码时不要将密码设置为简单的数字组合,并且不要在多个网络应用中使用同一个密码。

5. 用户为节约流量,平时可以随时随地连接各种免费的 WiFi。

6. 用户进行网页搜索、浏览后,如果不注意隐私设置,可能会泄露个人信息,被某类广告持续骚扰。

7. 上网购物时,尽可能使用"财付通"或"支付宝"等正规第三方支付平台,安全有保障。

8. 不要单击陌生人通过 E-mail、QQ 等传送过来的或不确定是否安全的文件或链接。

9. 登录网上银行等重要账户前,先确认网站地址是否和服务商提供的网址一致。

10. 个人的隐私、机密信息或文件等不要存储在能上网的计算机中。

三、思考题

1. 简述常见的 Web 浏览器及各自的特点。

2. 简述增强支付宝账户安全性的措施。

3. 简述互联网信息识别的方法。

4. 简述常见的即时通信工具及其安全性。

5. 简述公共移动互联网的安全防范措施。

6. 简述网络购物的安全隐患。

第8章
网络空间安全治理

网络空间安全治理是综合性研究,其涉及内容广泛,包括法律法规、安全标准、安全事件处置等多个学科、多个领域。其中,网络空间安全法律法规是网络空间安全体系的顶层设计,是实现和提升网络空间安全的关键制度保障;信息安全标准是实际工作不可缺少的标准体系,主要包括风险评估、等级保护、安全管理等多个方面;网络空间安全事件处置是面临实际事件、突发事件时的解决措施。

8.1 网络空间安全法律法规体系

网络空间安全是人类当今遭遇的最大安全,它既是一个全新的安全,也是一个最大的安全。网络空间安全不仅涉及用户、企业、政府因素,还涉及政治、经济、军事等因素。可以说网络安全几乎涉及整个世界的所有因素,主要包括国家安全、经济安全、社会安全、文化安全等诸多方面。网络安全法是网络空间安全领域的专门法律,它具有两方面的作用:一方面,在网络安全领域,它是人们的行为规范,对网络犯罪具有预防作用;另一方面,它以强制力作为后盾,为网络空间安全筑造最后一道防线,如果违反了网络安全法,就要承担相应的法律责任,受到法律的惩处。

8.1.1 国外网络空间安全法律建设

随着信息网络的迅猛发展,世界各国都加强了网络空间安全的法律建设,都想通过法律来加强对网络空间安全的保护。

近年来,美国、欧盟、俄罗斯、英国、德国、新加坡、澳大利亚、马来西亚、荷兰、瑞士等国家结合自身国家网络空间安全的现状,加大力度推动网络安全战略、基础性网络安全综合立法、个人信息保护、关键信息基础设施保护、反恐与情报、网络内容与网络服务运营治理、网络监控与执法、密码管理、犯罪和刑罚等与网络安全内容相关的立法,各个国家的网络空间安全法律体系日益完善。

美国在1987年就通过了《计算机安全法》,该法在20世纪80年代末至20世纪90年代初被作为美国各州制定其他地方法规的依据,这些地方法规确立了计算机服务盗窃罪、侵犯知识产权罪、破坏计算机设备或配置罪、计算机诈骗罪、通过欺骗获得电话或电报服务罪、计算机滥用罪、计算机错误访问罪、非授权的计算机使用罪等罪名。近年来,美国进一步制定了一系列网络安全法案,像2014年11月的《网络安全增强法案》、2015年12月的《美国网络安全法》。2017年以来,还相继发布《增强联邦政府网络与关键性基础设施网络安全总统行政令》《NIST 网络安全框架、评估和审查法案》《NIST 关键基础设施网络安全框架》《NIST 小企业网络安全法》等法案。

　　俄罗斯在 1995 年颁布了《联邦信息、信息化和信息保护法》，该法强调了国家建立信息资源和信息化的责任是"旨在为完成俄联邦社会和经济发展的战略、战役服务，提供高效率、高质量的信息保障创造条件"，其明确了信息资源开发和保密的范畴，提出了保护信息的法律责任。近年来，俄罗斯也进一步加强了网络安全法案的制定，相继出台了如《俄罗斯联邦个人信息法》《关于保护儿童免受对其健康和发展有害的信息干扰法》《联邦关键信息基础设施安全法》等法案。

　　在德国、英国、新加坡、澳大利亚等信息技术发达国家，其电子信息和通信服务已涉及各自国家所有经济和生活领域。其中，德国政府相继在 1996 年出台了《信息和通信服务规范法》，在 2011 年发布了《德国网络安全战略》，这些法案指导德国网络安全建设，阐述德国网络安全战略的现实依据、框架条件、基本原则、战略目标及保障措施；英国政府相继在 1996 年颁布了网络监管行业性法规《三 R 安全规则》，在 2000 年公布了新的《通信法案》，在 2017 年发布了《关于网络和信息系统安全指令的咨询》；新加坡政府在 2018 年发布了《网络安全法 2018》，该法是为落实新加坡网络安全战略，旨在建立关键信息基础设施所有者的监管框架、网络安全信息共享机制、网络安全事件的响应和预防机制、网络安全服务许可机制；澳大利亚政府在 2016 年发布了《澳大利亚网络安全战略》，在 2017 年发布了《网络安全领域竞争力计划》，修订了《国家网络安全战略》。

8.1.2　我国网络空间安全法律法规建设

　　我国一直高度重视网络空间的规范管理和安全秩序问题。伴随信息网络技术的发展，我国对网络空间安全的立法工作一直没有中断。1994 年 2 月 18 日，国务院发布了第 147 号令《中华人民共和国计算机信息系统安全保护条例》，这是我国第一部有关网络空间安全管理的法律法规。该条例的发布意味着我国的网络信息安全进入了有法可依的阶段，我国的网络信息安全立法也开始步入正轨。近年来，国家、地方政府以及行业主管部门相继制定、颁布和修订了一系列网络空间安全相关的法律法规、行政法规、部门规范、司法解释，不断补充和完善了安全防御体系，已初步形成了我国网络空间防护的法律法规体系。

1. 网络空间安全法律

　　网络空间安全法律是指由全国人民代表大会及其常务委员会制定的。涉及网络以及网络信息安全的法律，除了宪法、警察法等法律外，还包括《中华人民共和国保守国家秘密法》《中华人民共和国标准法》《中华人民共和国商标法》《中华人民共和国专利法》《中华人民共和国著作权法》《中华人民共和国民法》《中华人民共和国国家安全法》《中华人民共和国刑法》《中华人民共和国治安管理处罚法》《中华人民共和国情报法》等。这些法律只是个别条款涉及网络及网络行为的原则性规范，近年来为适应网络空间安全的新变化、新形势，很多的法律条款都做过针对性的修订。

　　全国人民代表大会常务委员会于 2000 年 12 月 28 日发布了《全国人民代表大会常务委员会关于维护互联网安全的决定》，于 2004 年 8 月 28 日发布了《中华人民共和国电子签名法》,这两部法律是早年与网络空间安全有关的法律。2016 年 11 月 7 日发布了《中华人民共和国网络安全法》,它是为保障网络安全,维护网络空间主权和国家安全、社会公共利益,保护公民、法人和其他组织的合法权益,促进经济社会信息化健康发展而制定的一部专门的国家法律。

2. 网络空间安全行政法规

网络空间安全行政法规是指由国务院为执行宪法和法律而制定的行政法规,地方各级人民代表大会及常务委员会也可以制定地方性行政法规。截至目前,我国的行政法规有 100 多部,其在我国现有网络空间法律体系中占较大的比重。列举部分如下。

- 《中华人民共和国计算机信息网络国际联网管理暂行规定》。
- 《中华人民共和国电信条例》。
- 《中华人民共和国计算机信息系统安全保护条例》。
- 《计算机软件保护条例》。
- 《商用密码管理条例》。
- 《互联网信息服务管理办法》。
- 《信息网络传播权保护条例》。
- 《互联网上网服务营业场所管理条例》。

3. 网络空间安全部门规章

网络空间安全部门规章是指由国务院各部、委、局、办制定的一些应时性的行政部门规章。在我国法制建设尚不健全的前提下,它弥补了法律法规因其他原因带来的法律真空问题。有关网络及网络行为的行政部门规章,涉及科学技术部、国防部、国家安全部、公安部、教育部、司法部、工业与信息化部、商务部、文化与旅游部、应急管理部、国家广播电视总局、国家新闻出版署、国务院新闻办公室、国家互联网信息办公室与中央网络安全和信息化委员会办公室、互联网络信息中心等多个部门,这些部门所制定的行政部门规章达到几百部,在网络空间法律体系中占到一半比重以上。列举部分如下。

- 《计算机信息网络国际联网安全保护管理办法》。
- 《计算机病毒防治管理办法》。
- 《互联网安全保护技术措施规定》。
- 《计算机信息网络国际联网管理暂行规定实施办法》。
- 《计算机信息系统安全专用产品检测和销售许可证管理办法》。
- 《中国公用计算机互联网国际联网管理办法》。
- 《中国公众多媒体通信管理办法》。
- 《国际通信设施建设管理规定》。
- 《计算机信息网络国际联网出入口信道管理办法》。
- 《中国互联网络域名管理办法》。
- 《中国互联网络信息中心域名争议解决办法》。
- 《互联网新闻信息服务管理规定》。
- 《互联网电子公告服务管理规定》。
- 《电子出版物管理规定》。

- 《互联网 IP 地址备案管理办法》。
- 《计算机信息系统国际联网保密管理规定》。
- 《互联网等信息网络传播视听节目管理办法》。
- 《互联网著作权行政保护办法》。
- 《非经营性互联网信息服务备案管理办法》。
- 《互联网电子邮件服务管理办法》。
- 《互联网信息内容管理行政执法程序规定》。
- 《电信和互联网用户个人信息保护规定》。
- 《公安机关互联网安全监督检查规定》。

4. 网络空间安全司法解释

网络空间安全司法解释是指由最高人民法院、最高人民检察院等部门就有关法律条款以及法律执行过程中出现的问题,进行规范性的专门解释。截至目前,我国网络空间安全方面的司法解释有 10 多部,虽然它在网络空间安全法律体系中仅占百分之几,但在规范网络及网络行为上的作用不容低估。网络空间安全司法解释是对我国现行的法律法规重要的补充,理所当然地成为我国网络空间安全法律体系的重要组成部分。列举部分如下。

- 《关于利用网络云盘制作、复制、贩卖、传播淫秽电子信息牟利行为定罪量刑问题的批复》。
- 《关于办理侵犯公民个人信息刑事案件适用法律若干问题的解释》。
- 《关于审理利用信息网络侵害人身权益民事纠纷案件适用法律若干问题的规定》。
- 《关于审理涉及计算机网络著作权纠纷案件适用法律问题的解释》。
- 《关于办理利用互联网、移动通信终端、声讯台制作、复制、出版、贩卖、传播淫秽电子信息刑事案件具体应用法律若干问题的解释》。
- 《关于办理侵犯知识产权刑事案件具体应用法律若干问题的解释》。
- 《关于审理编造、故意传播虚假恐怖信息刑事案件适用法律若干问题的解释》。
- 《关于审理涉及计算机网络域名民事纠纷案件适用法律若干问题的解释》。
- 《关于办理网络犯罪案件适用刑事诉讼程序若干问题的意见》。
- 《关于办理赌博刑事案件具体应用法律若干问题的司法解释》。
- 《关于办理网络赌博犯罪案件适用法律若干问题的意见》。
- 《关于办理诈骗刑事案件具体应用法律若干问题的司法解释》。
- 《关于办理利用信息网络实施诽谤等刑事案件适用法律若干问题的司法解释》。
- 《关于办理刑事案件收集提取和审查判断电子数据若干问题的规定》。
- 《关于办理电信网络诈骗等刑事案件适用法律若干问题的意见》。

8.1.3　网络空间安全国际公约与合作

网络空间安全是全球性问题,没有哪个国家能够置身事外、独善其身,维护网络空间安全是国际社会的共同责任。世界各国对全球网络空间广泛采取各种安全协作措施,不断加强对话交流,有效管控分歧,推动制定各方普遍接受的网络空间国际规则,制定网络空间国际公约,健全打击网络犯罪司法协助机制等。

多年来,世界各国在网络空间安全国际合作方面做了很多工作。2001年美国与欧盟成员国、加拿大、日本和南非等30个国家签署了《网络犯罪公约》。《网络犯罪公约》是打击网络犯罪的第一个国际公约,其主要目标是在缔约各方之间建立共同打击网络犯罪的刑事政策、法律体系和国际协助。

2012年欧洲网络与信息安全局发布《国家网络安全策略——为加强网络空间安全的国家努力设定线路》,提出了欧盟成员国国家网络安全战略应该包含的内容和要素;2013年3月北约提出了《塔林网络战国际法手册》;2014年10月21日美军公布了《网络空间作战》联合条令;2015年1月英美两国扩大了网络空间安全合作协议。

近年来,我国也通过规范网络空间安全制度,凝聚国际合作。2009年以来,我国已在东南亚国家联盟、上海合作组织、金砖国家等国际组织框架内,就网络空间安全问题进行多边磋商,协调政策,签署了《中国-东盟电信监管理事会关于网络安全问题的合作框架》《上合组织成员国保障国际信息安全政府间合作协定》等;2011年,俄罗斯、中国、塔吉克斯坦和乌兹别克斯坦四国在第66届联合国大会上提出《确保国际信息安全的行为准则草案》,力促通过联合国框架内的互联网行为准则;2012年12月,国际电信世界大会就国际电信联盟新电信规则进行讨论,世界上89个主要发展中国家予以签署;2015年5月,中俄两国在网络空间安全问题方面签订协议,一致同意不对对方发动网络攻击,互相提供支持;2015年12月,中美双方达成了《打击网络犯罪及相关事项指导原则》。

面对全球性的网络空间安全问题,应加强国家间的合作对话、沟通交流,各国通过开展各种合作对话交流活动,探讨模式,携手努力,遏制网络犯罪,反对网络监听,防御网络攻击,共同维护网络空间的和平与安全。

8.2 信息安全标准体系

信息安全领域的标准化是完善网络空间安全保障体系的重要组成部分。网络空间安全相关系列标准的出台,为国家主管部门、第三方测评机构等开展网络空间安全及信息安全管理、各类网络事件及网络信息系统的评估工作提供了指导和依据。只有认识到信息安全标准化的重要意义,才能促进整体网络空间安全管理与评估的信息安全标准化的工作。

8.2.1 国际信息安全标准

国际信息安全标准多年来以美国和英国的相关标准为主体,从建立之初,其发展与应用比较广泛。国际上主要的信息安全标准如下。

1. TCSEC

TCSEC(Trusted Computer System Evaluation Criteria)是计算机系统安全评估的第一个正式标准。该标准于1970年由美国国防科学委员会提出,并于1985年12月由美国国防部公布。美国按信息的等级和应用采用的相应措施,在TCSEC中将计算机系统安全从高到低划分为A、B、C、D四类八个级别,共27条评估准则。

其中,D类为最低保护等级即为无保护级,该类不符合要求的系统,不能在多用户环境下处理敏感信息;C类为自主保护级,该类有一定的保护能力,采用的措施是自主访问控制和审计跟踪,C类分为C1(自主安全保护级)和C2(控制访问保护级)两个级别;B类为强制保护级,该类要求是TCB(Trusted Computing Base)应维护完整的安全标记,执行强制访问控制规则,主要数据结构必须携带敏感标记,B类分为B1(标记安全保护级)、B2(结构化保护级)和B3(安全区域保护级)三个级别;A类为验证保护级,该类使用形式化的安全验证方法,保证系统的自主和强制安全控制措施,能够有效地保护系统中的秘密信息或敏感信息,A类分为A1(验证设计)级和超A1级。

2. FIPS

FIPS(Federal Information Processing Standard)称为信息安全管理国家标准。此标准的依据基础是2002年美国联邦信息安全管理法案FISMA,由美国国家标准与技术研究院(National Institute of Standards and Technology,NIST)制定,其主要是在美国政府计算机标准化计划下开发的,定义了用于美国联邦政府机关的数据处理自动化和远程通信标准。所有美国联邦机关必须遵从FIPS标准。除FIPS外,NIST还采用指南的形式发布一系列建议性标准。NIST制定的标准系统文件已经成为美国和国际安全界广泛认可的事实标准和权威指南。

3. ANSI

ANSI(American National Standard Institute)是美国非营利性民间标准,经联邦政府授权作为自愿性标准体系的协调中心。ANSI有250多个专业学会、协会、消费者组织及公司参加,其不接受政府资助。ANSI大部分来自各个专业标准,目前由ANSI制定的标准有3.7万之多,其中一部分标准已经被批准为国家标准。ANSI在信息技术领域制定的标准不仅在美国使用,在全世界范围内也被广泛接受,如ANSI编码标准ACSII。

4. BS 7799

BS 7799是英国标准协会(British Standards Institute)针对信息安全管理制定的标准,其包括两部分:一是ISO/ IEC 17799,是信息安全管理实施细则,主要提供负责信息安全系统开发的人员参考使用;二是ISO/ IEC 27001,是建立信息安全管理体系的一套规范,主要说明了建立、实施和维护信息安全管理体系的要求。BS 7799作为英国国家标准推出,由于其内容的科学性和合理性,已经作为信息安全管理的国际标准在全世界范围内使用。

5. 通用标准CC

通用标准CC适用于硬件、固件和软件实现的信息技术安全措施,但有些内容因涉及特殊专业技术或信息技术安全的外围技术而不在CC的范围内。通用标准CC主要包括三个部分:第一部分是简介和一般模型,定义了一系列与已知有效的安全要求集合相结合的概念,其被用来为预期的产品和系统建立安全需求;第二部分是安全功能要求,对满足安全需求的诸安全功能提出了详细的要求;第三部分是安全保证要求,主要是评估方法部分,提出PP、ST、TOE三种评估。

8.2.2　我国信息安全标准

我国从20世纪80年代就开始网络与信息安全标准的研究,2002年4月经国家标准化管理委员会批准成立全国信息安全标准化技术委员会(简称信息安全标委会,编号TC260)。信息安全标委会完成国家标准化管理委员会批准的计划,组织信息安全国家标准的制定、修订和复审等工作。近年来,我国已经在信息安全等级保护、网络信任体系建设、信息安全应急处理、信息安全产品测评、信息安全管理等方面初步形成了与国际信息安全标准相衔接的国家信息安全标准体系。目前初步形成的我国信息安全标准体系如图8.2.1所示。

图 8.2.1　我国信息安全标准体系

我国信息安全标准体系主要体现两个方面作用:一是确保有关产品、设施的技术先进性、可靠性和一致性,确保信息技术安全等相关工作整体合理、可用、互联互通;二是按国际规则实行IT新产品的市场准入,为相关产品的安全性评定、测评提供依据,强化和保证我国信息化建设的安全产品、工程、服务等技术自主可控。

1. 基础标准

基础标准是信息技术安全标准化体系中最基本的标准及技术规范,主要包括词汇术语、信息安全体系、技术框架、安全模型。如信息安全术语、OSI安全体系结构标准、TCP/IP安全体系结构标准、高层安全模型、低层安全模型等。

2. 技术与机制标准

技术与机制标准是对于信息安全产品或系统从技术进行的规定,是信息安全标准体系的核心组成,主要包括鉴别与授权、公钥基础设施、密码与保密、物理安全等。其中鉴别与授权是对于安全系统及事件鉴别、访问权限的规定;公钥基础设施是PKI体系中与证书服务相关的评估准则、分类分级规范及安全要求,包括密钥管理、实体鉴别、访问控制模型、抗抵赖、可信第三方服务、证书管理协议等;密码与保密是利用密码技术实现相关安全手段或措施的要求,包括信息安全产品、系统访问权限控制、访问条件要求等;物理安全是物理设备的安全技术要求或指南,包括软硬件应用平台安全标准、网络安全指南等。

3. 系统与应用标准

系统与应用标准是信息技术在各个系统及应用领域中的具体标准,主要包括信息系统安全、工业控制系统、移动智能终端安全等方面,如信息系统安全保障通用评估、信息系统保护轮廓、移动通信智能终端安全等。

4．管理标准

管理标准是对信息技术安全进行全方位管理的标准，主要包括管理制度和办法方面的要求与规定，主要有管理基础、管理要求、管理内容、管理实施等方面，如信息技术安全管理控制平台标准、安全性数据的管理标准、管理数据的安全标准、系统管理标准等。

5．测评标准

测评标准是对计算机系统安全、通信网络安全及安全产品等进行安全水平测定、评估的系列标准，是对各类产品和系统的安全性评估标准的规范，主要包括评估准则、产品评估、系统评估等方面，如信息安全技术评估准则、计算机系统安全评估标准、通信网络安全评估标准等。

6．等级保护标准

我国政府及各行各业大量建设的信息系统，已经成为国家的关键信息基础设施。为了提高国家信息系统安全保护能力，推动和规范我国信息安全等级保护工作，我国制定了一系列信息安全等级保护标准。等级保护标准加强了重要领域信息系统安全的规范化建设与管理，提高了国家在信息系统安全保护的整体水平，如划分准则、安全设计技术要求、测评要求、过程指南等。

8.3　网络空间安全实务

近年来网络空间安全威胁日益复杂，各种网络空间安全事件频发。为了更好地解决网络空间安全威胁和安全事件，人们要依据实际事件的危害程度做出不同方式的治理、管理或评估处置。

8.3.1　网络空间犯罪治理

近年来，随着世界经济危机的到来，西方国家加紧利用互联网对一些国家和地区进行干预和渗透，特别是 2013 年斯诺登曝光的"棱镜门事件"，令全球舆论惶恐和哗然，它不仅是对普通公民的个人隐私、商业秘密的泄露，更是网络空间风险给一个国家的利益安全带来前所未见的挑战。世界各国因"棱镜门事件"而纷纷陷入深刻思考之中，一些国家还竞相掀起新一轮网络安全"保卫战"。可以说随着计算机及网络技术的发展，特别是电子商务的快速发展，世界各国的网络犯罪将出现一个新的高潮，立法、执法和司法面临的挑战将越来越严峻。

网络空间犯罪是发生在网络环境下的一种新兴的犯罪形式，网络空间大大便利了传统犯罪的实施，并赋予传统犯罪以新形态、新特征和新趋势，在现实世界中能够实施的犯罪行为几乎都可以在虚拟世界中实现。伴随着网络应用的便捷和普及，现实真实社会和网络虚拟社会的相互融合，网络犯罪往往与其他犯罪交织在一起，如电信诈骗犯罪还会涉及公民个人信息犯罪、破坏计算机秩序犯罪、信用卡犯罪、扰乱无线电通信秩序犯罪等关联问题，同时网络犯罪的技术特征在渐渐淡化，网络犯罪精准度得到提升，犯罪嫌疑人在实施犯罪过程中相互协作，形成完整的犯罪利益链条，犯罪危害成倍放大。因此，强化网络空间犯罪治理是网络空间安全的重要任务之一。当前，虽然我国《网络安全法》《刑法》

《治安处罚法》等相关法律对于治理网络空间犯罪提出了明确依据,但是在实施网络空间犯罪治理的过程中,还存在不少问题和困难,要不断提升和完善网络空间犯罪的治理理念、治理方式、治理机制。

　　社会的动态化和信息化发展使得网络空间犯罪成为社会公共安全中最突出的问题,给国家公共安全管理和社会工作带来了巨大的挑战。面对现实社会和虚拟社会相互交织、维护社会稳定领域不断拓展提出的新要求,国家政府、各行各业必须深入研究网络空间犯罪的规律与特点,着力提高网络空间犯罪治理能力,完善网络空间犯罪法律体系,健全网络空间犯罪治理程序和规范,切实提高治理犯罪的质量和水平,依法打击网络空间犯罪活动,维护社会的公共安全和人民群众的切身利益。

8.3.2　网络空间安全管理

　　网络空间安全管理大体可以概括为国家各层面能够开展网络空间安全管理的职能部门依照法律法规,对互联网信息服务活动的单位进行备案、审核、检查、监督等方面的管理工作。

　　《互联网信息服务管理办法》中明确指出,实现互联网信息服务的单位分为经营性和非经营性两类。经营性互联网信息服务是通过互联网向上网用户有偿提供信息或者网页制作等服务活动;非经营性互联网信息服务是通过互联网向上网用户无偿提供具有公开性、共享性信息的服务活动。《互联网信息服务管理办法》中明确了所有互联网信息服务单位的相关管理规定,如经营性互联网信息服务实行国家经营许可制度,文化行政部门、公安机关、工商行政管理部门和其他有关部门要依据有关规定进行申请、审核、备案、查询、报告、监督职责及处罚等内容。当前我国网络空间安全管理基本上是国家各部门、各机构协同管理,管理机制还存在各种制约问题,需要逐步优化与完善。

　　《中华人民共和国计算机信息网络国际联网管理暂行规定》《计算机信息网络国际联网出入口信道管理办法》等多个由国务院、国家部委出台的有关网络空间安全管理的法规、规章、规范,比较全面地明确了我国网络空间安全管理的办法。

1. 互联网信息内容安全管理

　　当前互联网的海量信息,给人们的工作、学习、生活带来极大便利,也给人们带来相当大的"信息冲击",由此产生诸多信息内容安全问题,如境外敌对势力、宗教极端势力、"法轮功"邪教组织等利用互联网向境内进行渗透、煽动、破坏的问题;利用主页、电子公告栏、留言板、聊天室等交互式栏目张贴、传播有害信息,泄露国家秘密的问题;利用电子邮件和短信息发送有害信息的问题;对有害信息不防范、不删除、不报告,管理失控的问题;利用 IP 电话、手机短信息、音频视频服务等渠道传播有害信息的问题;利用互联网进行诈骗、盗窃、赌博等违法犯罪的问题;利用互联网提供的搜索引擎查找、链接各种有害信息的问题等。

　　《互联网信息服务管理办法》中明确了互联网信息服务提供者不得制作、复制、发布、传播含有下列内容的信息:反对宪法所确定的基本原则的;危害国家安全,泄露国家秘密,颠覆国家政权,破坏国家统一的;损害国家荣誉和利益的;煽动民族仇恨、民族歧视,破坏民族团结的;破坏国家宗教政策,宣扬邪教和封建迷信的;散布谣言,扰乱社会秩序,破坏社会稳定的;散布淫秽、色情、赌博、暴力、凶杀、恐怖或者教唆犯罪的;侮辱或者诽谤他人,侵害他人合法权益的;含有法律、行政法规禁止的其他内容的。以上是国家行政法规中对网民在互联网上传播信息内容的要求。

全面清理网上有害信息,加强互联网热点信息、互联网舆情信息管理,深化网络空间的信息内容安全管理工作,进一步规范互联网信息服务经营活动,有效制止和防范有害信息传播,大力推进网络文明建设,维护国家安全和社会稳定。

2. 互联网服务提供者和联网使用单位安全管理

互联网服务提供者和联网使用单位大体上提供包括互联网接入服务、互联网数据中心、互联网内容分发、互联网域名服务、互联网信息服务、公共上网服务以及其他互联网服务。其中互联网接入服务单位(Internet Service Provider)是指提供互联网接入网络运行的单位,而接入网络是通过接入互联网络进行国际联网的计算机信息网络,接入网络可以是多级连接的网络;互联网数据中心(Internet Data Center)是指向企业、商户或网站服务器群提供规范性、高质量、安全可靠的专业化服务托管、虚拟空间租用、网络带宽出租等服务的单位;互联网信息服务单位(Internet Content Provider)是指以互联网为载体,提供信息发布和信息查询服务的单位或个人,包括各类网站、个人主页和提供短信内容服务、游戏服务、邮件服务以及其他互联信息服务的单位或个人;互联网联网单位是指中华人民共和国境内的计算机互联网络、专业计算机信息网络、企业计算机信息网络及其他通过专线进行国际联网的计算机信息网络(包括社区、学校、图书馆、宾馆、咖啡馆、娱乐休闲中心等)向特定对象提供互联网服务的互联网联网单位。

《中国公用计算机互联网国际联网管理办法》中明确要求接入中国公用互联网的接入单位,应经其主管部门或主管单位的审核同意,到电信总局办理接入手续;个人、法人和其他组织的计算机与其他通信终端进行国际联网,必须通过接入网络进行;接入单位负责对其接入网内用户的管理,接入单位和用户应遵守国家法律、法规,加强信息安全教育,严格执行国家保密制度,并对所提供的信息内容负责;任何组织或个人,不得利用计算机国际联网从事危害国家安全、泄露国家秘密等犯罪活动,不得利用计算机国际联网查阅、复制、制造和传播危害国家安全、妨碍社会治安和淫秽色情的信息,不得利用计算机国际联网从事危害他人信息系统和网络安全、侵犯他人合法权益的活动。

3. 互联网上网服务营业场所安全管理

互联网上网服务营业场所是通过计算机等装置向公众提供互联网上网服务的网吧、电脑休闲室等营业性场所。网民在网吧、电脑休闲室等场所接触、传播有害信息始终是管理部门监管的重点。互联网上网服务营业场所经营单位以及上网消费者都应当遵守有关法律、法规的规定;单位应加强行业自律,自觉接受政府有关部门依法实施的监督管理,为上网消费者提供良好的服务;上网消费者应遵守社会公德,开展文明、健康的上网活动。

《互联网上网服务营业场所管理条例》明确了各级部门管理的分工范围及管理职责,规定中明确指出:县级以上人民政府文化行政部门负责互联网上网服务营业场所经营单位的设立审批,并负责对依法设立的互联网上网服务营业场所经营单位经营活动的监督管理;公安机关负责对互联网上网服务营业场所经营单位的信息网络安全、治安及消防安全的监督管理；工商行政管理部门负责对互联网上网服务营业场所经营单位登记注册和营业执照的管理，并依法查处无照经营活动；电信管理等其他有关部门在各自职责范围内，依照本条例和有关法律、行政法规的规定，对互联网上网服务营业场所经营单位分别实施有关监督管理。《互联网上网服务营业场所管理条例》还进一步对互联网上网服务营业场所的设立、经营、处罚等方面内容做出了具体说明。

4. 网络安全等级保护

目前国内外各种势力对我们国家的重要信息系统和基础网络进行入侵、攻击、破坏，对国家安全带来严重威胁。我国借鉴了西方发达国家对于国家关键基础设施保护的思路、策略和方法，创建出符合中国国情的计算机信息系统安全等级保护制度。计算机信息系统安全等级保护制度也是早年的提法，《中华人民共和国网络安全法》出台后，其第二十一条明确提出：国家实行网络安全等级保护制度。网络运营者应当按照网络安全等级保护制度的要求，履行下列安全保护义务，保障网络免受干扰、破坏或者未经授权的访问，防止网络数据泄露或者被窃取、篡改。

网络安全等级保护是国家信息安全保障工作的基本制度，是我们国家的信息安全保障的政策体系。加强关系国家安全、经济命脉、社会稳定的重要信息系统的安全保护，提高我国信息安全保障工作的整体水平。《中华人民共和国计算机信息系统安全保护条例》中指出，国家重点维护国家事务、经济建设、国防建设、尖端科学技术等重要领域的计算机信息系统的安全。《中华人民共和国网络安全法》中指出，国家对公共通信和信息服务、能源、交通、水利、金融、公共服务、电子政务等重要行业和领域，以及其他一旦遭到破坏、丧失功能或者数据泄露，可能严重危害国家安全、国计民生、公共利益的关键信息基础设施，在网络安全等级保护制度的基础上，实行重点保护。

《信息安全等级保护管理办法》总则中明确指出，国家通过制定统一的信息安全等级保护管理规范和技术标准，组织公民、法人和其他组织对信息系统分等级实行安全保护，对等级保护工作的实施进行监督、管理。公安机关负责信息安全等级保护工作的监督、检查、指导。国家保密工作部门负责等级保护工作中有关保密工作的监督、检查、指导。国家密码管理部门负责等级保护工作中有关密码工作的监督、检查、指导。涉及其他职能部门管辖范围的事项，由有关职能部门依照国家法律法规的规定进行管理。国务院信息化工作办公室及地方信息化领导小组办事机构负责等级保护工作的部门间协调。信息系统主管部门应当依照《信息安全等级保护管理办法》及相关标准规范，督促、检查、指导本行业、本部门或者本地区信息系统运营、使用单位的信息安全等级保护工作。信息系统的运营、使用单位应当依照《信息安全等级保护管理办法》及其相关标准规范，履行信息安全等级保护的义务和责任。同时《信息安全等级保护管理办法》中依据管理需要对于信息系统等级划分与保护、等级保护的实施与管理、涉及国家秘密信息系统的分级保护管理、信息安全等级保护的密码管理、法律责任等方面内容做出了具体说明。

8.3.3　信息系统风险评估

信息系统风险评估是指依据有关信息安全技术与管理标准，对信息系统中处理、传输和存储信息的保密性、完整性、可用性、可靠性、不可抵赖性等安全属性进行评价的过程。

信息系统风险评估主要评估资产面临的威胁、利用脆弱性导致安全事件的可能性,结合安全事件涉及的资产价值来判断安全事件一旦发生对组织造成的影响。

信息系统风险评估的目的是分析企业业务系统及其依托的网络系统的安全状况,对业务系统的操作系统、应用软件、安全设备和网络设备可能存在的安全问题进行审查,掌握业务系统面临的信息安全威胁和风险,从更深层次上发掘出企业网络空间存在的安全隐患,为企业信息安全管理部门开展信息安全建设提供依据,为保障信息系统的安全、维护信息系统服务、确立安全策略和制定安全规划提供决策建议,为企业业务系统的安全需求提出依据。

1. 信息系统风险评估依据

信息系统风险评估通常采用国际信息安全管理标准 ISO 27002(ISO/IEC 17799)作为贯穿整个信息系统风险评估过程的主要指导规范。ISO 27002 安全模型是建立在风险的基础上,通过风险分析的方法,使信息风险的发生率和后果降低到可接受的水平,并采取相应措施,保证业务不会因安全事件的发生而中断。此标准给出了包括安全策略、安全组织、资产分类与控制、个人信息安全、物理和环境安全、通信和操作安全、访问控制、系统的开发和维护、商业持续规划、合法性等方面的安全网络评估和控制。

此外,还包括《信息安全风险评估指南》《信息安全风险管理指南》《信息技术安全性评估通用准则》等信息安全管理相关规范、等级保护相关标准,这些都是信息系统风险评估的主要依据。

2. 信息系统风险评估内容

信息系统风险评估的内容包括资产安全评估、主机安全评估、数据库安全评估、设备安全评估和网络安全评估等几个方面。

- 资产安全评估是对信息系统的各类资产进行识别,对资产进行价值分析,了解资产利用、维护和管理现状,明确资产保护的价值和层次,有效地进行资产管理,实现资产保护。
- 主机安全评估是对各种主机运行的操作系统及其安全配置策略进行分析,发现主机系统配置和运行中存在的安全隐患。
- 数据库安全评估是通过分析数据库管理系统的安全配置策略,检查数据库中存在的各种安全弱点,再结合组织的业务特点分析数据库的安全性。
- 设备安全评估主要分析设备自身的安全配置、设备性能等信息,检查设备是否对信息系统起到保护作用,是否存在新的安全风险。
- 网络安全评估是通过对网络系统的网络架构、网络配置、网络数据传输等方面进行深入分析,发现网络存在的安全隐患,提出网络安全评估的建议。

课 后 习 题

一、选择题

1. 我国一直高度重视网络空间的规范管理和安全秩序问题。伴随信息网络技术的发展对网络空间安全的立法工作就一直没有中断。其中我国第一部有关网络空间安全管理的法律法规是(　　)。

A.《中华人民共和国计算机信息网络国际联网管理暂行规定》

B.《中华人民共和国计算机信息系统安全保护条例》

C.《中华人民共和国计算机软件保护条例》

D.《中华人民共和国信息网络传播权保护条例》

2. （　　）是为维护网络空间主权和国家安全、社会公共利益，保护公民、法人和其他组织的合法权益，促进经济社会信息化健康发展的一部专门国家法律。

A.《中华人民共和国国家安全法》

B.《中华人民共和国标准法》

C.《中华人民共和国网络安全法》

D.《中华人民共和国保守国家秘密法》

3. （　　）是由最高人民法院、最高人民检察院就有关法条以及法律执行过程中出现的问题进行的规范性的解释，也是完善我国信息网络及其行为的法律法规的重要补充。

A. 国家法律　　　　B. 行政规范　　　　C. 部门规章　　　　D. 司法解释

4. （　　）大体可以概括为国家各层面可进行网络空间安全管理的部门依照法律法规对进行互联网信息服务活动的单位进行备案、审核、检查、监督等方面的管理工作。

A. 网络空间安全管理　　　　　　　　B. 网络空间安全

C. 网络管理系统　　　　　　　　　　D. 网络风险评估

5. 计算机信息系统实行安全（　　）是国家信息安全保障工作的基本制度，是我们国家的信息安全保障的政策体系。

A. 监控保护　　　　B. 等级保护　　　　C. 系统定级　　　　D. 基础管理

6. 信息系统风险评估的目的是分析企业业务系统及其依托的网络系统的安全状况，对业务系统中的操作系统、应用软件、安全设备和网络设备可能存在的安全问题进行审查，掌握系统面临的信息安全威胁和风险，以下（　　）可作为风险评估依据。

A.《信息安全等级保护管理办法》　　　B.《信息安全风险评估指南》

C.《信息安全风险管理指南》　　　　　D. 信息安全管理标准 ISO 27002

二、判断题

1. 网络空间安全法律是指由全国人大及其常务委员会制定的、所有涉及网络以及网络信息安全的法律。

2. 网络空间安全行政法规是指由国务院为执行宪法和法律而制定的行政法规，地方各级人民代表大会及常务委员会也可以制定地方性法规。

3. 网络空间安全司法解释是指由最高人民法院、最高人民检察院就有关法律条款以及法律执行过程中出现的问题，进行规范性的专门解释。

4. 全国信息安全标准化技术委员会完成国家标准化管理委员会批准的计划，组织信息安全国家标准的制定、修订和复审等工作。

5. 网络空间犯罪治理的法律依据只有《网络安全法》《刑法》《治安处罚法》等相关法律。

6.《互联网信息服务管理办法》是实现网络空间安全管理的重要法律依据。

7. 计算机信息系统安全等级保护制度是保护我国国家关键基础设施的重要举措。

三、思考题

1. 简述我国网络空间安全法律体系的构成。
2. 简述我国信息安全标准的基本构成。
3. 简述信息系统风险评估的主要内容。

附录 A

中华人民共和国刑法(摘录)

发文单位：全国人民代表大会

发布文号：中华人民共和国主席令第 30 号

发布日期：1979-07-01

执行日期：2017-11-04

（1979 年 7 月 1 日第五届全国人民代表大会第二次会议通过，1997 年 3 月 14 日由中华人民共和国第八届全国人民代表大会第五次会议修订，修订后的《中华人民共和国刑法》公布自 1997 年 7 月 1 日起施行；1999 年 12 月 25 日中华人民共和国第九届全国人民代表大会常务委员会第十三次会议通过《中华人民共和国刑法修正案》；2000 年 8 月 31 日第九届全国人民代表大会常务委员会第二十三次会议通过《中华人民共和国刑法修正案》(二)；2001 年 12 月 29 日第九届全国人民代表大会常务委员会第二十五次会议通过《中华人民共和国刑法修正案》(三)；2002 年 12 月 28 日第九届全国人民代表大会常务委员会第三十一次会议通过《中华人民共和国刑法修正案》(四)；2005 年 2 月 28 日第十届全国人大常委会第十四次会议通过《中华人民共和国刑法修正案》(五)；2006 年 6 月 29 日中华人民共和国第十届全国人民代表大会常务委员会第二十二次会议通过《中华人民共和国刑法修正案》(六)，修正案自公布之日起施行；2009 年 2 月 28 日中华人民共和国第十一届全国人民代表大会常务委员会第七次会议通过《中华人民共和国刑法修正案》(七)，修正案自公布之日起施行；2011 年 2 月 25 日中华人民共和国第十一届全国人民代表大会常务委员会第十九次会议通过《中华人民共和国刑法修正案》(八)，修正案自公布之日起施行；2015 年 8 月 29 日第十二届全国人大常委会十六次会议表决通过《中华人民共和国刑法修正案》(九)，自 2015 年 11 月 1 日起开始施行；2017 年 11 月 4 日第十二届全国人民代表大会常务委员会第三十次会议通过《中华人民共和国刑法修正案(十)》，自公布之日起施行）

第二百八十五条　违反国家规定，侵入国家事务、国防建设、尖端科学技术领域的计算机信息系统的，处三年以下有期徒刑或者拘役。

违反国家规定，侵入前款规定以外的计算机信息系统或者采用其他技术手段，获取该计算机信息系统中存储、处理或者传输的数据，或者对该计算机信息系统实施非法控制，情节严重的，处三年以下有期徒刑或者拘役，并处或者单处罚金；情节特别严重的，处三年以上七年以下有期徒刑，并处罚金。

提供专门用于侵入、非法控制计算机信息系统的程序、工具，或者明知他人实施侵入、非法控制计算机信息系统的违法犯罪行为而为其提供程序、工具，情节严重的，依照前款的规定处罚。

单位犯前三款罪的，对单位判处罚金，并对其直接负责的主管人员和其他直接责任人员，依照各该款的规定处罚。

第二百八十六条　违反国家规定，对计算机信息系统功能进行删除、修改、增加、干扰，造成计算机信息系统不能正常运行，后果严重的，处五年以下有期徒刑或者拘役；后果特别严重的，处五年以上有期徒刑。

违反国家规定，对计算机信息系统中存储、处理或者传输的数据和应用程序进行删除、修改、增加的操作，后果严重的，依照前款的规定处罚。

故意制作、传播计算机病毒等破坏性程序，影响计算机系统正常运行，后果严重的，依照第一款的规定处罚。

单位犯前三款罪的，对单位判处罚金，并对其直接负责的主管人员和其他直接责任人员，依照第一款的规定处罚。

第二百八十六条之一　网络服务提供者不履行法律、行政法规规定的信息网络安全管理义务，经监管部门责令采取改正措施而拒不改正，有下列情形之一的，处三年以下有期徒刑、拘役或者管制，并处或者单处罚金：

（一）致使违法信息大量传播的；

（二）致使用户信息泄露，造成严重后果的；

（三）致使刑事案件证据灭失，情节严重的；

（四）有其他严重情节的。

单位犯前款罪的，对单位判处罚金，并对其直接负责的主管人员和其他直接责任人员，依照前款的规定处罚。

有前两款行为，同时构成其他犯罪的，依照处罚较重的规定定罪处罚。

第二百八十七条　利用计算机实施金融诈骗、盗窃、贪污、挪用公款、窃取国家秘密或者其他犯罪的，依照本法有关规定定罪处罚。

第二百八十七条之一　利用信息网络实施下列行为之一，情节严重的，处三年以下有期徒刑或者拘役，并处或者单处罚金：

（一）设立用于实施诈骗、传授犯罪方法、制作或者销售违禁物品、管制物品等违法犯罪活动的网站、通讯群组的；

（二）发布有关制作或者销售毒品、枪支、淫秽物品等违禁物品、管制物品或者其他违法犯罪信息的；

（三）为实施诈骗等违法犯罪活动发布信息的。

单位犯前款罪的，对单位判处罚金，并对其直接负责的主管人员和其他直接责任人员，依照第一款的规定处罚。

有前两款行为，同时构成其他犯罪的，依照处罚较重的规定定罪处罚。

第二百八十七条之二　明知他人利用信息网络实施犯罪，为其犯罪提供互联网接入、服务器托管、网络存储、通讯传输等技术支持,或者提供广告推广、支付结算等帮助,情节严重的,处三年以下有期徒刑或者拘役,并处或者单处罚金。

　　单位犯前款罪的,对单位判处罚金,并对其直接负责的主管人员和其他直接责任人员,依照第一款的规定处罚。

　　有前两款行为,同时构成其他犯罪的,依照处罚较重的规定定罪处罚。

附录 B

中华人民共和国网络安全法

发文单位：全国人民代表大会常务委员会

发布文号：中华人民共和国主席令第 53 号

发布日期：2016-11-07

执行日期：2017-06-01

（2016 年 11 月 7 日由中华人民共和国第十二届全国人民代表大会常务委员会第二十四次会议通过，自 2017 年 6 月 1 日起施行）

第一章 总　则

第一条　为了保障网络安全，维护网络空间主权和国家安全、社会公共利益，保护公民、法人和其他组织的合法权益，促进经济社会信息化健康发展，制定本法。

第二条　在中华人民共和国境内建设、运营、维护和使用网络，以及网络安全的监督管理，适用本法。

第三条　国家坚持网络安全与信息化发展并重，遵循积极利用、科学发展、依法管理、确保安全的方针，推进网络基础设施建设和互联互通，鼓励网络技术创新和应用，支持培养网络安全人才，建立健全网络安全保障体系，提高网络安全保护能力。

第四条　国家制定并不断完善网络安全战略，明确保障网络安全的基本要求和主要目标，提出重点领域的网络安全政策、工作任务和措施。

第五条　国家采取措施，监测、防御、处置来源于中华人民共和国境内外的网络安全风险和威胁，保护关键信息基础设施免受攻击、侵入、干扰和破坏，依法惩治网络违法犯罪活动，维护网络空间安全和秩序。

第六条　国家倡导诚实守信、健康文明的网络行为，推动传播社会主义核心价值观，采取措施提高全社会的网络安全意识和水平，形成全社会共同参与促进网络安全的良好环境。

第七条　国家积极开展网络空间治理、网络技术研发和标准制定、打击网络违法犯罪等方面的国际交流与合作，推动构建和平、安全、开放、合作的网络空间，建立多边、民主、透明的网络治理体系。

第八条　国家网信部门负责统筹协调网络安全工作和相关监督管理工作。国务院电信主管部门、公安部门和其他有关机关依照本法和有关法律、行政法规的规定，在各自职责范围内负责网络安全保护和监督管理工作。

县级以上地方人民政府有关部门的网络安全保护和监督管理职责，按照国家有关规定确定。

第九条　网络运营者开展经营和服务活动,必须遵守法律、行政法规,尊重社会公德,遵守商业道德,诚实信用,履行网络安全保护义务,接受政府和社会的监督,承担社会责任。

第十条　建设、运营网络或者通过网络提供服务,应当依照法律、行政法规的规定和国家标准的强制性要求,采取技术措施和其他必要措施,保障网络安全、稳定运行,有效应对网络安全事件,防范网络违法犯罪活动,维护网络数据的完整性、保密性和可用性。

第十一条　网络相关行业组织按照章程,加强行业自律,制定网络安全行为规范,指导会员加强网络安全保护,提高网络安全保护水平,促进行业健康发展。

第十二条　国家保护公民、法人和其他组织依法使用网络的权利,促进网络接入普及,提升网络服务水平,为社会提供安全、便利的网络服务,保障网络信息依法有序自由流动。

任何个人和组织使用网络应当遵守宪法法律,遵守公共秩序,尊重社会公德,不得危害网络安全,不得利用网络从事危害国家安全、荣誉和利益,煽动颠覆国家政权、推翻社会主义制度,煽动分裂国家、破坏国家统一,宣扬恐怖主义、极端主义,宣扬民族仇恨、民族歧视,传播暴力、淫秽色情信息,编造、传播虚假信息扰乱经济秩序和社会秩序,以及侵害他人名誉、隐私、知识产权和其他合法权益等活动。

第十三条　国家支持研究开发有利于未成年人健康成长的网络产品和服务,依法惩治利用网络从事危害未成年人身心健康的活动,为未成年人提供安全、健康的网络环境。

第十四条　任何个人和组织有权对危害网络安全的行为向网信、电信、公安等部门举报。收到举报的部门应当及时依法作出处理;不属于本部门职责的,应当及时移送有权处理的部门。

有关部门应当对举报人的相关信息予以保密,保护举报人的合法权益。

第二章　网络安全支持与促进

第十五条　国家建立和完善网络安全标准体系。国务院标准化行政主管部门和国务院其他有关部门根据各自的职责,组织制定并适时修订有关网络安全管理以及网络产品、服务和运行安全的国家标准、行业标准。

国家支持企业、研究机构、高等学校、网络相关行业组织参与网络安全国家标准、行业标准的制定。

第十六条　国务院和省、自治区、直辖市人民政府应当统筹规划,加大投入,扶持重点网络安全技术产业和项目,支持网络安全技术的研究开发和应用,推广安全可信的网络产品和服务,保护网络技术知识产权,支持企业、研究机构和高等学校等参与国家网络安全技术创新项目。

第十七条　国家推进网络安全社会化服务体系建设,鼓励有关企业、机构开展网络安全认证、检测和风险评估等安全服务。

第十八条　国家鼓励开发网络数据安全保护和利用技术,促进公共数据资源开放,推动技术创新和经济社会发展。

国家支持创新网络安全管理方式,运用网络新技术,提升网络安全保护水平。

第十九条　各级人民政府及其有关部门应当组织开展经常性的网络安全宣传教育，并指导、督促有关单位做好网络安全宣传教育工作。

大众传播媒介应当有针对性地面向社会进行网络安全宣传教育。

第二十条　国家支持企业和高等学校、职业学校等教育培训机构开展网络安全相关教育与培训，采取多种方式培养网络安全人才，促进网络安全人才交流。

第三章　网络运行安全

第一节　一般规定

第二十一条　国家实行网络安全等级保护制度。网络运营者应当按照网络安全等级保护制度的要求，履行下列安全保护义务，保障网络免受干扰、破坏或者未经授权的访问，防止网络数据泄露或者被窃取、篡改：

（一）制定内部安全管理制度和操作规程，确定网络安全负责人，落实网络安全保护责任；

（二）采取防范计算机病毒和网络攻击、网络侵入等危害网络安全行为的技术措施；

（三）采取监测、记录网络运行状态、网络安全事件的技术措施，并按照规定留存相关的网络日志不少于六个月；

（四）采取数据分类、重要数据备份和加密等措施；

（五）法律、行政法规规定的其他义务。

第二十二条　网络产品、服务应当符合相关国家标准的强制性要求。网络产品、服务的提供者不得设置恶意程序；发现其网络产品、服务存在安全缺陷、漏洞等风险时，应当立即采取补救措施，按照规定及时告知用户并向有关主管部门报告。

网络产品、服务的提供者应当为其产品、服务持续提供安全维护；在规定或者当事人约定的期限内，不得终止提供安全维护。

网络产品、服务具有收集用户信息功能的，其提供者应当向用户明示并取得同意；涉及用户个人信息的，还应当遵守本法和有关法律、行政法规关于个人信息保护的规定。

第二十三条　网络关键设备和网络安全专用产品应当按照相关国家标准的强制性要求，由具备资格的机构安全认证合格或者安全检测符合要求后，方可销售或者提供。国家网信部门会同国务院有关部门制定、公布网络关键设备和网络安全专用产品目录，并推动安全认证和安全检测结果互认，避免重复认证、检测。

第二十四条　网络运营者为用户办理网络接入、域名注册服务，办理固定电话、移动电话等入网手续，或者为用户提供信息发布、即时通讯等服务，在与用户签订协议或者确认提供服务时，应当要求用户提供真实身份信息。用户不提供真实身份信息的，网络运营者不得为其提供相关服务。

国家实施网络可信身份战略，支持研究开发安全、方便的电子身份认证技术，推动不同电子身份认证之间的互认。

第二十五条　网络运营者应当制定网络安全事件应急预案，及时处置系统漏洞、计算机病毒、网络攻击、网络侵入等安全风险；在发生危害网络安全的事件时，立即启动应急预案，采取相应的补救措施，并按照规定向有关主管部门报告。

第二十六条　开展网络安全认证、检测、风险评估等活动，向社会发布系统漏洞、计算机病毒、网络攻击、网络侵入等网络安全信息，应当遵守国家有关规定。

第二十七条　任何个人和组织不得从事非法侵入他人网络、干扰他人网络正常功能、窃取网络数据等危害网络安全的活动；不得提供专门用于从事侵入网络、干扰网络正常功能及防护措施、窃取网络数据等危害网络安全活动的程序、工具；明知他人从事危害网络安全的活动的，不得为其提供技术支持、广告推广、支付结算等帮助。

第二十八条　网络运营者应当为公安机关、国家安全机关依法维护国家安全和侦查犯罪的活动提供技术支持和协助。

第二十九条　国家支持网络运营者之间在网络安全信息收集、分析、通报和应急处置等方面进行合作，提高网络运营者的安全保障能力。

有关行业组织建立健全本行业的网络安全保护规范和协作机制，加强对网络安全风险的分析评估，定期向会员进行风险警示，支持、协助会员应对网络安全风险。

第三十条　网信部门和有关部门在履行网络安全保护职责中获取的信息，只能用于维护网络安全的需要，不得用于其他用途。

第二节　关键信息基础设施的运行安全

第三十一条　国家对公共通信和信息服务、能源、交通、水利、金融、公共服务、电子政务等重要行业和领域，以及其他一旦遭到破坏、丧失功能或者数据泄露，可能严重危害国家安全、国计民生、公共利益的关键信息基础设施，在网络安全等级保护制度的基础上，实行重点保护。关键信息基础设施的具体范围和安全保护办法由国务院制定。

国家鼓励关键信息基础设施以外的网络运营者自愿参与关键信息基础设施保护体系。

第三十二条　按照国务院规定的职责分工，负责关键信息基础设施安全保护工作的部门分别编制并组织实施本行业、本领域的关键信息基础设施安全规划，指导和监督关键信息基础设施运行安全保护工作。

第三十三条　建设关键信息基础设施应当确保其具有支持业务稳定、持续运行的性能，并保证安全技术措施同步规划、同步建设、同步使用。

第三十四条　除本法第二十一条的规定外，关键信息基础设施的运营者还应当履行下列安全保护义务：

（一）设置专门安全管理机构和安全管理负责人，并对该负责人和关键岗位的人员进行安全背景审查；

（二）定期对从业人员进行网络安全教育、技术培训和技能考核；

（三）对重要系统和数据库进行容灾备份；

（四）制定网络安全事件应急预案，并定期进行演练；

（五）法律、行政法规规定的其他义务。

第三十五条　关键信息基础设施的运营者采购网络产品和服务，可能影响国家安全的，应当通过国家网信部门会同国务院有关部门组织的国家安全审查。

第三十六条　关键信息基础设施的运营者采购网络产品和服务，应当按照规定与提供者签订安全保密协议，明确安全和保密义务与责任。

第三十七条　关键信息基础设施的运营者在中华人民共和国境内运营中收集和产生

的个人信息和重要数据应当在境内存储。因业务需要,确需向境外提供的,应当按照国家网信部门会同国务院有关部门制定的办法进行安全评估;法律、行政法规另有规定的,依照其规定。

第三十八条　关键信息基础设施的运营者应当自行或者委托网络安全服务机构对其网络的安全性和可能存在的风险每年至少进行一次检测评估,并将检测评估情况和改进措施报送相关负责关键信息基础设施安全保护工作的部门。

第三十九条　国家网信部门应当统筹协调有关部门对关键信息基础设施的安全保护采取下列措施:

(一)对关键信息基础设施的安全风险进行抽查检测,提出改进措施,必要时可以委托网络安全服务机构对网络存在的安全风险进行检测评估;

(二)定期组织关键信息基础设施的运营者进行网络安全应急演练,提高应对网络安全事件的水平和协同配合能力;

(三)促进有关部门、关键信息基础设施的运营者以及有关研究机构、网络安全服务机构等之间的网络安全信息共享;

(四)对网络安全事件的应急处置与网络功能的恢复等,提供技术支持和协助。

第四章　网络信息安全

第四十条　网络运营者应当对其收集的用户信息严格保密,并建立健全用户信息保护制度。

第四十一条　网络运营者收集、使用个人信息,应当遵循合法、正当、必要的原则,公开收集、使用规则,明示收集、使用信息的目的、方式和范围,并经被收集者同意。

网络运营者不得收集与其提供的服务无关的个人信息,不得违反法律、行政法规的规定和双方的约定收集、使用个人信息,并应当依照法律、行政法规的规定和与用户的约定,处理其保存的个人信息。

第四十二条　网络运营者不得泄露、篡改、毁损其收集的个人信息;未经被收集者同意,不得向他人提供个人信息。但是,经过处理无法识别特定个人且不能复原的除外。

网络运营者应当采取技术措施和其他必要措施,确保其收集的个人信息安全,防止信息泄露、毁损、丢失。在发生或者可能发生个人信息泄露、毁损、丢失的情况时,应当立即采取补救措施,按照规定及时告知用户并向有关主管部门报告。

第四十三条　个人发现网络运营者违反法律、行政法规的规定或者双方的约定收集、使用其个人信息的,有权要求网络运营者删除其个人信息;发现网络运营者收集、存储的其个人信息有错误的,有权要求网络运营者予以更正。网络运营者应当采取措施予以删除或者更正。

第四十四条　任何个人和组织不得窃取或者以其他非法方式获取个人信息,不得非法出售或者非法向他人提供个人信息。

第四十五条　依法负有网络安全监督管理职责的部门及其工作人员,必须对在履行职责中知悉的个人信息、隐私和商业秘密严格保密,不得泄露、出售或者非法向他人提供。

第四十六条　任何个人和组织应当对其使用网络的行为负责,不得设立用于实施诈骗,传授犯罪方法,制作或者销售违禁物品、管制物品等违法犯罪活动的网站、通讯群组,不得利用网络发布涉及实施诈骗,制作或者销售违禁物品、管制物品以及其他违法犯罪活动的信息。

第四十七条　网络运营者应当加强对其用户发布的信息的管理,发现法律、行政法规禁止发布或者传输的信息的,应当立即停止传输该信息,采取消除等处置措施,防止信息扩散,保存有关记录,并向有关主管部门报告。

第四十八条　任何个人和组织发送的电子信息、提供的应用软件,不得设置恶意程序,不得含有法律、行政法规禁止发布或者传输的信息。

电子信息发送服务提供者和应用软件下载服务提供者,应当履行安全管理义务,知道其用户有前款规定行为的,应当停止提供服务,采取消除等处置措施,保存有关记录,并向有关主管部门报告。

第四十九条　网络运营者应当建立网络信息安全投诉、举报制度,公布投诉、举报方式等信息,及时受理并处理有关网络信息安全的投诉和举报。

网络运营者对网信部门和有关部门依法实施的监督检查,应当予以配合。

第五十条　国家网信部门和有关部门依法履行网络信息安全监督管理职责,发现法律、行政法规禁止发布或者传输的信息的,应当要求网络运营者停止传输,采取消除等处置措施,保存有关记录;对来源于中华人民共和国境外的上述信息,应当通知有关机构采取技术措施和其他必要措施阻断传播。

第五章　监测预警与应急处置

第五十一条　国家建立网络安全监测预警和信息通报制度。国家网信部门应当统筹协调有关部门加强网络安全信息收集、分析和通报工作,按照规定统一发布网络安全监测预警信息。

第五十二条　负责关键信息基础设施安全保护工作的部门,应当建立健全本行业、本领域的网络安全监测预警和信息通报制度,并按照规定报送网络安全监测预警信息。

第五十三条　国家网信部门协调有关部门建立健全网络安全风险评估和应急工作机制,制定网络安全事件应急预案,并定期组织演练。

负责关键信息基础设施安全保护工作的部门应当制定本行业、本领域的网络安全事件应急预案,并定期组织演练。

网络安全事件应急预案应当按照事件发生后的危害程度、影响范围等因素对网络安全事件进行分级,并规定相应的应急处置措施。

第五十四条　网络安全事件发生的风险增大时,省级以上人民政府有关部门应当按照规定的权限和程序,并根据网络安全风险的特点和可能造成的危害,采取下列措施:

(一)要求有关部门、机构和人员及时收集、报告有关信息,加强对网络安全风险的监测;

(二)组织有关部门、机构和专业人员,对网络安全风险信息进行分析评估,预测事件发生的可能性、影响范围和危害程度;

(三)向社会发布网络安全风险预警,发布避免、减轻危害的措施。

第五十五条　发生网络安全事件,应当立即启动网络安全事件应急预案,对网络安全事件进行调查和评估,要求网络运营者采取技术措施和其他必要措施,消除安全隐患,防止危害扩大,并及时向社会发布与公众有关的警示信息。

第五十六条　省级以上人民政府有关部门在履行网络安全监督管理职责中,发现网络存在较大安全风险或者发生安全事件的,可以按照规定的权限和程序对该网络的运营者的法定代表人或者主要负责人进行约谈。网络运营者应当按照要求采取措施,进行整改,消除隐患。

第五十七条　因网络安全事件,发生突发事件或者生产安全事故的,应当依照《中华人民共和国突发事件应对法》《中华人民共和国安全生产法》等有关法律、行政法规的规定处置。

第五十八条　因维护国家安全和社会公共秩序,处置重大突发社会安全事件的需要,经国务院决定或者批准,可以在特定区域对网络通信采取限制等临时措施。

第六章　法律责任

第五十九条　网络运营者不履行本法第二十一条、第二十五条规定的网络安全保护义务的,由有关主管部门责令改正,给予警告;拒不改正或者导致危害网络安全等后果的,处一万元以上十万元以下罚款,对直接负责的主管人员处五千元以上五万元以下罚款。

关键信息基础设施的运营者不履行本法第三十三条、第三十四条、第三十六条、第三十八条规定的网络安全保护义务的,由有关主管部门责令改正,给予警告;拒不改正或者导致危害网络安全等后果的,处十万元以上一百万元以下罚款,对直接负责的主管人员处一万元以上十万元以下罚款。

第六十条　违反本法第二十二条第一款、第二款和第四十八条第一款规定,有下列行为之一的,由有关主管部门责令改正,给予警告;拒不改正或者导致危害网络安全等后果的,处五万元以上五十万元以下罚款,对直接负责的主管人员处一万元以上十万元以下罚款:

(一)设置恶意程序的;

(二)对其产品、服务存在的安全缺陷、漏洞等风险未立即采取补救措施,或者未按照规定及时告知用户并向有关主管部门报告的;

(三)擅自终止为其产品、服务提供安全维护的。

第六十一条　网络运营者违反本法第二十四条第一款规定,未要求用户提供真实身份信息,或者对不提供真实身份信息的用户提供相关服务的,由有关主管部门责令改正;拒不改正或者情节严重的,处五万元以上五十万元以下罚款,并可以由有关主管部门责令暂停相关业务、停业整顿、关闭网站、吊销相关业务许可证或者吊销营业执照,对直接负责的主管人员和其他直接责任人员处一万元以上十万元以下罚款。

第六十二条　违反本法第二十六条规定,开展网络安全认证、检测、风险评估等活动,或者向社会发布系统漏洞、计算机病毒、网络攻击、网络侵入等网络安全信息的,由有关主管部门责令改正,给予警告;拒不改正或者情节严重的,处一万元以上十万元以下罚款,并可以由有关主管部门责令暂停相关业务、停业整顿、关闭网站、吊销相关业务许可证或者吊销营业执照,对直接负责的主管人员和其他直接责任人员处五千元以上五万元以下罚款。

第六十三条　违反本法第二十七条规定,从事危害网络安全的活动,或者提供专门用于从事危害网络安全活动的程序、工具,或者为他人从事危害网络安全的活动提供技术支持、广告推广、支付结算等帮助,尚不构成犯罪的,由公安机关没收违法所得,处五日以下拘留,可以并处五万元以上五十万元以下罚款;情节较重的,处五日以上十五日以下拘留,可以并处十万元以上一百万元以下罚款。

单位有前款行为的,由公安机关没收违法所得,处十万元以上一百万元以下罚款,并对直接负责的主管人员和其他直接责任人员依照前款规定处罚。

违反本法第二十七条规定,受到治安管理处罚的人员,五年内不得从事网络安全管理和网络运营关键岗位的工作;受到刑事处罚的人员,终身不得从事网络安全管理和网络运营关键岗位的工作。

第六十四条　网络运营者、网络产品或者服务的提供者违反本法第二十二条第三款、第四十一条至第四十三条规定,侵害个人信息依法得到保护的权利的,由有关主管部门责令改正,可以根据情节单处或者并处警告、没收违法所得、处违法所得一倍以上十倍以下罚款,没有违法所得的,处一百万元以下罚款,对直接负责的主管人员和其他直接责任人员处一万元以上十万元以下罚款;情节严重的,并可以责令暂停相关业务、停业整顿、关闭网站、吊销相关业务许可证或者吊销营业执照。

违反本法第四十四条规定,窃取或者以其他非法方式获取、非法出售或者非法向他人提供个人信息,尚不构成犯罪的,由公安机关没收违法所得,并处违法所得一倍以上十倍以下罚款,没有违法所得的,处一百万元以下罚款。

第六十五条　关键信息基础设施的运营者违反本法第三十五条规定,使用未经安全审查或者安全审查未通过的网络产品或者服务的,由有关主管部门责令停止使用,处采购金额一倍以上十倍以下罚款;对直接负责的主管人员和其他直接责任人员处一万元以上十万元以下罚款。

第六十六条　关键信息基础设施的运营者违反本法第三十七条规定,在境外存储网络数据,或者向境外提供网络数据的,由有关主管部门责令改正,给予警告,没收违法所得,处五万元以上五十万元以下罚款,并可以责令暂停相关业务、停业整顿、关闭网站、吊销相关业务许可证或者吊销营业执照;对直接负责的主管人员和其他直接责任人员处一万元以上十万元以下罚款。

第六十七条　违反本法第四十六条规定,设立用于实施违法犯罪活动的网站、通讯群组,或者利用网络发布涉及实施违法犯罪活动的信息,尚不构成犯罪的,由公安机关处五日以下拘留,可以并处一万元以上十万元以下罚款;情节较重的,处五日以上十五日以下拘留,可以并处五万元以上五十万元以下罚款。关闭用于实施违法犯罪活动的网站、通讯群组。

单位有前款行为的,由公安机关处十万元以上五十万元以下罚款,并对直接负责的主管人员和其他直接责任人员依照前款规定处罚。

第六十八条　网络运营者违反本法第四十七条规定,对法律、行政法规禁止发布或者传输的信息未停止传输、采取消除等处置措施、保存有关记录的,由有关主管部门责令改正,给予警告,没收违法所得;拒不改正或者情节严重的,处十万元以上五十万元以下罚款,并可以责令暂停相关业务、停业整顿、关闭网站、吊销相关业务许可证或者吊销营业执照,对直接负责的主管人员和其他直接责任人员处一万元以上十万元以下罚款。

电子信息发送服务提供者、应用软件下载服务提供者,不履行本法第四十八条第二款规定的安全管理义务的,依照前款规定处罚。

第六十九条　网络运营者违反本法规定,有下列行为之一的,由有关主管部门责令改正;拒不改正或者情节严重的,处五万元以上五十万元以下罚款,对直接负责的主管人员和其他直接责任人员,处一万元以上十万元以下罚款:

(一)不按照有关部门的要求对法律、行政法规禁止发布或者传输的信息,采取停止传输、消除等处置措施的;

(二)拒绝、阻碍有关部门依法实施的监督检查的;

(三)拒不向公安机关、国家安全机关提供技术支持和协助的。

第七十条　发布或者传输本法第十二条第二款和其他法律、行政法规禁止发布或者传输的信息的,依照有关法律、行政法规的规定处罚。

第七十一条　有本法规定的违法行为的,依照有关法律、行政法规的规定记入信用档案,并予以公示。

第七十二条　国家机关政务网络的运营者不履行本法规定的网络安全保护义务的,由其上级机关或者有关机关责令改正;对直接负责的主管人员和其他直接责任人员依法给予处分。

第七十三条　网信部门和有关部门违反本法第三十条规定,将在履行网络安全保护职责中获取的信息用于其他用途的,对直接负责的主管人员和其他直接责任人员依法给予处分。

网信部门和有关部门的工作人员玩忽职守、滥用职权、徇私舞弊,尚不构成犯罪的,依法给予处分。

第七十四条　违反本法规定,给他人造成损害的,依法承担民事责任。

违反本法规定,构成违反治安管理行为的,依法给予治安管理处罚;构成犯罪的,依法追究刑事责任。

第七十五条　境外的机构、组织、个人从事攻击、侵入、干扰、破坏等危害中华人民共和国的关键信息基础设施的活动,造成严重后果的,依法追究法律责任;国务院公安部门和有关部门并可以决定对该机构、组织、个人采取冻结财产或者其他必要的制裁措施。

第七章　附　则

第七十六条　本法下列用语的含义:

(一)网络,是指由计算机或者其他信息终端及相关设备组成的按照一定的规则和程序对信息进行收集、存储、传输、交换、处理的系统;

(二)网络安全,是指通过采取必要措施,防范对网络的攻击、侵入、干扰、破坏和非法使用以及意外事故,使网络处于稳定可靠运行的状态,以及保障网络数据的完整性、保密性、可用性的能力;

(三)网络运营者,是指网络的所有者、管理者和网络服务提供者;

(四)网络数据,是指通过网络收集、存储、传输、处理和产生的各种电子数据;

（五）个人信息，是指以电子或者其他方式记录的能够单独或者与其他信息结合识别自然人个人身份的各种信息，包括但不限于自然人的姓名、出生日期、身份证件号码、个人生物识别信息、住址、电话号码等。

第七十七条　存储、处理涉及国家秘密信息的网络的运行安全保护，除应当遵守本法外，还应当遵守保密法律、行政法规的规定。

第七十八条　军事网络的安全保护，由中央军事委员会另行规定。

第七十九条　本法自 2017 年 6 月 1 日起施行。

附录 C

全国人民代表大会常务委员会关于维护互联网安全的决定(摘录)

发布单位：全国人民代表大会常务委员会
发布文号：----------
发布日期：2000-12-28
生效日期：2000-12-28

（2000 年 12 月 28 日第九届全国人民代表大会常务委员会第十九次会议通过）

我国的互联网，在国家大力倡导和积极推动下，在经济建设和各项事业中得到日益广泛的应用，使人们的生产、工作、学习和生活方式已经开始并将继续发生深刻的变化，对于加快我国国民经济、科学技术的发展和社会服务信息化进程具有重要作用。同时，如何保障互联网的运行安全和信息安全问题已经引起全社会的普遍关注。为了兴利除弊，促进我国互联网的健康发展，维护国家安全和社会公共利益，保护个人、法人和其他组织的合法权益，特作如下决定：

一、为了保障互联网的运行安全，对有下列行为之一，构成犯罪的，依照刑法有关规定追究刑事责任：

（一）侵入国家事务、国防建设、尖端科学技术领域的计算机信息系统；

（二）故意制作、传播计算机病毒等破坏性程序，攻击计算机系统及通信网络，致使计算机系统及通信网络遭受损害；

（三）违反国家规定，擅自中断计算机网络或者通信服务，造成计算机网络或者通信系统不能正常运行。

二、为了维护国家安全和社会稳定，对有下列行为之一，构成犯罪的，依照刑法有关规定追究刑事责任：

（一）利用互联网造谣、诽谤或者发表、传播其他有害信息，煽动颠覆国家政权、推翻社会主义制度，或者煽动分裂国家、破坏国家统一；

（二）通过互联网窃取、泄露国家秘密、情报或者军事秘密；

（三）利用互联网煽动民族仇恨、民族歧视，破坏民族团结；

（四）利用互联网组织邪教组织、联络邪教组织成员，破坏国家法律、行政法规实施。

三、为了维护社会主义市场经济秩序和社会管理秩序，对有下列行为之一，构成犯罪的，依照刑法有关规定追究刑事责任：

（一）利用互联网销售伪劣产品或者对商品、服务作虚假宣传；

（二）利用互联网损害他人商业信誉和商品声誉；

（三）利用互联网侵犯他人知识产权；

（四）利用互联网编造并传播影响证券、期货交易或者其他扰乱金融秩序的虚假信息；

（五）在互联网上建立淫秽网站、网页，提供淫秽站点链接服务，或者传播淫秽书刊、影片、音像、图片。

四、为了保护个人、法人和其他组织的人身、财产等合法权利，对有下列行为之一，构成犯罪的，依照刑法有关规定追究刑事责任：

（一）利用互联网侮辱他人或者捏造事实诽谤他人；

（二）非法截获、篡改、删除他人电子邮件或者其他数据资料，侵犯公民通信自由和通信秘密；

（三）利用互联网进行盗窃、诈骗、敲诈勒索。

五、利用互联网实施本决定第一条、第二条、第三条、第四条所列行为以外的其他行为，构成犯罪的，依照刑法有关规定追究刑事责任。

六、利用互联网实施违法行为，违反社会治安管理，尚不构成犯罪的，由公安机关依照《治安管理处罚条例》予以处罚；违反其他法律、行政法规，尚不构成犯罪的，由有关行政管理部门依法给予行政处罚；对直接负责的主管人员和其他直接责任人员，依法给予行政处分或者纪律处分。

利用互联网侵犯他人合法权益，构成民事侵权的，依法承担民事责任。

七、各级人民政府及有关部门要采取积极措施，在促进互联网的应用和网络技术的普及过程中，重视和支持对网络安全技术的研究和开发，增强网络的安全防护能力。有关主管部门要加强对互联网的运行安全和信息安全的宣传教育，依法实施有效的监督管理，防范和制止利用互联网进行的各种违法活动，为互联网的健康发展创造良好的社会环境。从事互联网业务的单位要依法开展活动，发现互联网上出现违法犯罪行为和有害信息时，要采取措施，停止传输有害信息，并及时向有关机关报告。任何单位和个人在利用互联网时，都要遵纪守法，抵制各种违法犯罪行为和有害信息。人民法院、人民检察院、公安机关、国家安全机关要各司其职，密切配合，依法严厉打击利用互联网实施的各种犯罪活动。要动员全社会的力量，依靠全社会的共同努力，保障互联网的运行安全与信息安全，促进社会主义精神文明和物质文明建设。

附录 D

中华人民共和国计算机信息系统安全保护条例

发布单位：中华人民共和国国务院

发布文号：中华人民共和国国务院令第 147 号

发布日期：1994-02-18

生效日期：2011-01-08

（根据 2011 年 1 月 8 日《国务院关于废止和修改部分行政法规的决定》修正）

第一章 总 则

第一条 为了保护计算机信息系统的安全，促进计算机的应用和发展，保障社会主义现代化建设的顺利进行，制定本条例。

第二条 本条例所称的计算机信息系统，是指由计算机及其相关的和配套的设备、设施（含网络）构成的，按照一定的应用目标和规则对信息进行采集、加工、存储、传输、检索等处理的人机系统。

第三条 计算机信息系统的安全保护，应当保障计算机及其相关的和配套的设备、设施（含网络）的安全，运行环境的安全，保障信息的安全，保障计算机功能的正常发挥，以维护计算机信息系统的安全运行。

第四条 计算机信息系统的安全保护工作，重点维护国家事务、经济建设、国防建设、尖端科学技术等重要领域的计算机信息系统的安全。

第五条 中华人民共和国境内的计算机信息系统的安全保护，适用本条例。未联网的微型计算机的安全保护办法，另行制定。

第六条 公安部主管全国计算机信息系统安全保护工作。国家安全部、国家保密局和国务院其他有关部门，在国务院规定的职责范围内做好计算机信息系统安全保护的有关工作。

第七条 任何组织或者个人，不得利用计算机信息系统从事危害国家利益、集体利益和公民合法利益的活动，不得危害计算机信息系统的安全。

第二章 安全保护制度

第八条 计算机信息系统的建设和应用，应当遵守法律、行政法规和国家他有关规定。

第九条 计算机信息系统实行安全等级保护。安全等级的划分标准和安全等级保护的具体办法，由公安部会同有关部门制定。

第十条 计算机机房应当符合国家标准和国家有关规定。在计算机机房附近施工，不得危害计算机信息系统的安全。

第十一条　进行国际联网的计算机信息系统,由计算机信息系统的使用单位报省级以上人民政府公安机关备案。

第十二条　运输、携带、邮寄计算机信息媒体进出境的,应当如实向海关申报。

第十三条　计算机信息系统的使用单位应当建立健全安全管理制度,负责本单位计算机信息系统的安全保护工作。

第十四条　对计算机信息系统中发生的案件,有关使用单位应当在24小时内向当地县级以上人民政府公安机关报告。

第十五条　对计算机病毒和危害社会公共安全的其他有害数据的防治研究工作,由公安部归口管理。

第十六条　国家对计算机信息系统安全专用产品的销售实行许可证制度。具体办法由公安部会同有关部门制定。

第三章　安全监督

第十七条　公安机关对计算机信息系统安全保护工作行使下列监督职权:

(一) 监督、检查、指导计算机信息系统安全保护工作;

(二) 查处危害计算机信息系统安全的违法犯罪案件;

(三) 履行计算机信息系统安全保护工作的其他监督职责。

第十八条　公安机关发现影响计算机信息系统安全的隐患时,应当及时通知使用单位采取安全保护措施。

第十九条　公安部在紧急情况下,可以就涉及计算机信息系统安全的特定事项发布专项通令。

第四章　法律责任

第二十条　违反本条例的规定,有下列行为之一的,由公安机关处以警告或者停机整顿:

(一) 违反计算机信息系统安全等级保护制度,危害计算机信息系统安全的;

(二) 违反计算机信息系统国际联网备案制度的;

(三) 不按照规定时间报告计算机信息系统中发生的案件的;

(四) 接到公安机关要求改进安全状况的通知后,在限期内拒不改进的;

(五) 有危害计算机信息系统安全的其他行为的。

第二十一条　计算机机房不符合国家标准和国家其他有关规定的,或者在计算机机房附近施工危害计算机信息系统安全的,由公安机关会同有关单位进行处理。

第二十二条　运输、携带、邮寄计算机信息媒体进出境,不如实向海关申报的,由海关依照《中华人民共和国海关法》和本条例以及其他有关法律、法规的规定处理。

第二十三条　故意输入计算机病毒以及其他有害数据危害计算机信息系统安全的,或者未经许可出售故意输入计算机病毒以及其他有害数据危害计算机信息系统安全的,或者未经许可出售计算机信息系统安全专用产品的,由公安机关处以警告或者对个人处以5000元以下的罚款、对单位处以15000元以下的罚款;有违法所得的,除予以没收外,可以处以违法所得1至3倍的罚款。

第二十四条　违反本条例的规定,构成违反治安管理行为的,依照《中华人民共和国治安管理处罚法》的有关规定处罚;构成犯罪的,依法追究刑事责任。

第二十五条　任何组织或者个人违反本条例的规定,给国家、集体或者他人财产造成损失的,应当依法承担民事责任。

第二十六条　当事人对公安机关依照本条例所作出的具体行政行为不服的,可以依法申请行政复议或者提起行政诉讼。

第二十七条　执行本条例的国家公务员利用职权,索取、收受贿赂或者有其他违法、失职行为,构成犯罪的,依法追究刑事责任;尚不构成犯罪的,给予行政处分。

第五章　附　　则

第二十八条　本条例下列用语的含义:计算机病毒,是指编制或者在计算机程序中插入的破坏计算机功能或者毁坏数据,影响计算机使用,并能自我复制的一组计算机指令或者程序代码。计算机信息系统安全专用产品,是指用于保护计算机信息系统安全的专用硬件和软件产品。

第二十九条　军队的计算机信息系统安全保护工作,按照军队的有关法规执行。

第三十条　公安部可以根据本条例制定实施办法。

第三十一条　本条例自发布之日起施行。

中华人民共和国计算机信息网络
国际联网管理暂行规定

发布单位：中华人民共和国国务院

发布文号：中华人民共和国国务院令第 195 号

发布日期：1996-02-01

生效日期：1997-05-20

(1996 年 1 月 23 日国务院第 42 次常务会议通过，根据 1997 年 5 月 20 日《国务院关于修改＜中华人民共和国计算机信息网络国际联网管理暂行规定＞的决定》修正)

第一条　为了加强对计算机信息网络国际联网的管理，保障国际计算机信息交流的健康发展，制定本规定。

第二条　中华人民共和国境内的计算机信息网络进行国际联网，应当依照本规定办理。

第三条　本规定下列用语的含义是：

(一) 计算机信息网络国际联网(以下简称国际联网)，是指中华人民共和国境内的计算机信息网络为实现信息的国际交流，同外国的计算机信息网络相联接；

(二) 互联网络，是指直接进行国际联网的计算机信息网络；互联单位，是指负责互联网络运行的单位；

(三) 接入网络，是指通过接入互联网络进行国际联网的计算机信息网络；接入单位，是指负责接入网络运行的单位。

第四条　国家对国际联网实行统筹规划、统一标准、分级管理、促进发展的原则。

第五条　国务院信息化工作领导小组(以下简称领导小组)，负责协调、解决有关国际联网工作中的重大问题。

领导小组办公室按照本规定制定具体管理办法，明确国际出入口信道提供单位、互联单位、接入单位和用户的权利、义务和责任，并负责对国际联网工作的检查监督。

第六条　计算机信息网络直接进行国际联网，必须使用邮电部国家公用电信网提供的国际出入口信道。

任何单位和个人不得自行建立或者使用其他信道进行国际联网。

第七条　已经建立的互联网络，根据国务院有关规定调整后，分别由邮电部、电子工业部、国家教育委员会和中国科学院管理。

新建互联网络，必须报经国务院批准。

第八条　接入网络必须通过互联网络进行国际联网。

接入单位拟从事国际联网经营活动的,应当向有权受理从事国际联网经营活动申请的互联单位主管部门或者主管单位申请领取国际联网经营许可证;未取得国际联网经营许可证的,不得从事国际联网经营业务。

接入单位拟从事非经营活动的,应当报经有权受理从事非经营活动申请的互联单位主管部门或者主管单位审批;未经批准的,不得接入互联网络进行国际联网。

申请领取国际联网经营许可证或者办理审批手续时,应当提供其计算机信息网络的性质、应用范围和主机地址等资料。

国际联网经营许可证的格式,由领导小组统一制定。

第九条 从事国际联网经营活动的和从事非经营活动的接入单位都必须具备下列条件:

(一)是依法设立的企业法人或者事业法人;

(二)具有相应的计算机信息网络、装备以及相应的技术人员和管理人员;

(三)具有健全的安全保密管理制度和技术保护措施;

(四)符合法律和国务院规定的其他条件。

接入单位从事国际联网经营活动的,除必须具备本条前款规定条件外,还应当具备为用户提供长期服务的能力。

从事国际联网经营活动的接入单位的情况发生变化,不再符合本条第一款、第二款规定条件的,其国际联网经营许可证由发证机构予以吊销;从事非经营活动的接入单位的情况发生变化,不再符合本条第一款规定条件的,其国际联网资格由审批机构予以取消。

第十条 个人、法人和其他组织(以下统称用户)使用的计算机或者计算机信息网络,需要进行国际联网的,必须通过接入网络进行国际联网。

前款规定的计算机或者计算机信息网络,需要接入网络的,应当征得接入单位的同意,并办理登记手续。

第十一条 国际出入口信道提供单位、互联单位和接入单位,应当建立相应的网络管理中心,依照法律和国家有关规定加强对本单位及其用户的管理,做好网络信息安全管理工作,确保为用户提供良好、安全的服务。

第十二条 互联单位与接入单位,应当负责本单位及其用户有关国际联网的技术培训和管理教育工作。

第十三条 从事国际联网业务的单位和个人,应当遵守国家有关法律、行政法规,严格执行安全保密制度,不得利用国际联网从事危害国家安全、泄露国家秘密等违法犯罪活动,不得制作、查阅、复制和传播妨碍社会治安的信息和淫秽色情等信息。

第十四条 违反本规定第六条、第八条和第十条的规定的,由公安机关责令停止联网,给予警告,可以并处 15000 元以下的罚款;有违法所得的,没收违法所得。

第十五条 违反本规定,同时触犯其他有关法律、行政法规的,依照有关法律、行政法规的规定予以处罚;构成犯罪的,依法追究刑事责任。

第十六条 与台湾、香港、澳门地区的计算机信息网络的联网,参照本规定执行。

第十七条 本规定自发布之日起施行。

附录 F
互联网信息服务管理办法

发布单位：中华人民共和国国务院
发布文号：中华人民共和国国务院令第 292 号
发布日期：2000-09-20
生效日期：2000-09-25
（2000 年 9 月 20 日国务院第 31 次常务会议通过，根据 2011 年 1 月 8 日《国务院关于废止和修改部分行政法规的决定》修订）

第一条　为了规范互联网信息服务活动，促进互联网信息服务健康有序发展，制定本办法。

第二条　在中华人民共和国境内从事互联网信息服务活动，必须遵守本办法。本办法所称互联网信息服务，是指通过互联网向上网用户提供信息的服务活动。

第三条　互联网信息服务分为经营性和非经营性两类。经营性互联网信息服务，是指通过互联网向上网用户有偿提供信息或者网页制作等服务活动。非经营性互联网信息服务，是指通过互联网向上网用户无偿提供具有公开性、共享性信息的服务活动。

第四条　国家对经营性互联网信息服务实行许可制度；对非经营性互联网信息服务实行备案制度。未取得许可或者未履行备案手续的，不得从事互联网信息服务。

第五条　从事新闻、出版、教育、医疗保健、药品和医疗器械等互联网信息服务，依照法律、行政法规以及国家有关规定须经有关主管部门审核同意的，在申请经营许可或者履行备案手续前，应当依法经有关主管部门审核同意。

第六条　从事经营性互联网信息服务，除应当符合《中华人民共和国电信条例》规定的要求外，还应当具备下列条件：

（一）有业务发展计划及相关技术方案；

（二）有健全的网络与信息安全保障措施，包括网站安全保障措施、信息安全保密管理制度、用户信息安全管理制度；

（三）服务项目属于本办法第五条规定范围的，已取得有关主管部门同意的文件。

第七条　从事经营性互联网信息服务，应当向省、自治区、直辖市电信管理机构或者国务院信息产业主管部门申请办理互联网信息服务增值电信业务经营许可证（以下简称经营许可证）。省、自治区、直辖市电信管理机构或者国务院信息产业主管部门应当自收到申请之日起 60 日内审查完毕，作出批准或者不予批准的决定。予以批准的，颁发经营许可证；不予批准的，应当书面通知申请人并说明理由。申请人取得经营许可证后，应当持经营许可证向企业登记机关办理登记手续。

第八条　从事非经营性互联网信息服务,应当向省、自治区、直辖市电信管理机构或者国务院信息产业主管部门办理备案手续。办理备案时,应当提交下列材料:

(一)主办单位和网站负责人的基本情况;

(二)网站网址和服务项目;

(三)服务项目属于本办法第五条规定范围的,已取得有关主管部门的同意文件。省、自治区、直辖市电信管理机构对备案材料齐全的,应当予以备案并编号。

第九条　从事互联网信息服务,拟开办电子公告服务的,应当在申请经营性互联网信息服务许可或者办理非经营性互联网信息服务备案时,按照国家有关规定提出专项申请或者专项备案。

第十条　省、自治区、直辖市电信管理机构和国务院信息产业主管部门应当公布取得经营许可证或者已履行备案手续的互联网信息服务提供者名单。

第十一条　互联网信息服务提供者应当按照经许可或者备案的项目提供服务,不得超出经许可或者备案的项目提供服务。非经营性互联网信息服务提供者不得从事有偿服务。互联网信息服务提供者变更服务项目、网站网址等事项的,应当提前30日向原审核、发证或者备案机关办理变更手续。

第十二条　互联网信息服务提供者应当在其网站主页的显著位置标明其经营许可证编号或者备案编号。

第十三条　互联网信息服务提供者应当向上网用户提供良好的服务,并保证所提供的信息内容合法。

第十四条　从事新闻、出版以及电子公告等服务项目的互联网信息服务提供者,应当记录提供的信息内容及其发布时间、互联网地址或者域名;互联网接入服务提供者应当记录上网用户的上网时间、用户账号、互联网地址或者域名、主叫电话号码等信息。互联网信息服务提供者和互联网接入服务提供者的记录备份应当保存60日,并在国家有关机关依法查询时,予以提供。

第十五条　互联网信息服务提供者不得制作、复制、发布、传播含有下列内容的信息:

(一)反对宪法所确定的基本原则的;

(二)危害国家安全,泄露国家秘密,颠覆国家政权,破坏国家统一的;

(三)损害国家荣誉和利益的;

(四)煽动民族仇恨、民族歧视,破坏民族团结的;

(五)破坏国家宗教政策,宣扬邪教和封建迷信的;

(六)散布谣言,扰乱社会秩序,破坏社会稳定的;

(七)散布淫秽、色情、赌博、暴力、凶杀、恐怖或者教唆犯罪的;

(八)侮辱或者诽谤他人,侵害他人合法权益的;

(九)含有法律、行政法规禁止的其他内容的。

第十六条　互联网信息服务提供者发现其网站传输的信息明显属于本办法第十五条所列内容之一的,应当立即停止传输,保存有关记录,并向国家有关机关报告。

第十七条　经营性互联网信息服务提供者申请在境内境外上市或者同外商合资、合作,应当事先经国务院信息产业主管部门审查同意;其中,外商投资的比例应当符合有关法律、行政法规的规定。

第十八条　国务院信息产业主管部门和省、自治区、直辖市电信管理机构,依法对互联网信息服务实施监督管理。新闻、出版、教育、卫生、药品监督管理、工商行政管理和公安、国家安全等有关主管部门,在各自职责范围内依法对互联网信息内容实施监督管理。

第十九条　违反本办法的规定,未取得经营许可证,擅自从事经营性互联网信息服务,或者超出许可的项目提供服务的,由省、自治区、直辖市电信管理机构责令限期改正,有违法所得的,没收违法所得,处违法所得 3 倍以上 5 倍以下的罚款;没有违法所得或者违法所得不足 5 万元的,处 10 万元以上 100 万元以下的罚款;情节严重的,责令关闭网站。违反本办法的规定,未履行备案手续,擅自从事非经营性互联网信息服务,或者超出备案的项目提供服务的,由省、自治区、直辖市电信管理机构责令限期改正;拒不改正的,责令关闭网站。

第二十条　制作、复制、发布、传播本办法第十五条所列内容之一的信息,构成犯罪的,依法追究刑事责任;尚不构成犯罪的,由公安机关、国家安全机关依照《中华人民共和国治安管理处罚法》《计算机信息网络国际联网安全保护管理办法》等有关法律、行政法规的规定予以处罚;对经营性互联网信息服务提供者,并由发证机关责令停业整顿直至吊销经营许可证,通知企业登记机关;对非经营性互联网信息服务提供者,并由备案机关责令暂时关闭网站直至关闭网站。

第二十一条　未履行本办法第十四条规定的义务的,由省、自治区、直辖市电信管理机构责令改正;情节严重的,责令停业整顿或者暂时关闭网站。

第二十二条　违反本办法的规定,未在其网站主页上标明其经营许可证编号或者备案编号的,由省、自治区、直辖市电信管理机构责令改正,处 5000 元以上 5 万元以下的罚款。

第二十三条　违反本办法第十六条规定的义务的,由省、自治区、直辖市电信管理机构责令改正;情节严重的,对经营性互联网信息服务提供者,并由发证机关吊销经营许可证,对非经营性互联网信息服务提供者,并由备案机关责令关闭网站。

第二十四条　互联网信息服务提供者在其业务活动中,违反其他法律、法规的,由新闻、出版、教育、卫生、药品监督管理和工商行政管理等有关主管部门依照有关法律、法规的规定处罚。

第二十五条　电信管理机构和其他有关主管部门及其工作人员,玩忽职守、滥用职权、徇私舞弊,疏于对互联网信息服务的监督管理,造成严重后果,构成犯罪的,依法追究刑事责任;尚不构成犯罪的,对直接负责的主管人员和其他直接责任人员依法给予降级、撤职直至开除的行政处分。

第二十六条　在本办法公布前从事互联网信息服务的,应当自本办法公布之日起 60 日内依照本办法的有关规定补办有关手续。

第二十七条　本办法自公布之日起施行。

附录 G

信息安全等级保护管理办法

发布单位：中华人民共和国公安部、国家保密局、国家密码管理局、国家信息化办公室

发布文号：公通字〔2007〕43 号

发布日期：2007-06-22

生效日期：2007-06-22

第一章 总 则

第一条 为规范信息安全等级保护管理，提高信息安全保障能力和水平，维护国家安全、社会稳定和公共利益，保障和促进信息化建设，根据《中华人民共和国计算机信息系统安全保护条例》等有关法律法规，制定本办法。

第二条 国家通过制定统一的信息安全等级保护管理规范和技术标准，组织公民、法人和其他组织对信息系统分等级实行安全保护，对等级保护工作的实施进行监督、管理。

第三条 公安机关负责信息安全等级保护工作的监督、检查、指导。国家保密工作部门负责等级保护工作中有关保密工作的监督、检查、指导。国家密码管理部门负责等级保护工作中有关密码工作的监督、检查、指导。涉及其他职能部门管辖范围的事项，由有关职能部门依照国家法律法规的规定进行管理。国务院信息化工作办公室及地方信息化领导小组办事机构负责等级保护工作的部门间协调。

第四条 信息系统主管部门应当依照本办法及相关标准规范，督促、检查、指导本行业、本部门或者本地区信息系统运营、使用单位的信息安全等级保护工作。

第五条 信息系统的运营、使用单位应当依照本办法及其相关标准规范，履行信息安全等级保护的义务和责任。

第二章 等级划分与保护

第六条 国家信息安全等级保护坚持自主定级、自主保护的原则。信息系统的安全保护等级应当根据信息系统在国家安全、经济建设、社会生活中的重要程度，信息系统遭到破坏后对国家安全、社会秩序、公共利益以及公民、法人和其他组织的合法权益的危害程度等因素确定。

第七条 信息系统的安全保护等级分为以下五级：

第一级，信息系统受到破坏后，会对公民、法人和其他组织的合法权益造成损害，但不损害国家安全、社会秩序和公共利益。

第二级，信息系统受到破坏后，会对公民、法人和其他组织的合法权益产生严重损害，

或者对社会秩序和公共利益造成损害,但不损害国家安全。

第三级,信息系统受到破坏后,会对社会秩序和公共利益造成严重损害,或者对国家安全造成损害。

第四级,信息系统受到破坏后,会对社会秩序和公共利益造成特别严重损害,或者对国家安全造成严重损害。

第五级,信息系统受到破坏后,会对国家安全造成特别严重损害。

第八条　信息系统运营、使用单位依据本办法和相关技术标准对信息系统进行保护,国家有关信息安全监管部门对其信息安全等级保护工作进行监督管理。

第一级信息系统运营、使用单位应当依据国家有关管理规范和技术标准进行保护。

第二级信息系统运营、使用单位应当依据国家有关管理规范和技术标准进行保护。国家信息安全监管部门对该级信息系统信息安全等级保护工作进行指导。

第三级信息系统运营、使用单位应当依据国家有关管理规范和技术标准进行保护。国家信息安全监管部门对该级信息系统信息安全等级保护工作进行监督、检查。

第四级信息系统运营、使用单位应当依据国家有关管理规范、技术标准和业务专门需求进行保护。国家信息安全监管部门对该级信息系统信息安全等级保护工作进行强制监督、检查。

第五级信息系统运营、使用单位应当依据国家管理规范、技术标准和业务特殊安全需求进行保护。国家指定专门部门对该级信息系统信息安全等级保护工作进行专门监督、检查。

第三章　等级保护的实施与管理

第九条　信息系统运营、使用单位应当按照《信息系统安全等级保护实施指南》具体实施等级保护工作。

第十条　信息系统运营、使用单位应当依据本办法和《信息系统安全等级保护定级指南》确定信息系统的安全保护等级。有主管部门的,应当经主管部门审核批准。

跨省或者全国统一联网运行的信息系统可以由主管部门统一确定安全保护等级。

对拟确定为第四级以上信息系统的,运营、使用单位或者主管部门应当请国家信息安全保护等级专家评审委员会评审。

第十一条　信息系统的安全保护等级确定后,运营、使用单位应当按照国家信息安全等级保护管理规范和技术标准,使用符合国家有关规定,满足信息系统安全保护等级需求的信息技术产品,开展信息系统安全建设或者改建工作。

第十二条　在信息系统建设过程中,运营、使用单位应当按照《计算机信息系统安全保护等级划分准则》(GB 17859—1999)、《信息系统安全等级保护基本要求》等技术标准,参照《信息安全技术　信息系统通用安全技术要求》(GB/T 20271—2006)、《信息安全技术 网络基础安全技术要求》(GB/T 20270—2006)、《信息安全技术　操作系统安全技术要求》(GB/T 20272—2006)、《信息安全技术　数据库管理系统安全技术要求》(GB/T 20273—2006)、《信息安全技术　服务器技术要求》《信息安全技术 终端计算机系统安全等级技术要求》(GA/T 671—2006)等技术标准同步建设符合该等级要求的信息安全设施。

第十三条　运营、使用单位应当参照《信息安全技术　信息系统安全管理要求》(GB/T

20269—2006)、《信息安全技术　信息系统安全工程管理要求》(GB/T 20282—2006)、《信息系统安全等级保护基本要求》等管理规范,制定并落实符合本系统安全保护等级要求的安全管理制度。

第十四条　信息系统建设完成后,运营、使用单位或者其主管部门应当选择符合本办法规定条件的测评机构,依据《信息系统安全等级保护测评要求》等技术标准,定期对信息系统安全等级状况开展等级测评。第三级信息系统应当每年至少进行一次等级测评,第四级信息系统应当每半年至少进行一次等级测评,第五级信息系统应当依据特殊安全需求进行等级测评。

信息系统运营、使用单位及其主管部门应当定期对信息系统安全状况、安全保护制度及措施的落实情况进行自查。第三级信息系统应当每年至少进行一次自查,第四级信息系统应当每半年至少进行一次自查,第五级信息系统应当依据特殊安全需求进行自查。

经测评或者自查,信息系统安全状况未达到安全保护等级要求的,运营、使用单位应当制定方案进行整改。

第十五条　已运营(运行)的第二级以上信息系统,应当在安全保护等级确定后 30 日内,由其运营、使用单位到所在地设区的市级以上公安机关办理备案手续。

新建第二级以上信息系统,应当在投入运行后 30 日内,由其运营、使用单位到所在地设区的市级以上公安机关办理备案手续。

隶属于中央的在京单位,其跨省或者全国统一联网运行并由主管部门统一定级的信息系统,由主管部门向公安部办理备案手续。跨省或者全国统一联网运行的信息系统在各地运行、应用的分支系统,应当向当地设区的市级以上公安机关备案。

第十六条　办理信息系统安全保护等级备案手续时,应当填写《信息系统安全等级保护备案表》,第三级以上信息系统应当同时提供以下材料:

(一)系统拓扑结构及说明;

(二)系统安全组织机构和管理制度;

(三)系统安全保护设施设计实施方案或者改建实施方案;

(四)系统使用的信息安全产品清单及其认证、销售许可证明;

(五)测评后符合系统安全保护等级的技术检测评估报告;

(六)信息系统安全保护等级专家评审意见;

(七)主管部门审核批准信息系统安全保护等级的意见。

第十七条　信息系统备案后,公安机关应当对信息系统的备案情况进行审核,对符合等级保护要求的,应当在收到备案材料之日起的 10 个工作日内颁发信息系统安全等级保护备案证明;发现不符合本办法及有关标准的,应当在收到备案材料之日起的 10 个工作日内通知备案单位予以纠正;发现定级不准的,应当在收到备案材料之日起的 10 个工作日内通知备案单位重新审核确定。

运营、使用单位或者主管部门重新确定信息系统等级后,应当按照本办法向公安机关重新备案。

第十八条　受理备案的公安机关应当对第三级、第四级信息系统的运营、使用单位的信息安全等级保护工作情况进行检查。对第三级信息系统每年至少检查一次,对第四级信息系统每半年至少检查一次。对跨省或者全国统一联网运行的信息系统的检查,应当会同其主管部门进行。

对第五级信息系统,应当由国家指定的专门部门进行检查。

公安机关、国家指定的专门部门应当对下列事项进行检查:

(一)信息系统安全需求是否发生变化,原定保护等级是否准确;

(二)运营、使用单位安全管理制度、措施的落实情况;

(三)运营、使用单位及其主管部门对信息系统安全状况的检查情况;

(四)系统安全等级测评是否符合要求;

(五)信息安全产品使用是否符合要求;

(六)信息系统安全整改情况;

(七)备案材料与运营、使用单位、信息系统的符合情况;

(八)其他应当进行监督检查的事项。

第十九条　信息系统运营、使用单位应当接受公安机关、国家指定的专门部门的安全监督、检查、指导,如实向公安机关、国家指定的专门部门提供下列有关信息安全保护的信息资料及数据文件:

(一)信息系统备案事项变更情况;

(二)安全组织、人员的变动情况;

(三)信息安全管理制度、措施变更情况;

(四)信息系统运行状况记录;

(五)运营、使用单位及主管部门定期对信息系统安全状况的检查记录;

(六)对信息系统开展等级测评的技术测评报告;

(七)信息安全产品使用的变更情况;

(八)信息安全事件应急预案,信息安全事件应急处置结果报告;

(九)信息系统安全建设、整改结果报告。

第二十条　公安机关检查发现信息系统安全保护状况不符合信息安全等级保护有关管理规范和技术标准的,应当向运营、使用单位发出整改通知。运营、使用单位应当根据整改通知要求,按照管理规范和技术标准进行整改。整改完成后,应当将整改报告向公安机关备案。必要时,公安机关可以对整改情况组织检查。

第二十一条　第三级以上信息系统应当选择使用符合以下条件的信息安全产品:

(一)产品研制、生产单位是由中国公民、法人投资或者国家投资或者控股的,在中华人民共和国境内具有独立的法人资格;

(二)产品的核心技术、关键部件具有我国自主知识产权;

(三)产品研制、生产单位及其主要业务、技术人员无犯罪记录;

(四)产品研制、生产单位声明没有故意留有或者设置漏洞、后门、木马等程序和功能;

(五)对国家安全、社会秩序、公共利益不构成危害;

(六)对已列入信息安全产品认证目录的,应当取得国家信息安全产品认证机构颁发的认证证书。

第二十二条　第三级以上信息系统应当选择符合下列条件的等级保护测评机构进行测评：

（一）在中华人民共和国境内注册成立（港澳台地区除外）；

（二）由中国公民投资、中国法人投资或者国家投资的企事业单位（港澳台地区除外）；

（三）从事相关检测评估工作两年以上，无违法记录；

（四）工作人员仅限于中国公民；

（五）法人及主要业务、技术人员无犯罪记录；

（六）使用的技术装备、设施应当符合本办法对信息安全产品的要求；

（七）具有完备的保密管理、项目管理、质量管理、人员管理和培训教育等安全管理制度；

（八）对国家安全、社会秩序、公共利益不构成威胁。

第二十三条　从事信息系统安全等级测评的机构，应当履行下列义务：

（一）遵守国家有关法律法规和技术标准，提供安全、客观、公正的检测评估服务，保证测评的质量和效果；

（二）保守在测评活动中知悉的国家秘密、商业秘密和个人隐私，防范测评风险；

（三）对测评人员进行安全保密教育，与其签订安全保密责任书，规定应当履行的安全保密义务和承担的法律责任，并负责检查落实。

第四章　涉及国家秘密信息系统的分级保护管理

第二十四条　涉密信息系统应当依据国家信息安全等级保护的基本要求，按照国家保密工作部门有关涉密信息系统分级保护的管理规定和技术标准，结合系统实际情况进行保护。

非涉密信息系统不得处理国家秘密信息。

第二十五条　涉密信息系统按照所处理信息的最高密级，由低到高分为秘密、机密、绝密三个等级。

涉密信息系统建设使用单位应当在信息规范定密的基础上，依据涉密信息系统分级保护管理办法和国家保密标准 BMB 17—2006《涉及国家秘密的计算机信息系统分级保护技术要求》确定系统等级。对于包含多个安全域的涉密信息系统，各安全域可以分别确定保护等级。

保密工作部门和机构应当监督指导涉密信息系统建设使用单位准确、合理地进行系统定级。

第二十六条　涉密信息系统建设使用单位应当将涉密信息系统定级和建设使用情况，及时上报业务主管部门的保密工作机构和负责系统审批的保密工作部门备案，并接受保密部门的监督、检查、指导。

第二十七条　涉密信息系统建设使用单位应当选择具有涉密集成资质的单位承担或者参与涉密信息系统的设计与实施。

涉密信息系统建设使用单位应当依据涉密信息系统分级保护管理规范和技术标准，按照秘密、机密、绝密三级的不同要求，结合系统实际进行方案设计，实施分级保护，其保护水平总体上不低于国家信息安全等级保护第三级、第四级、第五级的水平。

第二十八条　涉密信息系统使用的信息安全保密产品原则上应当选用国产品,并应当通过国家保密局授权的检测机构依据有关国家保密标准进行的检测,通过检测的产品由国家保密局审核发布目录。

第二十九条　涉密信息系统建设使用单位在系统工程实施结束后,应当向保密工作部门提出申请,由国家保密局授权的系统测评机构依据国家保密标准 BMB 22—2007《涉及国家秘密的计算机信息系统分级保护测评指南》,对涉密信息系统进行安全保密测评。

涉密信息系统建设使用单位在系统投入使用前,应当按照《涉及国家秘密的信息系统审批管理规定》,向设区的市级以上保密工作部门申请进行系统审批,涉密信息系统通过审批后方可投入使用。已投入使用的涉密信息系统,其建设使用单位在按照分级保护要求完成系统整改后,应当向保密工作部门备案。

第三十条　涉密信息系统建设使用单位在申请系统审批或者备案时,应当提交以下材料:

(一) 系统设计、实施方案及审查论证意见;

(二) 系统承建单位资质证明材料;

(三) 系统建设和工程监理情况报告;

(四) 系统安全保密检测评估报告;

(五) 系统安全保密组织机构和管理制度情况;

(六) 其他有关材料。

第三十一条　涉密信息系统发生涉密等级、连接范围、环境设施、主要应用、安全保密管理责任单位变更时,其建设使用单位应当及时向负责审批的保密工作部门报告。保密工作部门应当根据实际情况,决定是否对其重新进行测评和审批。

第三十二条　涉密信息系统建设使用单位应当依据国家保密标准 BMB 20-2007《涉及国家秘密的信息系统分级保护管理规范》,加强涉密信息系统运行中的保密管理,定期进行风险评估,消除泄密隐患和漏洞。

第三十三条　国家和地方各级保密工作部门依法对各地区、各部门涉密信息系统分级保护工作实施监督管理,并做好以下工作:

(一) 指导、监督和检查分级保护工作的开展;

(二) 指导涉密信息系统建设使用单位规范信息定密,合理确定系统保护等级;

(三) 参与涉密信息系统分级保护方案论证,指导建设使用单位做好保密设施的同步规划设计;

(四) 依法对涉密信息系统集成资质单位进行监督管理;

(五) 严格进行系统测评和审批工作,监督检查涉密信息系统建设使用单位分级保护管理制度和技术措施的落实情况;

(六) 加强涉密信息系统运行中的保密监督检查。对秘密级、机密级信息系统每两年至少进行一次保密检查或者系统测评,对绝密级信息系统每年至少进行一次保密检查或者系统测评;

(七) 了解掌握各级各类涉密信息系统的管理使用情况,及时发现和查处各种违规违法行为和泄密事件。

第五章 信息安全等级保护的密码管理

第三十四条 国家密码管理部门对信息安全等级保护的密码实行分类分级管理。根据被保护对象在国家安全、社会稳定、经济建设中的作用和重要程度,被保护对象的安全防护要求和涉密程度,被保护对象被破坏后的危害程度以及密码使用部门的性质等,确定密码的等级保护准则。

信息系统运营、使用单位采用密码进行等级保护的,应当遵照《信息安全等级保护密码管理办法》《信息安全等级保护商用密码技术要求》等密码管理规定和相关标准。

第三十五条 信息系统安全等级保护中密码的配备、使用和管理等,应当严格执行国家密码管理的有关规定。

第三十六条 信息系统运营、使用单位应当充分运用密码技术对信息系统进行保护。采用密码对涉及国家秘密的信息和信息系统进行保护的,应报经国家密码管理局审批,密码的设计、实施、使用、运行维护和日常管理等,应当按照国家密码管理有关规定和相关标准执行;采用密码对不涉及国家秘密的信息和信息系统进行保护的,须遵守《商用密码管理条例》和密码分类分级保护有关规定与相关标准,其密码的配备使用情况应当向国家密码管理机构备案。

第三十七条 运用密码技术对信息系统进行系统等级保护建设和整改的,必须采用经国家密码管理部门批准使用或者准于销售的密码产品进行安全保护,不得采用国外引进或者擅自研制的密码产品;未经批准不得采用含有加密功能的进口信息技术产品。

第三十八条 信息系统中的密码及密码设备的测评工作由国家密码管理局认可的测评机构承担,其他任何部门、单位和个人不得对密码进行评测和监控。

第三十九条 各级密码管理部门可以定期或者不定期对信息系统等级保护工作中密码配备、使用和管理的情况进行检查和测评,对重要涉密信息系统的密码配备、使用和管理情况每两年至少进行一次检查和测评。在监督检查过程中,发现存在安全隐患或者违反密码管理相关规定或者未达到密码相关标准要求的,应当按照国家密码管理的相关规定进行处置。

第六章 法 律 责 任

第四十条 第三级以上信息系统运营、使用单位违反本办法规定,有下列行为之一的,由公安机关、国家保密工作部门和国家密码工作管理部门按照职责分工责令其限期改正;逾期不改正的,给予警告,并向其上级主管部门通报情况,建议对其直接负责的主管人员和其他直接责任人员予以处理,并及时反馈处理结果:

(一) 未按本办法规定备案、审批的;

(二) 未按本办法规定落实安全管理制度、措施的;

(三) 未按本办法规定开展系统安全状况检查的;

(四) 未按本办法规定开展系统安全技术测评的;

(五) 接到整改通知后,拒不整改的;

(六) 未按本办法规定选择使用信息安全产品和测评机构的;

(七) 未按本办法规定如实提供有关文件和证明材料的;

(八) 违反保密管理规定的;

（九）违反密码管理规定的；

（十）违反本办法其他规定的。

违反前款规定，造成严重损害的，由相关部门依照有关法律、法规予以处理。

第四十一条　信息安全监管部门及其工作人员在履行监督管理职责中，玩忽职守、滥用职权、徇私舞弊的，依法给予行政处分；构成犯罪的，依法追究刑事责任。

第七章　附　　则

第四十二条　已运行信息系统的运营、使用单位自本办法施行之日起 180 日内确定信息系统的安全保护等级；新建信息系统在设计、规划阶段确定安全保护等级。

第四十三条　本办法所称"以上"包含本数（级）。

第四十四条　本办法自发布之日起施行，《信息安全等级保护管理办法（试行）》（公通字〔2006〕7 号）同时废止。

附录 H

互联网文化管理暂行规定

发布单位：中华人民共和国文化部

发布文号：中华人民共和国文化部令第 51 号

发布日期：2011-02-11

生效日期：2011-04-01

第一条　为了加强对互联网文化的管理，保障互联网文化单位的合法权益，促进我国互联网文化健康、有序地发展，根据《全国人民代表大会常务委员会关于维护互联网安全的决定》和《互联网信息服务管理办法》以及国家法律法规有关规定，制定本规定。

第二条　本规定所称互联网文化产品是指通过互联网生产、传播和流通的文化产品，主要包括：

（一）专门为互联网而生产的网络音乐娱乐、网络游戏、网络演出剧（节）目、网络表演、网络艺术品、网络动漫等互联网文化产品；

（二）将音乐娱乐、游戏、演出剧（节）目、表演、艺术品、动漫等文化产品以一定的技术手段制作、复制到互联网上传播的互联网文化产品。

第三条　本规定所称互联网文化活动是指提供互联网文化产品及其服务的活动，主要包括：

（一）互联网文化产品的制作、复制、进口、发行、播放等活动；

（二）将文化产品登载在互联网上，或者通过互联网、移动通信网等信息网络发送到计算机、固定电话机、移动电话机、电视机、游戏机等用户端以及网吧等互联网上网服务营业场所，供用户浏览、欣赏、使用或者下载的在线传播行为；

（三）互联网文化产品的展览、比赛等活动。

互联网文化活动分为经营性和非经营性两类。经营性互联网文化活动是指以营利为目的，通过向上网用户收费或者以电子商务、广告、赞助等方式获取利益，提供互联网文化产品及其服务的活动。非经营性互联网文化活动是指不以营利为目的向上网用户提供互联网文化产品及其服务的活动。

第四条　本规定所称互联网文化单位，是指经文化行政部门和电信管理机构批准或者备案，从事互联网文化活动的互联网信息服务提供者。

在中华人民共和国境内从事互联网文化活动，适用本规定。

第五条　从事互联网文化活动应当遵守宪法和有关法律、法规，坚持为人民服务、为社会主义服务的方向，弘扬民族优秀文化，传播有益于提高公众文化素质、推动经济发展、促进社会进步的思想道德、科学技术和文化知识，丰富人民的精神生活。

第六条　文化部负责制定互联网文化发展与管理的方针、政策和规划，监督管理全国互联网文化活动。

省、自治区、直辖市人民政府文化行政部门对申请从事经营性互联网文化活动的单位进行审批，对从事非经营性互联网文化活动的单位进行备案。

县级以上人民政府文化行政部门负责本行政区域内互联网文化活动的监督管理工作。县级以上人民政府文化行政部门或者文化市场综合执法机构对从事互联网文化活动违反国家有关法规的行为实施处罚。

第七条　申请设立经营性互联网文化单位，应当符合《互联网信息服务管理办法》的有关规定，并具备以下条件：

（一）单位的名称、住所、组织机构和章程；

（二）确定的互联网文化活动范围；

（三）适应互联网文化活动需要并取得相应从业资格的 8 名以上业务管理人员和专业技术人员；

（四）适应互联网文化活动需要的设备、工作场所以及相应的经营管理技术措施；

（五）不低于 100 万元的注册资金，其中申请从事网络游戏经营活动的应当具备不低于 1000 万元的注册资金；

（六）符合法律、行政法规和国家有关规定的条件。

审批设立经营性互联网文化单位，除依照前款所列条件外，还应当符合互联网文化单位总量、结构和布局的规划。

第八条　申请设立经营性互联网文化单位，应当向所在地省、自治区、直辖市人民政府文化行政部门提出申请，由省、自治区、直辖市人民政府文化行政部门审核批准。

第九条　申请设立经营性互联网文化单位，应当提交下列文件：

（一）申请书；

（二）企业名称预先核准通知书或者营业执照和章程；

（三）资金来源、数额及其信用证明文件；

（四）法定代表人、主要负责人及主要经营管理人员、专业技术人员的资格证明和身份证明文件；

（五）工作场所使用权证明文件；

（六）业务发展报告；

（七）依法需要提交的其他文件。

对申请设立经营性互联网文化单位的，省、自治区、直辖市人民政府文化行政部门应当自受理申请之日起 20 日内做出批准或者不批准的决定。批准的，核发《网络文化经营许可证》，并向社会公告；不批准的，应当书面通知申请人并说明理由。

《网络文化经营许可证》有效期为 3 年。有效期届满，需继续从事经营的，应当于有效期届满 30 日前申请续办。

第十条　非经营性互联网文化单位，应当自设立之日起 60 日内向所在地省、自治区、直辖市人民政府文化行政部门备案，并提交下列文件：

（一）备案报告书；

（二）章程；

（三）资金来源、数额及其信用证明文件；

（四）法定代表人或者主要负责人、主要经营管理人员、专业技术人员的资格证明和身份证明文件；

（五）工作场所使用权证明文件；

（六）需要提交的其他文件。

第十一条　申请设立经营性互联网文化单位经批准后,应当持《网络文化经营许可证》,按照《互联网信息服务管理办法》的有关规定,到所在地电信管理机构或者国务院信息产业主管部门办理相关手续。

第十二条　互联网文化单位应当在其网站主页的显著位置标明文化行政部门颁发的《网络文化经营许可证》编号或者备案编号,标明国务院信息产业主管部门或者省、自治区、直辖市电信管理机构颁发的经营许可证编号或者备案编号。

第十三条　经营性互联网文化单位变更单位名称、网站名称、网站域名、法定代表人、注册地址、经营地址、注册资金、股权结构以及许可经营范围的,应当自变更之日起 20 日内到所在地省、自治区、直辖市人民政府文化行政部门办理变更手续。

非经营性互联网文化单位变更名称、地址、法定代表人或者主要负责人、业务范围的,应当自变更之日起 60 日内到所在地省、自治区、直辖市人民政府文化行政部门办理备案手续。

第十四条　经营性互联网文化单位终止互联网文化活动的,应当自终止之日起 30 日内到所在地省、自治区、直辖市人民政府文化行政部门办理注销手续。

经营性互联网文化单位自取得《网络文化经营许可证》并依法办理企业登记之日起满 180 日未开展互联网文化活动的,由原审核的省、自治区、直辖市人民政府文化行政部门注销《网络文化经营许可证》,同时通知相关省、自治区、直辖市电信管理机构。

非经营性互联网文化单位停止互联网文化活动的,由原备案的省、自治区、直辖市人民政府文化行政部门注销备案,同时通知相关省、自治区、直辖市电信管理机构。

第十五条　经营进口互联网文化产品的活动应当由取得文化行政部门核发的《网络文化经营许可证》的经营性互联网文化单位实施,进口互联网文化产品应当报文化部进行内容审查。

文化部应当自受理内容审查申请之日起 20 日内(不包括专家评审所需时间)做出批准或者不批准的决定。批准的,发给批准文件;不批准的,应当说明理由。

经批准的进口互联网文化产品应当在其显著位置标明文化部的批准文号,不得擅自变更产品名称或者增删产品内容。自批准之日起一年内未在国内经营的,进口单位应当报文化部备案并说明原因;决定终止进口的,文化部撤销其批准文号。

经营性互联网文化单位经营的国产互联网文化产品应当自正式经营起 30 日内报省级以上文化行政部门备案,并在其显著位置标明文化部备案编号,具体办法另行规定。

第十六条　互联网文化单位不得提供载有以下内容的文化产品:

（一）反对宪法确定的基本原则的;

（二）危害国家统一、主权和领土完整的；

（三）泄露国家秘密、危害国家安全或者损害国家荣誉和利益的；

（四）煽动民族仇恨、民族歧视，破坏民族团结，或者侵害民族风俗、习惯的；

（五）宣扬邪教、迷信的；

（六）散布谣言，扰乱社会秩序，破坏社会稳定的；

（七）宣扬淫秽、赌博、暴力或者教唆犯罪的；

（八）侮辱或者诽谤他人，侵害他人合法权益的；

（九）危害社会公德或者民族优秀文化传统的；

（十）有法律、行政法规和国家规定禁止的其他内容的。

第十七条　互联网文化单位提供的文化产品，使公民、法人或者其他组织的合法利益受到侵害的，互联网文化单位应当依法承担民事责任。

第十八条　互联网文化单位应当建立自审制度，明确专门部门，配备专业人员负责互联网文化产品内容和活动的自查与管理，保障互联网文化产品内容和活动的合法性。

第十九条　互联网文化单位发现所提供的互联网文化产品含有本规定第十六条所列内容之一的，应当立即停止提供，保存有关记录，向所在地省、自治区、直辖市人民政府文化行政部门报告并抄报文化部。

第二十条　互联网文化单位应当记录备份所提供的文化产品内容及其时间、互联网地址或者域名；记录备份应当保存 60 日，并在国家有关部门依法查询时予以提供。

第二十一条　未经批准，擅自从事经营性互联网文化活动的，由县级以上人民政府文化行政部门或者文化市场综合执法机构依据《无照经营查处取缔办法》的规定予以查处。

第二十二条　非经营性互联网文化单位违反本规定第十条，逾期未办理备案手续的，由县级以上人民政府文化行政部门或者文化市场综合执法机构责令限期改正；拒不改正的，责令停止互联网文化活动，并处 1000 元以下罚款。

第二十三条　经营性互联网文化单位违反本规定第十二条的，由县级以上人民政府文化行政部门或者文化市场综合执法机构责令限期改正，并可根据情节轻重处 10000 元以下罚款。

非经营性互联网文化单位违反本规定第十二条的，由县级以上人民政府文化行政部门或者文化市场综合执法机构责令限期改正；拒不改正的，责令停止互联网文化活动，并处 500 元以下罚款。

第二十四条　经营性互联网文化单位违反本规定第十三条的，由县级以上人民政府文化行政部门或者文化市场综合执法机构责令改正，没收违法所得，并处 10000 元以上 30000 元以下罚款；情节严重的，责令停业整顿直至吊销《网络文化经营许可证》；构成犯罪的，依法追究刑事责任。

非经营性互联网文化单位违反本规定第十三条的，由县级以上人民政府文化行政部门或者文化市场综合执法机构责令限期改正；拒不改正的，责令停止互联网文化活动，并处 1000 元以下罚款。

第二十五条　经营性互联网文化单位违反本规定第十五条，经营进口互联网文化产品未在其显著位置标明文化部批准文号、经营国产互联网文化产品未在其显著位置标明文化部备案编号的,由县级以上人民政府文化行政部门或者文化市场综合执法机构责令改正,并可根据情节轻重处 10000 元以下罚款。

第二十六条　经营性互联网文化单位违反本规定第十五条,擅自变更进口互联网文化产品的名称或者增删内容的,由县级以上人民政府文化行政部门或者文化市场综合执法机构责令停止提供,没收违法所得,并处 10000 元以上 30000 元以下罚款;情节严重的,责令停业整顿直至吊销《网络文化经营许可证》;构成犯罪的,依法追究刑事责任。

第二十七条　经营性互联网文化单位违反本规定第十五条,经营国产互联网文化产品逾期未报文化行政部门备案的,由县级以上人民政府文化行政部门或者文化市场综合执法机构责令改正,并可根据情节轻重处 20000 元以下罚款。

第二十八条　经营性互联网文化单位提供含有本规定第十六条禁止内容的互联网文化产品,或者提供未经文化部批准进口的互联网文化产品的,由县级以上人民政府文化行政部门或者文化市场综合执法机构责令停止提供,没收违法所得,并处 10000 元以上 30000 元以下罚款;情节严重的,责令停业整顿直至吊销《网络文化经营许可证》;构成犯罪的,依法追究刑事责任。

非经营性互联网文化单位,提供含有本规定第十六条禁止内容的互联网文化产品,或者提供未经文化部批准进口的互联网文化产品的,由县级以上人民政府文化行政部门或者文化市场综合执法机构责令停止提供,处 1000 元以下罚款;构成犯罪的,依法追究刑事责任。

第二十九条　经营性互联网文化单位违反本规定第十八条的,由县级以上人民政府文化行政部门或者文化市场综合执法机构责令改正,并可根据情节轻重处 20000 元以下罚款。

第三十条　经营性互联网文化单位违反本规定第十九条的,由县级以上人民政府文化行政部门或者文化市场综合执法机构予以警告,责令限期改正,并处 10000 元以下罚款。

第三十一条　违反本规定第二十条的,由省、自治区、直辖市电信管理机构责令改正;情节严重的,由省、自治区、直辖市电信管理机构责令停业整顿或者责令暂时关闭网站。

第三十二条　本规定所称文化市场综合执法机构是指依照国家有关法律、法规和规章的规定,相对集中地行使文化领域行政处罚权以及相关监督检查权、行政强制权的行政执法机构。

第三十三条　文化行政部门或者文化市场综合执法机构查处违法经营活动,依照实施违法经营行为的企业注册地或者企业实际经营地进行管辖;企业注册地和实际经营地无法确定的,由从事违法经营活动网站的信息服务许可地或者备案地进行管辖;没有许可或者备案的,由该网站服务器所在地管辖;网站服务器设置在境外的,由违法行为发生地进行管辖。

第三十四条　本规定自 2011 年 4 月 1 日起施行。2003 年 5 月 10 日发布、2004 年 7 月 1 日修订的《互联网文化管理暂行规定》同时废止。

附录 I

电信和互联网用户个人信息保护规定

发布单位：中华人民共和国工业和信息化部

发布文号：公通字〔2013〕24 号

发布日期：2013-07-16

生效日期：2013-09-01

（2013 年 6 月 28 日中华人民共和国工业和信息化部第 2 次部务会议审议通过，2013 年 7 月 16 日第 24 号令公布，自 2013 年 9 月 1 日起施行）

第一章 总 则

第一条 为了保护电信和互联网用户的合法权益，维护网络信息安全，根据《全国人民代表大会常务委员会关于加强网络信息保护的决定》《中华人民共和国电信条例》和《互联网信息服务管理办法》等法律、行政法规，制定本规定。

第二条 在中华人民共和国境内提供电信服务和互联网信息服务过程中收集、使用用户个人信息的活动，适用本规定。

第三条 工业和信息化部和各省、自治区、直辖市通信管理局（以下统称电信管理机构）依法对电信和互联网用户个人信息保护工作实施监督管理。

第四条 本规定所称用户个人信息，是指电信业务经营者和互联网信息服务提供者在提供服务的过程中收集的用户姓名、出生日期、身份证件号码、住址、电话号码、账号和密码等能够单独或者与其他信息结合识别用户的信息以及用户使用服务的时间、地点等信息。

第五条 电信业务经营者、互联网信息服务提供者在提供服务的过程中收集、使用用户个人信息，应当遵循合法、正当、必要的原则。

第六条 电信业务经营者、互联网信息服务提供者对其在提供服务过程中收集、使用的用户个人信息的安全负责。

第七条 国家鼓励电信和互联网行业开展用户个人信息保护自律工作。

第二章 信息收集和使用规范

第八条 电信业务经营者、互联网信息服务提供者应当制定用户个人信息收集、使用规则，并在其经营或者服务场所、网站等予以公布。

第九条 未经用户同意，电信业务经营者、互联网信息服务提供者不得收集、使用用户个人信息。

电信业务经营者、互联网信息服务提供者收集、使用用户个人信息的，应当明确告知用户收集、使用信息的目的、方式和范围,查询、更正信息的渠道以及拒绝提供信息的后果等事项。

电信业务经营者、互联网信息服务提供者不得收集其提供服务所必需以外的用户个人信息或者将信息用于提供服务之外的目的,不得以欺骗、误导或者强迫等方式或者违反法律、行政法规以及双方的约定收集、使用信息。

电信业务经营者、互联网信息服务提供者在用户终止使用电信服务或者互联网信息服务后,应当停止对用户个人信息的收集和使用,并为用户提供注销号码或者账号的服务。

法律、行政法规对本条第一款至第四款规定的情形另有规定的,从其规定。

第十条 电信业务经营者、互联网信息服务提供者及其工作人员对在提供服务过程中收集、使用的用户个人信息应当严格保密,不得泄露、篡改或者毁损,不得出售或者非法向他人提供。

第十一条 电信业务经营者、互联网信息服务提供者委托他人代理市场销售和技术服务等直接面向用户的服务性工作,涉及收集、使用用户个人信息的,应当对代理人的用户个人信息保护工作进行监督和管理,不得委托不符合本规定有关用户个人信息保护要求的代理人代办相关服务。

第十二条 电信业务经营者、互联网信息服务提供者应当建立用户投诉处理机制,公布有效的联系方式,接受与用户个人信息保护有关的投诉,并自接到投诉之日起十五日内答复投诉人。

第三章 安全保障措施

第十三条 电信业务经营者、互联网信息服务提供者应当采取以下措施防止用户个人信息泄露、毁损、篡改或者丢失:

(一)确定各部门、岗位和分支机构的用户个人信息安全管理责任;

(二)建立用户个人信息收集、使用及其相关活动的工作流程和安全管理制度;

(三)对工作人员及代理人实行权限管理,对批量导出、复制、销毁信息实行审查,并采取防泄密措施;

(四)妥善保管记录用户个人信息的纸介质、光介质、电磁介质等载体,并采取相应的安全储存措施;

(五)对储存用户个人信息的信息系统实行接入审查,并采取防入侵、防病毒等措施;

(六)记录对用户个人信息进行操作的人员、时间、地点、事项等信息;

(七)按照电信管理机构的规定开展通信网络安全防护工作;

(八)电信管理机构规定的其他必要措施。

第十四条 电信业务经营者、互联网信息服务提供者保管的用户个人信息发生或者可能发生泄露、毁损、丢失的,应当立即采取补救措施;造成或者可能造成严重后果的,应当立即向准予其许可或者备案的电信管理机构报告,配合相关部门进行的调查处理。

电信管理机构应当对报告或者发现的可能违反本规定的行为的影响进行评估;影响特别重大的,相关省、自治区、直辖市通信管理局应当向工业和信息化部报告。电信管理机构在依据本规定作出处理决定前,可以要求电信业务经营者和互联网信息服务提供者暂停有关行为,电信业务经营者和互联网信息服务提供者应当执行。

第十五条　电信业务经营者、互联网信息服务提供者应当对其工作人员进行用户个人信息保护相关知识、技能和安全责任培训。

第十六条　电信业务经营者、互联网信息服务提供者应当对用户个人信息保护情况每年至少进行一次自查,记录自查情况,及时消除自查中发现的安全隐患。

第四章　监督检查

第十七条　电信管理机构应当对电信业务经营者、互联网信息服务提供者保护用户个人信息的情况实施监督检查。

电信管理机构实施监督检查时,可以要求电信业务经营者、互联网信息服务提供者提供相关材料,进入其生产经营场所调查情况,电信业务经营者、互联网信息服务提供者应当予以配合。

电信管理机构实施监督检查,应当记录监督检查的情况,不得妨碍电信业务经营者、互联网信息服务提供者正常的经营或者服务活动,不得收取任何费用。

第十八条　电信管理机构及其工作人员对在履行职责中知悉的用户个人信息应当予以保密,不得泄露、篡改或者毁损,不得出售或者非法向他人提供。

第十九条　电信管理机构实施电信业务经营许可及经营许可证年检时,应当对用户个人信息保护情况进行审查。

第二十条　电信管理机构应当将电信业务经营者、互联网信息服务提供者违反本规定的行为记入其社会信用档案并予以公布。

第二十一条　鼓励电信和互联网行业协会依法制定有关用户个人信息保护的自律性管理制度,引导会员加强自律管理,提高用户个人信息保护水平。

第五章　法律责任

第二十二条　电信业务经营者、互联网信息服务提供者违反本规定第八条、第十二条规定的,由电信管理机构依据职权责令限期改正,予以警告,可以并处一万元以下的罚款。

第二十三条　电信业务经营者、互联网信息服务提供者违反本规定第九条至第十一条、第十三条至第十六条、第十七条第二款规定的,由电信管理机构依据职权责令限期改正,予以警告,可以并处一万元以上三万元以下的罚款,向社会公告;构成犯罪的,依法追究刑事责任。

第二十四条　电信管理机构工作人员在对用户个人信息保护工作实施监督管理的过程中玩忽职守、滥用职权、徇私舞弊的,依法给予处理;构成犯罪的,依法追究刑事责任。

第六章　附　则

第二十五条　本规定自 2013 年 9 月 1 日起施行。

参 考 文 献

[1] 蔡晶晶,李炜.网络空间安全导论[M].北京:机械工业出版社,2017.

[2] 周世杰,蓝天,等.信息安全标准与法律法规[M].北京:科学出版社,2012.

[3] 万希平,等."互联网+"时代网络文化安全研究[M].天津:天津人民出版社,2016.

[4] 黄波,等.信息网络安全管理[M].北京:清华大学出版社,2013.

[5] 陈忠文,等.信息安全标准与法律法规[M].2版.武汉:武汉大学出版社,2011.

[6] 惠志斌,等.中国网络空间安全发展报告[M].北京:社会科学文献出版社,2015.

[7] 刘永华,等.计算机网络信息安全[M].北京:清华大学出版社,2014.

[8] 肖朝晖,罗娅.计算机网络基础[M].北京:清华大学出版社,2011.

[9] 杜煜,姚鸿.计算机网络基础教程[M].2版.北京:人民邮电出版社,2008.

[10] 高翔.黑客攻防从入门到精通:手机安全篇[M].北京:北京大学出版社,2016.

[11] 宋翔.Windows 10 技术与应用大全[M].北京:人民邮电出版社,2017.

[12] 陈根.智能设备防黑客与信息安全[M].北京:化学工业出版社,2017.

[13] 汤小丹,梁红兵.计算机操作系统[M].西安:西安电子科技大学出版社,2014.

[14] 郁红英,王磊.计算机操作系统[M].2版.北京:清华大学出版社,2014.

[15] 吴翰清.白帽子讲 Web 安全(纪念版)[M].北京:电子工业出版社,2014.

[16] 李响,孙瑞钟.面向移动互联网的安全发展趋势分析[J].电信网技术,2017.6.

[17] 网络安全技术联盟.黑客攻防与电脑安全[M].北京:清华大学出版社,2017.

[18] 刘永华.互联网与网络文件[M].北京:中国铁道出版社,2014.

[19] 七心轩文化.黑客攻防入门[M].北京:电子工业出版社,2016.

[20] 宗立波.黑客攻防从入门到精通:加密与解密篇[M].北京:北京大学出版社,2016.

图 书 资 源 支 持

感谢您一直以来对清华版图书的支持和爱护。为了配合本书的使用,本书提供配套的资源,有需求的读者请扫描下方的"书圈"微信公众号二维码,在图书专区下载,也可以拨打电话或发送电子邮件咨询。

如果您在使用本书的过程中遇到了什么问题,或者有相关图书出版计划,也请您发邮件告诉我们,以便我们更好地为您服务。

我们的联系方式:

地　　址:北京市海淀区双清路学研大厦 A 座 701

邮　　编:100084

电　　话:010－62770175－4608

资源下载:http://www.tup.com.cn

客服邮箱:tupjsj@vip.163.com

QQ:2301891038(请写明您的单位和姓名)

资源下载、样书申请

书圈

扫一扫,获取最新目录

用微信扫一扫右边的二维码,即可关注清华大学出版社公众号"书圈"。